Os mistérios dos números

Marcus du Sautoy

Os mistérios dos números

Uma viagem pelos grandes enigmas da matemática (que até hoje ninguém foi capaz de resolver)

Tradução:
George Schlesinger

Revisão técnica:
Samuel Jurkiewicz
Professor da politécnica e da Coppe/UFRJ

ZAHAR

Para Shani

Grafia atualizada segundo o Acordo Ortográfico da Língua Portuguesa de 1990, que entrou em vigor no Brasil em 2009.

Tradução autorizada da primeira edição inglesa, publicada em 2010
por Fourth Estate, de Londres, Inglaterra

Título original
The Number Mysteries

Capa
Sérgio Campante

Preparação
Angela Ramalho Vianna

Revisão
Eduardo Monteiro
Vania Santiago

Indexação
Nelly Praça

CIP-Brasil. Catalogação na fonte
Sindicato Nacional dos Editores de Livros, RJ

D866m Du Sautoy, Marcus, 1965-
Os mistérios dos números: os grandes enigmas da matemática (que até hoje ninguém foi capaz de resolver) / Marcus du Sautoy; tradução George Schlesinger; revisão técnica Samuel Jurkiewicz. – 1ª ed. – Rio de Janeiro: Zahar, 2013.

Tradução de: The number mysteries
ISBN 978-85-378-1064-4

1. Matemática. I. Título.

13-2000 CDD: 510
CDU: 51

EDITORA SCHWARCZ S.A.
Praça Floriano, 19, sala 3001 – Cinelândia
20031-050 – Rio de Janeiro – RJ
Telefone: (21) 3993-7510
www.companhiadasletras.com.br
www.blogdacompanhia.com.br
facebook.com/editorazahar
instagram.com/editorazahar
twitter.com/editorazahar

Sumário

Introdução

A MUDANÇA DO CLIMA é uma realidade? O sistema solar de fato irá se desfazer de repente? É seguro enviar seu número de cartão de crédito pela internet? Como apostar no cassino?

Sempre, desde que adquirimos a capacidade de nos comunicar, nos fazemos perguntas, tentando formular previsões acerca do que o futuro nos reserva, dialogando com o ambiente ao nosso redor. A ferramenta mais poderosa que os homens criaram para navegar no selvagem e complexo mundo em que vivemos é a matemática.

Desde predizer a trajetória de uma bola de futebol até o mapeamento da população de lemingues, de decifrar códigos até ganhar no jogo Banco Imobiliário, a matemática tem fornecido a linguagem secreta para decodificar os mistérios da natureza. Mas os matemáticos não têm todas as respostas. Há muitas questões profundas e fundamentais que ainda nos obrigam a lutar para desvendá-las.

Em cada capítulo de *Os mistérios dos números* pretendo levar você a uma viagem pelos grandes temas da matemática, e no final de cada capítulo revelarei um mistério matemático que até agora ninguém foi capaz de resolver. São alguns dos grandes problemas não solucionados de todos os tempos.

Mas resolver um desses enigmas não lhe trará apenas renome na matemática — trará também uma fortuna astronômica. Um empresário americano, Landon Clay, ofereceu o prêmio de US$ 1 milhão* para a solução de cada um desses mistérios matemáticos. Você pode pensar que é estranho um empresário dar prêmios tão grandes para a solução de quebra-cabeças matemáticos. Mas ele sabe que tudo em ciência, tecnologia, economia e até no futuro do nosso planeta depende da matemática.

* Cerca de R$ 2 milhões. Iremos manter aqui as moedas citadas pelo autor, a fim de facilitar os cálculos necessários ao raciocínio apresentado. (N.T.)

Cada capítulo deste livro apresenta a você um desses problemas de US$ 1 milhão.

O Capítulo 1, "O estranho caso dos infinitos números primos", tem como tema o objeto mais básico da matemática: o número. Apresentarei os números primos, os mais importantes na matemática, e também os mais enigmáticos. Um milhão matemático está à espera da pessoa que conseguir desvendar seus segredos.

No Capítulo 2, "A história da forma imprecisa", fazemos uma viagem pelas formas mais esquisitas e maravilhosas da natureza: de dados a bolhas, de saquinhos de chá a flocos de neve. E no final abordamos o maior desafio de todos: qual a forma do Universo?

O Capítulo 3, "O segredo da sequência vencedora", mostrará como a matemática da lógica e da probabilidade pode lhe dar vantagem quando se trata de jogos. Quer você goste de brincar com o dinheiro falso do Banco Imobiliário, quer goste de jogar com dinheiro de verdade, muitas vezes a matemática é o segredo para se dar bem. Contudo, há alguns jogos simples que ainda desafiam até as mentes mais brilhantes.

Criptografia é o tema do Capítulo 4, "O caso do código impossível de ser quebrado". A matemática tem sido a chave para decifrar mensagens secretas. Mas eu revelo como se pode usar matemática inteligente para criar novos códigos que permitam comunicar-se com segurança pela internet, enviar mensagens pelo espaço e até ler a mente de um amigo.

O Capítulo 5 trata daquilo que todos nós adoraríamos poder fazer: "Em busca da predição do futuro". Explicarei como as equações da matemática são os melhores oráculos. Elas preveem eclipses, explicam por que os bumerangues voltam e, em última análise, nos conta o que o futuro reserva para o nosso planeta. Mas ainda não conseguimos resolver algumas dessas equações. O capítulo termina com o problema da turbulência, que afeta tudo, desde as cobranças de falta de David Beckham até o voo de um avião — e mesmo assim ainda é um dos maiores mistérios da matemática.

A matemática que apresento varia do fácil ao difícil. Os problemas não resolvidos que concluem cada capítulo são tão difíceis que ninguém sabe como solucioná-los. Mas eu acredito firmemente que devemos apresentar as pessoas às grandes ideias da matemática. Nós nos entusiasmamos quando deparamos com Shakespeare ou Steinbeck. A música ganha vida quando ouvimos Mozart ou Miles Davis pela primeira vez. Tocar Mozart é uma coisa difícil; Shakespeare pode ser desafiante, mesmo para um leitor experiente. Mas isso não significa que devemos reservar a obra desses grandes pensadores somente para os iniciados. Com a matemática ocorre o mesmo. Logo, se parte da matemática parecer difícil, aproveite o que puder e lembre-se da sensação de ler Shakespeare pela primeira vez.

Na escola nos ensinam que a matemática é fundamental para tudo que fazemos. Nesses cinco capítulos, quero trazer a matemática para a vida, mostrar a você parte da grande matemática que descobrimos até hoje. Mas quero também lhe dar a oportunidade de testar a si mesmo em comparação com os grandes cérebros da história, ao examinarmos alguns dos problemas que continuam sem solução. No final, espero que você tenha compreendido que a matemática é realmente o coração de tudo que vemos e fazemos.

Um lembrete sobre websites

Este livro tem seu próprio website: **www.fifthestate.co.uk/numbermysteries** (referido aqui como Num8er My5teries). Ao longo do texto, faço referência a arquivos pdf que você pode baixar do site para jogar alguns dos jogos ou construir as formas aqui mencionadas.

Há também, ao longo do livro, referências a websites externos. Todos eles podem ser acessados da forma normal, digitando o endereço num browser ou site de busca, ou usando o smartphone para escanear o código QR, ou código de barras, impresso em cada um desses endereços. Num smartphone compatível com código de barras, você precisará primeiro baixar o leitor de código. Para escanear, acione o leitor e segure a lente da câmera sobre o código de barras, sob boa iluminação.

Há também à venda um aplicativo de Num8er My5teries chamado "Marcus du Sautoy's Number Mysteries", que você pode baixar para seu iPhone, incluindo um jogo e um vídeo que dão uma explicação interativa de alguns dos problemas mencionados ao longo do livro.

Eis alguns dos outros sites que você talvez queira visitar:

www.conted.ox.ac.uk Se você quer mergulhar mais fundo em algumas das ideias e temas deste livro, há um curso de cinco semanas desenvolvido pelo Departamento de Educação Contínua da Universidade de Oxford; esse curso o ajudará a explorar os Num8er My5teries.

www.rigb.org/christmaslectures2006 O website para minhas Christmas Lectures de 2006 para a Royal Institution. O site contém uma porção de jogos rápidos — o problema de um vendedor itinerante para resolver, códigos para decifrar e muito mais.

www.maths.ox.ac.uk/~dusautoy Minha página contém uma seleção de material arquivado de publicações matemáticas e da mídia em geral.

www.simonyi.ox.ac.uk Site oficial da Cátedra Simonyi para Compreensão Pública da Ciência da Universidade de Oxford. Inclui uma lista dos meus próximos eventos.

http://twitter.com/MarcusduSautoy Acompanhe-me no Twitter.

www.mangahigh.com Uma escola de matemática on-line que venho desenvolvendo com jogos e recursos on-line gratuitos para ajudar as pessoas a aprender matemática e passar a gostar dela.

www.whatevertrevor.com Um jogo de futebol gratuito que venho desenvolvendo. Use suas habilidades matemáticas para tentar predizer como o Campeonato da Premier League vai acabar na próxima temporada, e você pode ganhar um prêmio em dinheiro!

www.claymath.org O website do Instituto Clay de Matemática. Contém descrições matemáticas dos problemas de US$ 1 milhão.

www-groups.dcs.st-and.ac.uk/~history Maravilhosa fonte de biografias matemáticas mantida pela Universidade de St. Andrews.

http://mathworld.wolfram.com Bom site para mais definições e explicações técnicas de material matemático.

http://bit.ly/Mathemagicians Marcus' Marvellous Mathematigicians ou M3, abreviado, é um grupo de estudantes de Oxford que está ajudando a difundir a mensagem matemática. O M3 organiza workshops, atividades e dá palestras sobre matemática para uma vasta gama de públicos.

A editora não é responsável pelo conteúdo de nenhum dos sites mencionados.

1. O estranho caso dos infinitos números primos

1, 2, 3, 4, 5, ... PARECE TÃO SIMPLES: some 1, e você obtém o número seguinte. Todavia, sem números, estaríamos perdidos. Arsenal × Manchester United — quem ganhou? Não sabemos. Cada time marcou um montão de gols. Quer procurar alguma coisa no índice remissivo deste livro? Bem, o trecho sobre ganhar na Loteria Federal está em algum ponto no meio do texto. E a loteria em si? Impossível sem números. É extraordinário como a linguagem dos números é fundamental para se relacionar com o mundo.

Mesmo no reino animal os números são determinantes. Bandos de animais baseiam sua decisão de lutar ou fugir no fato de o grupo ser numericamente superado por um bando rival. O instinto de sobrevivência depende, em parte, da habilidade matemática. No entanto, por trás da aparente simplicidade da lista de números reside um dos maiores mistérios da matemática.

2, 3, 5, 7, 11, 13, ... Esses são os primos, os números indivisíveis que são os blocos de construção de todos os outros números — o hidrogênio e o oxigênio do mundo da matemática. Esses protagonistas no coração da história dos números são como joias afixadas ao longo da fileira infinita dos números.

Todavia, apesar de sua importância, os números primos representam um dos enigmas mais intrigantes com que deparamos na nossa busca de conhecimento. Saber como achar os primos é um mistério total, porque parece não haver fórmula mágica que nos conduza de um primo ao próximo. Eles são como um tesouro enterrado — e ninguém tem o mapa.

Neste capítulo, vamos analisar o que entendemos desses números especiais. No decorrer da jornada, descobriremos como diferentes culturas tentaram registrar e avaliar os primos, e como os músicos exploraram seu ritmo sincopado. Descobriremos por que os primos têm sido usados para se comunicar com seres extraterrestres e como nos têm auxiliado a manter as coisas em segredo na internet. No fim do capítulo revelarei um enigma matemático sobre os números primos que lhe dará US$ 1 milhão se você conseguir solucioná-lo. Mas antes de abordarmos um dos mais essenciais enigmas da matemática, comecemos com um dos maiores mistérios numéricos do nosso tempo.

Por que Beckham escolheu a camisa 23?

Quando David Beckham foi para o Real Madrid, em 2003, houve muita especulação acerca do motivo que o teria levado a escolher a camisa número 23. Foi uma opção estranha, pensaram muitos, uma vez que ele vinha jogando com o número 7 pelo Manchester United e pela seleção inglesa. O problema era que no Real Madrid a camisa 7 já era usada por Raúl, e o espanhol não estava disposto a abrir mão dela para o menininho glamoroso da Inglaterra.

Muitas teorias diferentes foram apresentadas para explicar a escolha de Beckham, e a mais popular era a "teoria Michael Jordan". O Real Madrid queria entrar no mercado dos Estados Unidos e vender montes de réplicas da camisa para a enorme população norte-americana. Mas o futebol (ou *soccer*, como é lá conhecido) não é um jogo popular nos Estados Unidos. Os americanos gostam de basquete e beisebol, jogos que terminam com contagens de 100 × 98 e nos quais há, invariavelmente, um vencedor. Eles não conseguem ver sentido num jogo que dura 90 minutos e pode terminar em 0 × 0, sem ninguém marcar gol nem ganhar.

Segundo essa teoria, o Real Madrid fizera sua pesquisa e descobrira que o jogador de basquete mais popular do mundo era decididamente Michael Jordan, o mais prolífico cestinha do Chicago Bulls. Jordan vestiu a camisa 23 durante toda sua carreira. Tudo que o Real Madrid precisava era pôr 23 nas costas de uma camisa de futebol, cruzar os dedos e esperar que a ligação com Jordan fizesse valer sua magia, e eles conseguiriam irromper no mercado americano.

Outros consideraram isso cínico demais, mas sugeriram uma teoria ainda mais sinistra. Júlio César foi assassinado com 23 punhaladas nas costas. Seria a escolha de Beckham para o número em suas costas um mau presságio? Outros achavam que talvez a escolha estivesse relacionada ao amor de Beckham por *Guerra nas estrelas* (a princesa Leia estava aprisionada no bloco de detenção AA23, no primeiro filme da série). Ou seria o jogador um membro secreto dos discordianistas, moderno culto que venera o caos e tem uma obsessão cabalística pelo número 23?

Mas assim que vi o número de Beckham, ocorreu-me imediatamente uma solução mais matemática. O 23 é um número primo. Um número primo é um número divisível apenas por ele mesmo e por 1. Os números 17 e 23 são primos porque não podem ser escritos como dois números menores multiplicados entre si, ao passo que 15 não é primo porque $15 = 3 \times 5$. Números primos são os números mais importantes da matemática porque todos os outros números inteiros são formados multiplicando-se números primos entre si.

FIGURA 1.01

Tomemos, por exemplo, 105. Este número é claramente divisível por 5. Então posso escrever $105 = 5 \times 21$. O número 5 é primo, um número indivisível, 21 não é: posso escrever 3×7. Logo, 105 pode ser escrito como $3 \times 5 \times 7$. Mas esse é o máximo onde chegar. Fiquei reduzido aos primos, os números indivisíveis dos quais o número 105 é formado. Posso fazer isso com qualquer número, uma vez que todo número ou é primo e indivisível, ou não é primo e pode ser decomposto em números menores indivisíveis multiplicados entre si.

Os primos são os blocos construtivos de todos os números. Assim como as moléculas são compostas de átomos como hidrogênio e oxigênio, ou sódio e cloro, os números são compostos de primos. No mundo da matemática, os números 2, 3 e 5 são como hidrogênio, hélio e lítio. É isso que os torna os números mais importantes em matemática. Mas eram, obviamente, importantes também para o Real Madrid.

Quando passei a examinar um pouco mais de perto o time de futebol do Real Madrid, comecei a desconfiar que talvez eles tivessem um matemático no banco. Um pouco de análise revelou que, na época da mudança de Beckham para lá, todos os "galácticos", os jogadores-chave do Real Madrid, atuavam com camisas assinaladas com números primos: Roberto Carlos (o bloco construtivo da defesa), número 3; Zidane (o coração do meio-campo), número 5; Raúl e Ronaldo (os alicerces da artilharia do Real Madri), 7 e 11. Assim, talvez fosse inevitável que Beckham tivesse um número primo, um número ao qual ele ficou muito ligado. Quando foi para o LA Galaxy, insistiu em levar consigo seu número primo, na tentativa de cortejar o público americano com um belo jogo.

Isso soa totalmente irracional vindo de um matemático, uma pessoa que deveria ser um pensador analítico e lógico. No entanto, eu também jogo com uma camisa de número primo no meu time de futebol, o Recreativo Hackney, de modo que senti alguma conexão com o homem da camisa 23. Meu time da Liga Dominical não é tão grande como o Real Madrid e não tínhamos uma camisa 23, de modo que escolhi a 17, número primo bastante simpático — como veremos adiante. Mas, na primeira temporada, nosso time não se saiu particularmente bem. Jogamos na Superliga Domi-

Um jogo de futebol imaginário com números primos

Baixe o arquivo pdf para este jogo do website Num8er My5teries. Cada jogador escolhe três jogadores "Subbuteostyle" e diferentes números primos para afixar às costas. Use uma das bolas de futebol de Platão, do Capítulo 2 (p.72).

A bola começa com um jogador do Time 1. O objetivo é fazê-la passar pelos três jogadores do time adversário. O adversário escolhe o primeiro jogador para a marcação sobre o jogador do Time 1. Jogue o dado. O dado tem seis lados: branco 3, branco 5 e branco 7; e preto 3, preto 5 e preto 7. O dado lhe dirá para dividir o seu primo e o primo do seu jogador oponente por 3, 5 ou 7, e então pegar o resto. Se for um branco 3, 5 ou 7, o resto precisa ser igual ou maior que o do adversário. Se for preto, você precisa ter um valor igual ou menor que o adversário.

Para marcar um gol, você deve passar por todos os três jogadores e então enfrentar uma escolha aleatória de um primo pelo adversário. Se em algum momento o oponente levar a melhor, a posse de bola vai para ele. A pessoa que tem posse de bola usa então o jogador que venceu para tentar passar pelos três jogadores adversários. Se o chute a gol do Time 1 for perdido, então o Time 2 toma a bola e a dá a um de seus três jogadores.

O jogo pode ser disputado por tempo ou pela contagem dos três primeiros gols.

nical de Londres, na 2ª divisão, e acabamos na lanterna. Felizmente, essa é a divisão mais baixa em Londres, então o único caminho era para cima.

Mas como poderíamos melhorar nossa posição na Liga? Talvez o Real Madrid soubesse de algo — haveria alguma vantagem psicológica em se jogar com uma camisa de número primo? Talvez houvesse jogadores demais no time com números não primos, como 8, 10 ou 15. Na temporada seguinte, persuadi o time a mudar o jogo de camisas, e todos jogamos com números primos: 2, 3, 5, 7, ... a sequência toda até o 43. Isso nos transformou. Fomos promovidos à 1ª divisão, onde, depressa, aprendemos que os primos duram apenas uma temporada. Fomos relegados de volta à 2ª divisão, e agora estamos em busca de uma nova teoria matemática para incrementar nossas chances.

O goleiro do Real Madrid deveria usar a camisa número 1?

Se os jogadores-chave do Real Madrid vestem números primos, então que camisa o goleiro deveria usar? Ou, falando matematicamente, o número 1 é primo? Bem, sim e não. (Este é exatamente o tipo de pergunta matemática que todo mundo adora, e ambas as respostas estão certas.) Duzentos anos atrás, as tabelas de números primos incluíam o número 1 como primeiro primo. Afinal, ele não é divisível, pois o único número inteiro pelo qual ele se divide é ele próprio. Mas hoje dizemos que 1 não é primo porque a coisa mais importante nos primos é que eles são blocos construtivos de números. Se eu multiplico um número por um primo, obtenho um número novo. Embora 1 não seja divisível, se eu multiplico qualquer número por 1, obtenho o número com o qual comecei, e nessa base excluímos o 1 da lista de primos, e começamos com o 2.

Claro que o Real Madrid não foi o primeiro a descobrir o poder dos primos. Mas que cultura chegou lá antes? Os gregos antigos? Os chineses? Os egípcios? Acabou-se descobrindo que os matemáticos foram batidos na descoberta dos primos por um pequeno e estranho inseto.

Por que uma espécie americana de cigarra gosta do número primo 17?

Nas florestas da América do Norte há uma espécie de cigarra com um ciclo de vida muito estranho. Por 17 anos elas se escondem sob a terra fazendo muito pouco, exceto sugar as raízes das árvores. Então, em maio do 17º ano, elas emergem em massa à superfície para invadir a floresta: mais de 1 milhão de cigarras aparece por acre de terra.

As cigarras cantam umas para as outras, procurando atrair parceiros. Juntas, fazem tanto barulho que os residentes locais muitas vezes se mudam da região enquanto dura essa invasão do 17º ano. Bob Dylan inspirou-se nisso para escrever a canção "Day of the locusts", ao ouvir a cacofonia de cigarras que surgiram nas florestas em torno de Princeton, na ocasião em que ele estava recebendo um diploma honorário da universidade, em 1970.

Depois de atraírem um parceiro e serem fertilizadas, as fêmeas depositam cerca de seiscentos ovos na superfície do solo. Aí, após seis semanas de festa, as cigarras morrem todas, e a floresta volta a ficar em silêncio por outros 17 anos. A geração seguinte de ovos é chocada no meio do verão, e as ninfas caem para o solo da floresta antes de submergir, até encontrar uma raiz da qual se alimentar, enquanto esperam outros 17 anos para a próxima grande festa das cigarras.

É um feito absolutamente extraordinário de engenharia biológica que essas cigarras possam contar a passagem de 17 anos. É muito raro alguma cigarra emergir um ano antes ou um ano depois. O ciclo anual que a maioria dos animais e plantas elabora é controlado pelas mudanças de temperatura e das estações. Não há nada que abertamente acompanhe o fato de que a Terra tenha dado 17 voltas em torno do Sol, e que possa acionar o surgimento dessas cigarras.

Para um matemático, a característica mais curiosa é a escolha do número — 17, um número primo. Será apenas uma coincidência que as cigarras tenham escolhido passar um número primo de anos escondendo-se debaixo da terra? Parece que não. Existem outras espécies de cigarra que ficam sob o chão por 13 anos, e umas poucas que preferem ficar lá por 7 anos. Todos números primos. De forma bem impressionante, se uma cigarra de 17 anos de fato aparecer cedo demais, isso não ocorre um ano antes, e sim geralmente quatro anos, aparentemente trocando o período para um ciclo de 13 anos. Realmente, parece haver algo relativo a números primos ajudando essas várias espécies de cigarra. Mas o que é?

FIGURA 1.02: Interação durante 100 anos entre populações de cigarras com ciclo de vida de 7 anos e predadores com ciclo de vida de 6 anos.

Se, por um lado, os cientistas não têm certeza, há uma teoria matemática que surgiu para explicar o apego das cigarras aos números primos. Primeiro, alguns fatos. Uma floresta tem, no máximo, uma espécie de cigarra, então a explicação não gira em torno de compartilhar recursos entre diferentes espécies. Na maioria dos anos, existe algum lugar nos Estados Unidos onde uma espécie de cigarras de números primos emerge. Os anos

FIGURA 1.03: Interação durante 100 anos entre populações de cigarras com ciclo de vida de 9 anos e predadores com ciclo de vida de 6 anos.

2009 e 2010 estiveram livres delas. Em contraste, 2011 viu uma geração maciça de cigarras de 13 anos no sudeste do país. (Diga-se de passagem, 2011 é primo, mas não creio que as cigarras sejam tão inteligentes assim.)

A melhor teoria até hoje para o ciclo vital de números primos das cigarras é a possível existência de um predador que também costumava aparecer periodicamente na floresta, sincronizando sua chegada de modo a coincidir com a das cigarras, e aí se banqueteando com os recém-surgidos insetos. É aí que entra a seleção natural, porque as cigarras que regulam suas vidas num ciclo de número primo irão deparar com predadores com muito menos frequência que as cigarras de ciclo de número não primo.

Por exemplo, suponhamos que os predadores apareçam a cada 6 anos. As cigarras que surgem a cada 7 anos irão coincidir com os predadores apenas a cada 42 anos. Por outro lado, cigarras que aparecem a cada 8 anos irão coincidir com os predadores a cada 24 anos; cigarras que surgem a cada 9 anos coincidirão ainda mais amiúde: a cada 18 anos.

Através das florestas da América do Norte, parece haver uma verdadeira competição para encontrar o maior número primo. As cigarras têm tido tamanho êxito que os predadores morreram de fome ou se mudaram de lá, deixando as cigarras com seu estranho ciclo de vida de número primo. Mas, como veremos, as cigarras não são as únicas que exploraram o ritmo sincopado dos números primos.

Cigarras × predadores

Baixe o arquivo pdf para o jogo da cigarra do website Num8er My5teries. Selecione os predadores e as duas famílias de cigarras. Coloque os predadores nos números dos múltiplos de 6 do tabuleiro. Cada jogador assume uma família de cigarras. Peguem três dados comuns de seis faces. O jogo dos dados determinará com que frequência sua família de cigarras aparece. Por exemplo, se cair 8, então ponha as cigarras em cada número no tabuleiro de múltiplos de 8. Mas se já houver um predador em determinado número, não se pode colocar a cigarra — por exemplo, não se pode pôr a cigarra no 24, porque ele já está ocupado por um predador. O vencedor é a pessoa com mais cigarras no tabuleiro. Você pode variar o jogo alterando o período do predador, de 6 para outro número.

Como os primos 17 e 29 são a chave para o fim dos tempos?

Durante a Segunda Guerra Mundial, o compositor francês Olivier Messiaen foi encarcerado como prisioneiro de guerra em Stalag VIII-A, onde havia um clarinetista, um violoncelista e um violinista entre seus colegas de prisão. Decidiu compor um quarteto com os três músicos, ele próprio ao piano. O resultado foi uma das grandes obras musicais do século XX: *Quarteto para o fim dos tempos*. Ele foi executado pela primeira vez para os detentos e oficiais da prisão dentro de Stalag VIII-A, com Messiaen tocando um vacilante piano de armário que encontrara no campo.

No primeiro movimento, chamado "Liturgia de cristal", Messiaen quis produzir uma sensação de tempo interminável, e os primos 17 e 29 revelaram-se a chave. Enquanto o violino e a clarineta intercambiavam temas representando canto de pássaros, o violoncelo e o piano forneciam a estrutura rítmica. Na partitura do piano há uma sequência rítmica de 17 notas que se repete muitas e muitas vezes, e a sequência de acordes tocada por cima desse ritmo é formada por 29 acordes. Assim, quando o ritmo de 17 notas começa pela segunda vez, a sequência de acordes está chegando apenas a ⅔. O efeito da escolha dos números primos 17 e 29 é que as sequências rítmicas e de acordes não se repetiam até a nota 17 × 29 da peça.

Essa música em contínua mudança cria a sensação de tempo interminável que Messiaen teve a perspicácia de estabelecer — e ele usa o mesmo truque que as cigarras com seus predadores. Pense nas cigarras como o ritmo e nos predadores como os acordes. Os diferentes primos 17 e 29 mantêm as sequências fora de sincronia, de modo que a peça termina antes que você ouça a música se repetir.

Messiaen não foi o único compositor a utilizar números primos. Alban Berg também recorreu a um número primo como assinatura de sua música. Assim como David Beckham, Berg usava o número 23 — na verdade, era obcecado por ele. Por exemplo, em *Lyric Suite*, sequências de 23 barras compõem a estrutura da peça. Mas imersa dentro da peça há a representação de um caso amoroso que Berg tinha com uma rica mulher casada. Sua amante era simbolizada por uma sequência de 10 barras que

FIGURA 1.04: "Liturgia de cristal", de Messiaen, do *Quarteto para o fim dos tempos.* O primeiro traço vertical indica onde termina a primeira sequência rítmica de 17 notas. O segundo traço vertical indica o fim da sequência harmônica de 29 notas.

ele emaranhava com sua própria assinatura 23, usando a combinação de matemática e música para dar vida ao romance.

Da mesma maneira que Messiaen empregou os primos no *Quarteto para o fim dos tempos*, a matemática recentemente foi usada para criar uma peça que, embora não seja atemporal, não se repetirá por mil anos. Para marcar a virada do novo milênio, Jem Finer, membro fundador da banda The Pogues, decidiu criar uma instalação musical no East End de Londres que se repetiria pela primeira vez na virada do próximo milênio, em 3000. Ela se chama, apropriadamente, *Longplayer.*

Finer começou com uma peça de música criada com taças e sinos tibetanos de diversos tamanhos. A fonte musical original tem 20 minutos e 20 segundos de duração, e, utilizando alguma matemática similar aos truques empregados por Messiaen, ele a expandiu para uma peça com duração de mil anos. São tocadas simultaneamente seis cópias da fonte musical original, mas em diferentes velocidades. Além disso, de 20 em

20 segundos, cada trilha é reiniciada a uma distância determinada da reprodução original, embora a alteração das trilhas seja diferente. É na decisão de quanto alterar cada trilha que se usa a matemática, para garantir que as trilhas não se alinhem perfeitamente de novo antes de mil anos.

Você pode escutar *Longplayer* em **http://longplayer.org** ou usando o seu smartphone para escanear este código.

Não apenas os músicos são obcecados por primos. Esses números parecem entrar em sintonia com praticantes de muitas espécies de artes. O autor Mark Haddon só usava números primos nos capítulos de seu best-seller *O estranho caso do cachorro morto*. O narrador da história é um menino com síndrome de Asperger chamado Christopher, que gosta do mundo matemático porque pode entender como ele se comportará — a lógica desse mundo significa que ele não tem surpresas. As interações humanas, porém, são repletas de incertezas e mudanças ilógicas que Christopher não consegue suportar. Como ele próprio explica: "Eu gosto de números primos... Acho que os números primos são como a vida. São muito lógicos, mas a gente nunca consegue entender as regras, mesmo que se passe a vida toda pensando nelas."

Os números primos têm até uma participação no cinema. No filme de suspense futurista *Cubo*, sete personagens são aprisionados num labirinto de salas que se assemelha a um complexo cubo de Rubik — o cubo mágico. Cada sala no labirinto tem forma de cubo, com seis portas levando a outras salas do labirinto. O filme começa quando os personagens acordam e se descobrem dentro do labirinto. Eles não têm ideia de como chegaram lá, mas precisam encontrar uma saída. O problema é que algumas das salas são armadilhas. Os personagens precisam descobrir algum meio de saber se uma sala é segura antes de entrar nela, pois toda uma gama de mortes horrorosas os aguarda, inclusive ser incinerado, coberto de ácido ou fatiado em minúsculos cubos — como percebem depois que um deles é morto.

Uma das personagens, Joan, é matemática e de repente vê que os números na entrada de cada sala encerram a chave para revelar se há uma armadilha. Parece que se algum dos números na entrada é primo a sala contém uma armadilha. "Que lindo cérebro", declara o líder do grupo diante desse modelo de dedução matemática. Acontece que eles também precisam tomar cuidado com potências primas, mas isso se mostra além da capacidade da sagaz Joan. Eles passam a depender de outro integrante, um autista *savant*, o único que sai com vida do labirinto de números primos.

Como as cigarras descobriram, saber matemática é a chave para a sobrevivência neste mundo. Qualquer professor com dificuldade em motivar sua turma de matemática poderia achar nas sangrentas mortes de *Cubo* uma grande peça de propaganda para fazer seus alunos aprenderem os números primos.

Por que os escritores de ficção científica gostam de números primos?

Quando autores de ficção científica querem fazer seus alienígenas se comunicar com a Terra, eles têm um problema. Resolvem que os alienígenas são realmente inteligentes e conseguiram absorver a língua local? Inventam algum eficiente tradutor de estilo babélico que faz a interpretação para eles? Ou simplesmente pressupõem que todo mundo no Universo fala inglês?

Uma solução à qual alguns autores têm recorrido é a matemática, a única linguagem verdadeiramente universal, e as primeiras palavras que qualquer um falaria nessa linguagem são seus blocos construtivos — os números primos. No romance de Carl Sagan, *Contato*, Ellie Arroway, que trabalha para o Search for Extra-Terrestrial Intelligence (Seti), capta um sinal que percebe não ser apenas um ruído de fundo, mas uma série de pulsos. Ela adivinha que são representações binárias de números. Ao convertê-los em números decimais, subitamente identifica um padrão: 59, 61, 67, 71, ..., todos números primos. Com toda a certeza, à medida que o sinal prossegue, o padrão percorre todo o ciclo de primos até 907. Isso não pode ser por acaso, ela conclui. Alguém está dizendo "Olá".

Muitos matemáticos acreditam que mesmo que haja uma biologia diferente, uma química diferente, até uma física diferente do outro lado do Universo, a matemática será a mesma. Qualquer um sentado num planeta orbitando Vega, ao ler um livro de matemática sobre números primos, irá considerar 59 e 61 números primos, porque, como disse o famoso matemático G.H. Hardy, de Cambridge, esses números são primos "não porque nós assim pensamos, ou porque nossas mentes estão modeladas de uma maneira e não de outra, mas porque assim é, porque a realidade matemática é construída assim".

Os primos podem ser números compartilhados por todo o Universo, mas ainda assim é interessante perguntar se histórias semelhantes às que relatei são contadas em outros mundos. A forma como temos estudado esses números durante milênios levou-nos a descobrir importantes verdades acerca deles. E a cada passo do caminho de descoberta dessas verdades vemos a marca de uma perspectiva cultural particular, os motivos matemáticos daquele período histórico. Poderiam outras culturas, no Universo, ter desenvolvido perspectivas diferentes, que lhes deram acesso a teoremas que ainda precisamos descobrir?

Carl Sagan não foi o primeiro e não será o último a sugerir o uso dos primos como meio de se comunicar. Os números primos têm sido empregados até pela Nasa em suas tentativas de fazer contato com a inteligência extraterrestre. Em 1974, o radiotelescópio de Arecibo, em Porto Rico, transmitiu uma mensagem dirigida ao conglomerado estelar globular M13, escolhido pela enorme quantidade de estrelas, aumentando assim a chance de que a mensagem caísse em ouvidos inteligentes.

A mensagem consistia em uma série de algarismos 0 e 1, que podiam ser arranjados para formar uma figura "pixelada" em branco e preto. A imagem reconstituída retratava os números de 1 a 10 em lin-

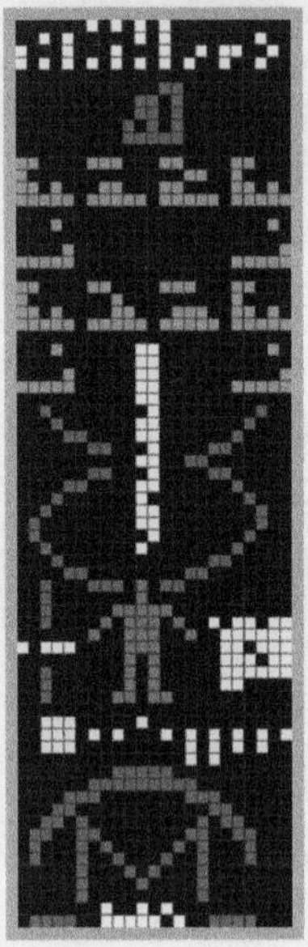

FIGURA 1.05: A mensagem transmitida pelo telescópio de Arecibo em direção ao conglomerado estelar M13.

guagem binária, um esboço da estrutura do DNA, uma representação do nosso sistema solar e uma foto do próprio radiotelescópio de Arecibo. Como havia apenas 1.679 pixels na figura, ela não é muito detalhada. Mas a escolha de 1.679 foi deliberada, porque continha a pista para a constituição dos pixels: 1.679 = 23 × 73, de modo que há apenas duas maneiras de arranjar os pixels num retângulo para formar a figura: 23 linhas de 73 colunas produzem uma absoluta bagunça, mas, arranjando-as de outro modo, em 73 linhas de 23 colunas, obtém-se o resultado mostrado na Figura 1.05. O conglomerado estelar globular M13 está a 25 mil anos-luz de distância, de modo que ainda aguardamos uma resposta. E não a espere nos próximos 50 mil anos!

Embora os primos sejam universais, o modo como nós os escrevemos tem variado enormemente ao longo da história da matemática, e isso é muito específico de cada cultura — como irá mostrar nosso *tour* pelo planeta.

Que primo é este?

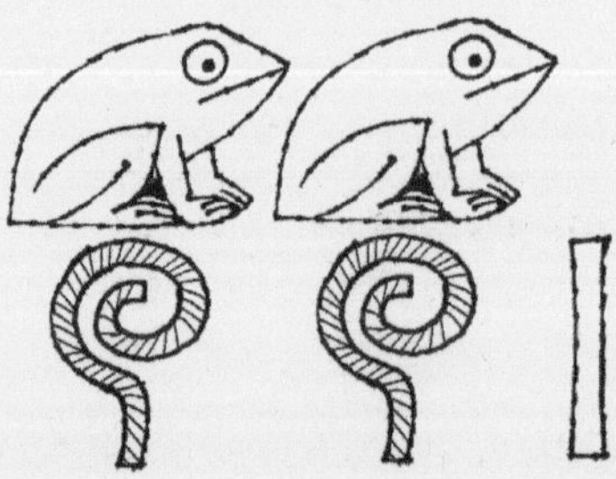

FIGURA 1.06

Parte da primeira matemática da história foi feita no Egito Antigo, e é assim que eles escreviam o número 200.201. Já em 6000 a.C., as pessoas estavam abandonando a vida nômade para se estabelecer ao longo do rio Nilo. À medida que a sociedade egípcia se sofisticava, aumentou a necessidade de instrumentos para registrar impostos, medir terras e construir pirâmides. Da mesma forma que na linguagem, os egípcios usavam hieróglifos para escrever números. Eles já haviam desenvolvido um sistema numérico baseado em potências de 10, como o sistema decimal que utilizamos hoje. (A escolha não vem de algum significado matemático especial desse número, mas do fato anatômico de termos dez dedos.) Mas eles não inventaram o sistema de valor de posição, uma maneira de escrever os números em que a posição de cada dígito corresponde à potência de 10 que o dígito enumera. Por exemplo, os algarismos 2 em 222 possuem valores diferentes de acordo com suas posições. Em vez disso, os egípcios precisaram criar símbolos novos para cada nova potência de 10:

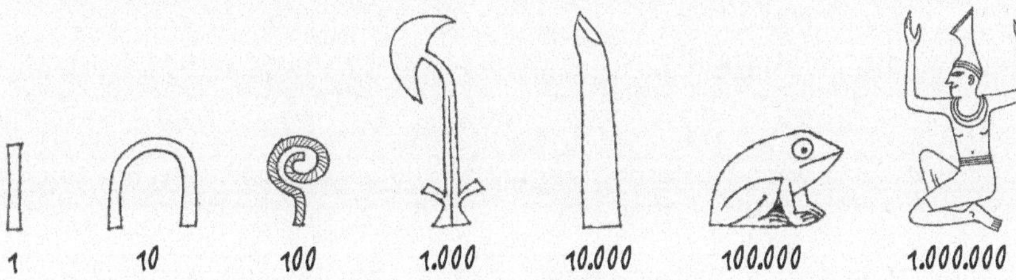

FIGURA 1.07: Símbolos do Egito Antigo para potências de 10. O 10 é um osso do calcanhar estilizado; o 100, um rolo de corda; e o 1.000, uma planta de lótus.

O número 200.201 pode ser escrito de forma econômica dessa maneira, mas experimente escrever o primo 9.999.991 em hieróglifos: você necessitaria de 55 símbolos. Embora os egípcios não tivessem percebido a importância dos primos, chegaram a desenvolver uma matemática sofisticada, inclusive — o que não é de surpreender — a fórmula para o volume de uma pirâmide e um conceito de frações. Mas sua notação para os números não era muito sofisticada, ao contrário da utilizada pelos seus vizinhos, os babilônios.

Que primo é este?

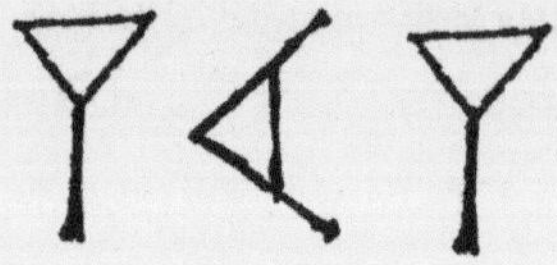

FIGURA 1.08

Era assim que os babilônios escreviam o número 71. Como o Egito, o Império Babilônico concentrava-se em torno de um rio importante, o Eufrates. A partir de 1800 a.C., os babilônios controlavam grande parte dos atuais Iraque, Irã e Síria. Para expandir e reger seus domínios, tornaram-se mestres em gerir e manipular números. Conservavam-se registros em tabuletas de argila, e os escribas utilizavam uma haste ou estilete para marcar a argila molhada, que então era posta para secar. A ponta do estilete tinha forma de cunha, era cuneiforme — nome pelo qual a escrita babilônica é hoje conhecida.

A Babilônia foi uma das primeiras culturas a usar a ideia do sistema numérico com valor de posição, por volta de 2000 a.C. Mas em vez de utilizar potências de 10, como os egípcios, eles desenvolveram um sistema numérico que funcionava com base 60. Havia diferentes combinações de símbolos para todos os números de 1 a 59; quando chegavam a 60, começavam uma nova coluna de números 60 à esquerda, e registravam um lote de 60, da mesma forma que no sistema decimal colocamos 1 na coluna das "dezenas" quando a coluna das unidades passa de 9. Assim, o número primo 71 consiste num lote de 60 e o símbolo para 11, perfazendo 71. Os símbolos para os algarismos até 59 têm alguma referência oculta ao sistema decimal, pois os números de 1 a 9 são representados por traços horizontais, mas o 10 é representado pelo símbolo da Figura 1.09.

FIGURA 1.09

A escolha da base 60 se justifica muito mais, matematicamente, que o sistema decimal. O 60 é um número altamente divisível, o que o torna muito poderoso para fazer cálculos. Por exemplo, se tenho 60 feijões, posso dividi-los de uma porção de maneiras diferentes.

$$60 = 30 \times 2 = 20 \times 3 = 15 \times 4 = 12 \times 5 = 10 \times 6$$

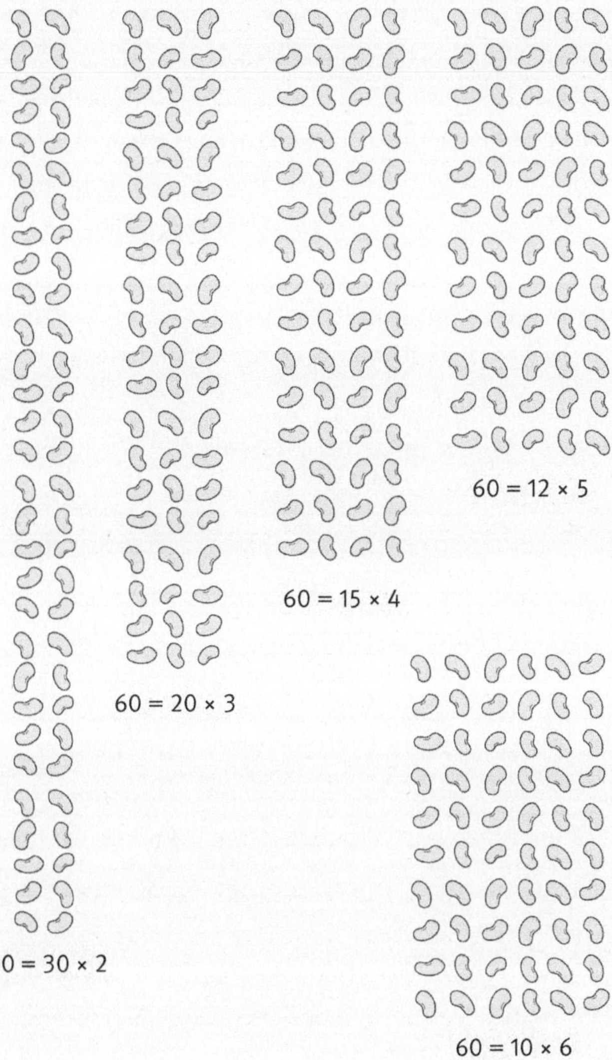

FIGURA 1.10: As diferentes maneiras de dividir 60 feijões.

Como contar até 60 com as mãos

Hoje ainda vemos muitos resquícios da base 60 dos babilônios. O minuto tem 60 segundos, a hora tem 60 minutos, o círculo tem 60 × 6 = 360 graus. Há evidência de que os babilônios usavam os dedos para contar até 60 de maneira bastante sofisticada.

Cada dedo, exceto o polegar, é feito de 3 ossos. Há 4 dedos juntos em cada mão, de modo que, com o polegar, se pode apontar para cada um dos 12 ossos diferentes. A mão esquerda é usada para contar até 12. Os 4 dedos comuns da mão direita são usados então para ter em vista quantos lotes de 12 você contou. No total, você pode contar até 5 lotes de 12 (4 dos dedos da mão direita e mais um lote de 12 contado na esquerda), logo, pode-se contar até 60.

Por exemplo, para indicar o número primo 29, é preciso indicar 2 lotes de 12 na mão direita, e então até o quinto osso na mão esquerda.

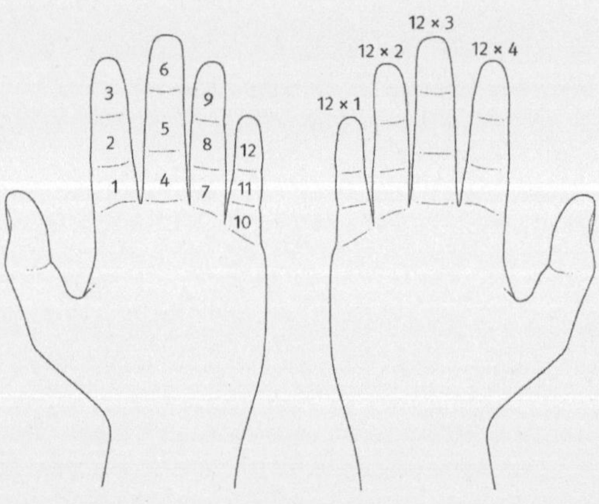

FIGURA 1.11

Os babilônios chegaram perto de descobrir um número muito importante em matemática: o zero. Se você quisesse registrar o número primo 3.607 em escrita cuneiforme, teria um problema. Ele corresponde a um lote de 3.600, ou 60 ao quadrado, e 7 unidades; mas, ao anotar o número, ele poderia facilmente parecer um lote de 60 mais 7 unidades — ainda um primo, mas não o primo que eu quero. Para contornar o problema, os babilônios introduziram um pequeno símbolo para indicar que não havia lote de 60 contado na coluna dos 60. Assim, 3.607 seria escrito como na Figura 1.12.

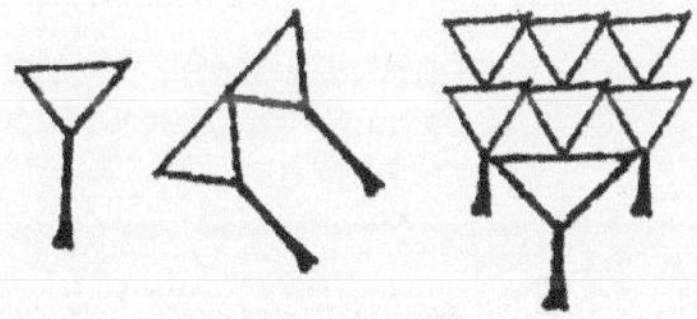

FIGURA 1.12

Mas os babilônios não pensavam o zero como um número em si. Para eles, era apenas um símbolo usado no sistema de valor de posição para significar a ausência de certas potências de 60. A matemática teria de esperar mais 2.700 anos, até o século VII d.C., quando os indianos introduziram e investigaram as propriedades do zero como número. Além de desenvolver um meio sofisticado de escrever os números, os babilônios foram os primeiros a resolver equações de segundo grau, ou quadráticas, algo que hoje qualquer criança aprende na escola. Tiveram também as primeiras percepções do teorema de Pitágoras sobre os triângulos retângulos. Mas não há evidência de que os babilônios tenham apreciado a beleza dos números primos.

Que primo é este?

FIGURA 1.13

A cultura mesoamericana dos maias teve seu auge de 200 a 900 d.C., estendendo-se do sul do México até a Guatemala e El Salvador. Eles tinham um sofisticado sistema numérico desenvolvido para facilitar os avançados cálculos astronômicos que faziam, e é assim que teriam escrito o número 17. Em contraste com egípcios e babilônios, os maias trabalhavam com um sistema de base 20. Usavam um ponto para 1, dois pontos para 2, três pontos para 3. Exatamente como um prisioneiro marcando com giz os dias na parede da prisão, ao chegar a 5, em vez de escrever cinco pontos, simplesmente punham um traço abaixo dos quatro pontos. O traço, portanto, corresponde a 5.

É interessante que o sistema funciona segundo o princípio de que nosso cérebro é capaz de distinguir depressa pequenas quantidades — podemos saber a diferença entre uma, duas, três e quatro coisas —, mas, a partir daí, vai ficando progressivamente mais difícil. Tendo contado até 19 — três traços e quatro pontos —, os maias criavam uma nova coluna para contar os números da casa dos 20. A coluna seguinte deveria representar a quantidade dos 400 (20 × 20), mas, o que é bizarro, representa quantos 360 (20 × 18) há. Essa estranha escolha está relacionada aos ciclos do calendário maia. Um ciclo consiste em 18 meses de 20 dias. (Isso perfaz apenas 360 dias. Para completar os 365 dias do ano, acrescentavam um mês adicional de 5 "dias ruins", vistos como aziagos.)

É interessante também que, como os babilônios, os maias usavam um símbolo especial para indicar a ausência de certas potências de 20. Cada posição em seu sistema numérico estava associada a um deus, e considerava-se desrespeitoso para com o deus não lhe dar algo para segurar, de modo que se empregava a imagem de uma concha para denotar nada. A criação desse símbolo para o nada foi induzida tanto por considerações matemáticas quanto de superstição. Assim como os babilônios, os maias ainda não consideravam o zero um número propriamente dito.

Os maias necessitavam de um sistema numérico para contar números muito grandes, pois seus cálculos astronômicos abrangiam ciclos de tempo enormes. Um ciclo de tempo é medido pelo que é conhecido como contagem longa, que começou em 11 de agosto de 3114 a.C., usa cinco marcadores de posição e chega até 20 × 20 × 20 × 18 × 20 dias. Isso perfaz um total de 7.890 anos. Uma data significativa no calendário maia era 21 de dezembro de 2012, que corresponderia, na datação maia, a 13.0.0.0.0. Como crianças no banco de trás do carro, esperando o medidor de quilometragem zerar, os guatemaltecos viram-se muito agitados com o evento — embora alguns arautos da desgraça afirmassem que essa era a data do fim do mundo.

Que primo é este?

יג

FIGURA 1.14

Embora estas sejam letras, e não números, é assim que se escreve o número 13 em hebraico. Na tradição judaica da gematria, as letras do alfabeto hebraico possuem valor numérico. Aqui, *guimel* é a terceira letra do alfabeto, e *yod*, a décima. Logo, essa combinação de letras representa o número 13. A Tabela 1.01 detalha os valores numéricos de todas as letras.

Pessoas versadas na cabala gostam de brincar com os valores numéricos das diferentes palavras e ver sua inter-relação. Por exemplo, meu primeiro nome tem o valor numérico

mem		*rêish*		*kaf*		*vav*		*sámech*		
40	+	200	+	20	+	6	+	60	=	326,

que tem o mesmo valor numérico de "homem de fama"… ou, uma alternativa, "burros". Uma explicação para 666 ser o número da besta é que ele corresponde ao valor numérico de Nero, um dos mais cruéis imperadores romanos.

Letra hebraica	Equivalente em português*	Valor numérico
א, alef	A	1
ב, beit	B	2
ג, guimel	G *(antes de a, o, u)*	3
ד, dalet	D	4
ה, hei	H *(aspirado suave)*	5
ו, vav	V, U, O	6
ז, záyin	Z	7
ח, het	Ch *(gutural)*	8
ט, tet	T	9
י, yod	I, Y	10
כ, kaf	K	20
ל, lamed	L	30
מ, mém	M	40
נ, nun	N	50
ס, sámech	S	60
ע, áyin	H *(mudo anasalado)*	70
פ, pêi	P, F	80
צ, tsádik	Tz, Ts	90
ק, kof	K, Q	100
ר, rêish	R	200
ש, shin	Sh	300
ת, tav	T	400

TABELA 1.01

* Nem aqui nem no original os equivalentes seguem as regras oficiais de transliteração da Academia da Língua Hebraica, em Jerusalém, que são critérios efetivamente pouco usados. Foram adotados os critérios mais comuns no Brasil. (N.T.)

Você pode calcular o valor do seu nome somando os valores numéricos da Tabela 1.01. Para achar outras palavras que tenham o mesmo valor numérico que seu nome, visite **http://bit.ly/Heidrick** ou use seu smartphone para escanear este código.

Embora os primos não fossem significativos na cultura hebraica, números correlacionados o eram. Pegue um número e procure todos os números pelos quais ele se divide (excluindo ele próprio) sem deixar resto. Se ao somar todos esses divisores você obtiver o número inicial, então esse número é chamado perfeito. O primeiro número perfeito é 6. Além de 6, os números pelos quais ele se divide são 1, 2 e 3. Somando $1 + 2 + 3$, obtém-se novamente 6. O número perfeito seguinte é 28. Os divisores de 28 são 1, 2, 4, 7 e 14, que somados dão 28. Segundo a religião judaica, o mundo foi criado em seis dias, e o mês lunar usado pelo calendário judaico é de 28 dias. Isso levou a uma crença na cultura judaica de que os números perfeitos têm significação especial.

As propriedades matemáticas e religiosas desses números perfeitos também foram incorporadas pelos comentaristas cristãos. Santo Agostinho (354-430) escreveu em seu famoso texto *Cidade de Deus*: "Seis é um número perfeito por si só, e não porque Deus criou todas as coisas em seis dias; com efeito, o contrário é verdade: Deus criou todas as coisas em seis dias porque o número é perfeito."

É intrigante que haja primos ocultos atrás desses números perfeitos. Cada número perfeito corresponde a um tipo especial de número primo chamado primo de Mersenne (veja mais sobre isso adiante). Até o presente, conhecemos apenas 47 números perfeitos. O maior tem 25.956.377 dígitos. Números perfeitos pares são sempre da forma $2^{n-1}(2^n - 1)$. E sempre que $2^{n-1}(2^n - 1)$ é perfeito, então $2^n - 1$ será um número primo, e vice-versa. Não sabemos se podem existir números perfeitos ímpares.

Que primo é este?

二十三

FIGURA 1.15

Você poderia pensar que é o número 5; certamente parece 2 + 3. No entanto, aqui o 十 não é um sinal de mais; na verdade, é o caractere chinês para 10. Os três caracteres juntos representam dois lotes de 10 e três unidades: 23.

Essa forma tradicional chinesa de escrever números não usava um sistema de valor de posição, mas tinha símbolos para as diferentes potências de 10. Um método alternativo de representar números por varetas de bambu empregava um sistema de valor de posição e evoluiu a partir do ábaco, no qual, quando se chega a 10, se começa uma nova coluna.

Eis os números de 1 a 9 com varetas de bambu.

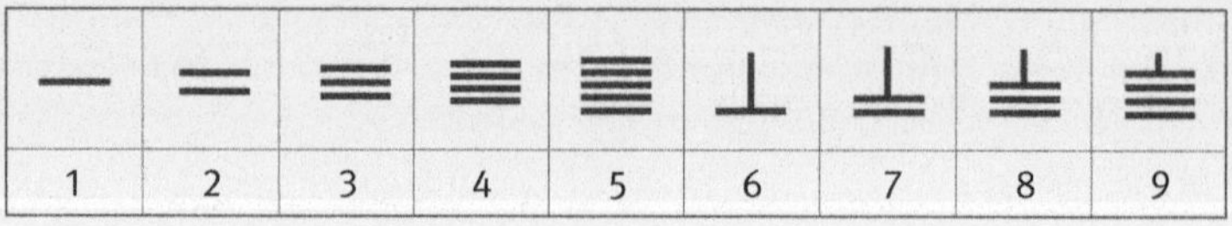

FIGURA 1.16

Para evitar confusão, a cada segunda coluna (10, 1.000, 100.000, ...), eles viravam os números e colocavam as varetas de bambu verticalmente.

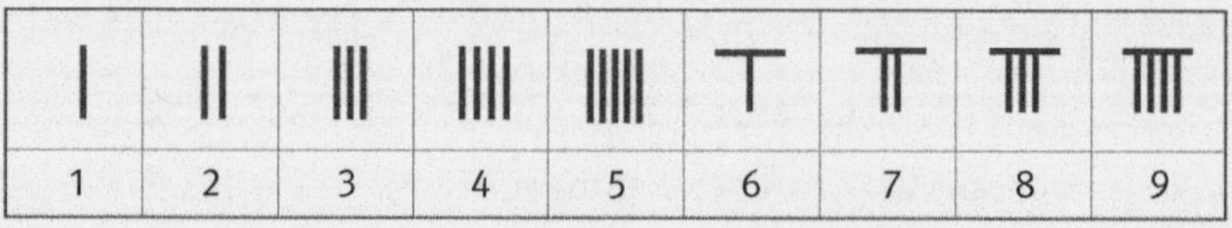

FIGURA 1.17

Os chineses antigos tinham até um conceito de número negativo, que era representado por varetas de bambu de cor diferente. Acredita-se que o uso de tinta preta e vermelha na contabilidade ocidental tenha se originado da prática chinesa de usar varetas vermelhas e pretas, embora, de modo intrigante, os chineses usassem preto para os números negativos.

Os chineses provavelmente foram uma das primeiras culturas a identificar a importância dos números primos. Acreditavam que cada número tinha seu próprio gênero — números pares eram femininos, ímpares eram masculinos. E perceberam que alguns números ímpares eram bastante especiais. Por exemplo, se você tem 15 pedras, há um jeito de arranjá-las num belo retângulo, em 3 fileiras de 5 pedras. Mas se você tem 17 pedras não é possível fazer um arranjo bem-arrumado: o máximo que se consegue é enfileirá-las em linha reta. Para os chineses, portanto, os primos eram os números realmente másculos. Os números ímpares que não são primos, embora machos, de certa forma eram tidos como efeminados.

Essa perspectiva chinesa se baseava na propriedade essencial do primo, porque o número de pedras numa pilha será primo se não houver jeito de arranjá-las num retângulo preciso.

Vimos como os egípcios usavam figuras de sapos para retratar números, os maias desenhavam pontos e traços, os babilônios, cunhas no barro, os chineses faziam arranjos de varetas, e na cultura hebraica as letras do alfabeto cumpriam o papel de números. Embora os chineses talvez tenham sido os primeiros a identificar os primos como números importantes, foi outra cultura que abriu as primeiras trilhas para desvendar os mistérios desses enigmáticos números: os gregos antigos.

Como os gregos usavam peneiras para descobrir os primos

Eis aqui um modo sistemático, criado pelos antigos gregos, muito eficaz para encontrar números primos pequenos. A tarefa é descobrir um método eficiente de eliminar todos os não primos. Escreva os números de 1 a 100. Comece por riscar o número 1. (Como mencionei, embora os gregos acreditassem que 1 fosse primo, no século XXI já não o consideramos como tal.)

Passe para o número seguinte — o 2. Este é o primeiro primo. Agora risque todo segundo número depois do 2. Isso elimina da lista todos os múltiplos de 2, ou seja todos os pares, exceto 2. Os matemáticos também gostam de brincar dizendo que 2 é um primo ímpar, porque é o único primo par… Mas talvez o senso de humor não seja o ponto forte dos matemáticos.

FIGURA 1.18: Risque todo segundo número após o 2.

Agora pegue o número mais baixo não riscado, nesse caso o 3, e risque sistematicamente tudo na tabela dos múltiplos de 3:

FIGURA 1.19: Agora risque todo terceiro número após o 3.

Como o 4 já foi riscado, passamos para o número seguinte, o 5, e riscamos todo quinto número após o 5. Vamos repetindo esse processo, sempre voltando ao menor número *n* ainda não eliminado, e então riscamos todos os números que estejam *n* posições depois dele.

FIGURA 1.20: Finalmente nos restam os números primos de 1 a 100.

O bonito nesse processo é que ele é bem mecânico — não requer muito raciocínio para ser implantado. Por exemplo, será que 91 é primo? Com esse método, você não precisa pensar. O 91 foi riscado quando você eliminou cada sétimo número depois de 7, porque 91 = 7 × 13. O 91 geralmente pega as pessoas de surpresa, porque não costumamos aprender a tabuada do 7 até o 13.

Esse processo sistemático é um bom exemplo de algoritmo, método de solucionar um problema aplicando um conjunto específico de instruções — basicamente, o que constitui um programa de computador. Esse algoritmo em particular foi descoberto dois milênios atrás, em um dos viveiros férteis de atividade matemática na época, Alexandria, no Egito atual. Naquele período, Alexandria era um dos postos avançados do Império Grego e ostentava uma das mais belas bibliotecas do mundo. Foi durante o século III a.C. que o bibliotecário Eratóstenes surgiu com esse precoce programa de computador para achar números primos.

O processo é chamado "crivo de Eratóstenes", porque cada vez que você risca um grupo de não primos é como se estivesse usando uma peneira, ajustando as aberturas da trama de acordo com cada novo primo ao qual se chega. Primeiro usa-se uma peneira em que a trama tem espaçamento 2. Depois espaçamento 3. Depois, 5. E assim por diante. O único problema é que o método logo se torna bastante ineficiente se você tenta utilizá-lo para achar primos maiores.

Além de peneirar números primos, e tomar conta de centenas de milhares de papiros e pergaminhos na biblioteca, Eratóstenes também calculou a circunferência da Terra e a distância da Terra ao Sol e à Lua. Estimou que o Sol estava a 804 milhões de estádios da Terra — embora a unidade de medida talvez torne um pouco difícil julgar com precisão. Que tamanho de estádio devemos usar: Wembley, ou algo menor, como, como Loftus Road?*

Além de medir o sistema solar, Eratóstenes mapeou o curso do Nilo e deu a primeira explicação correta para suas enchentes: chuvas fortes nas longínquas cabeceiras, na Etiópia. E chegou mesmo a escrever poesia. Apesar de toda essa atividade, seus amigos lhe deram um apelido, Beta — porque nunca sobressaiu realmente em nada. Diz-se que ele se obrigou a morrer de fome depois de ficar cego na velhice.

Você pode usar a imaginação desenhando os números primos num pedaço de madeira ou numa cartolina e depois pegando um monte de feijões para cobrir os números à medida que são riscados. Os que permanecerem descobertos serão os primos.

Quanto tempo levaria para escrever uma lista de todos os números primos?

Quem tentasse fazer uma lista de todos os primos teria de escrever para sempre, porque há uma infinidade desses números. O que nos deixa tão confiantes de que jamais chegaremos ao último primo, que sempre haverá mais algum ali, à nossa espera, para ser acrescentado à lista? Essa é uma

* Para os torcedores paulistas seria algo como o estádio do Morumbi e o estádio do C.A. Juventus, na rua Javari, bairro da Mooca. No Rio de Janeiro, equivaleria, obviamente, ao Maracanã comparado com o estádio de São Januário, por exemplo. (N.T.)

das grandes façanhas do cérebro humano, que, com apenas uma sequência finita de passos lógicos, possamos captar o infinito.

A primeira pessoa a provar que os números primos continuam para sempre foi um matemático grego que morava em Alexandria, chamado Euclides. Ele era discípulo de Platão, e também viveu no século III a.C., embora se tenha a impressão de que era cerca de cinquenta anos mais velho que o bibliotecário Eratóstenes.

Para provar que deve haver infinitos números primos, Euclides começou por perguntar se, ao contrário, seria possível haver um número finito de primos. Essa lista finita de primos precisaria ter a propriedade de que todo e qualquer outro número pudesse ser produzido multiplicando entre si os primos da lista finita. Por exemplo, suponhamos que a lista de todos os primos consistisse apenas dos três números 2, 3 e 5. Seria possível formar qualquer número multiplicando diferentes combinações de diversos 2, 3 e 5? Euclides concebeu um meio de formar um número que jamais poderia ser captado por esses três números primos. Começou por multiplicar entre si os primos de sua lista de modo a formar 30. Então — e esse foi seu golpe de gênio — somou 1 a esse número, de modo a formar 31. Nenhum dos primos da sua lista 2, 3 ou 5 seria divisor exato de 31. Sempre haveria resto 1.

Euclides sabia que todos os números são formados multiplicando-se primos entre si, então o que dizer de 31? Uma vez que não pode ser dividido por 2, 3 ou 5, devia haver outros números primos, que não estavam na sua lista, formando o 31. De fato, o próprio 31 é primo, de modo que Euclides teve de criar um primo "novo". Você poderia dizer que bastava adicionar esse novo primo à lista. Mas Euclides fez o mesmo truque novamente. Por maior que seja a tabela de primos, ele simplesmente multiplicava os elementos da lista entre si e somava 1. A cada vez criava um número que deixava resto 1 na divisão por qualquer um dos primos da lista, de modo que o novo número precisava ser divisível por primos que não estavam na lista. Dessa maneira, Euclides provou que nenhuma lista finita poderia jamais conter todos os primos. Portanto, devia haver um número infinito de primos.

Embora Euclides provasse que os primos continuam para sempre, havia um problema com essa prova — ela não dizia onde os primos estão. Pode-se pensar que o método produz um jeito de gerar novos primos. Afinal, quando multiplicamos 2, 3 e 5 e somamos 1 obtemos um primo novo. Mas isso não funciona sempre. Por exemplo, consideremos a lista de primos 2, 3, 5, 7, 11 e 13. Multipliquemos todos eles: 30.030. Agora somemos 1: 30.031. Esse número não é divisível por nenhum dos primos de 2 a 13, porque sempre fica resto 1. No entanto, não se trata de um número primo, porque é divisível pelos dois primos 59 e 509, que não estavam na lista. Na verdade, os matemáticos ainda não sabem se o processo de multiplicar uma lista finita de primos e somar 1 produzirá, com frequência e para sempre, um novo número primo.

Há um vídeo disponível do meu time de futebol com seu jogo de camisas com números primos, explicando por que há uma infinidade de primos. Visite **http://bit.ly/Primenumberfootball** ou use o seu smartphone para escanear este código.

Por que os nomes do meio das minhas filhas são 41 e 43?

Se não é possível escrever os primos numa grande tabela, talvez encontremos algum padrão que nos ajude a gerar os primos. Será que existe algum modo sagaz de olhar para os primos que você tem até agora e saber onde estará o próximo?

Eis os primos que descobrimos usando o crivo de Eratóstenes para os números de 1 a 100:

2, 3, 5, 7, 11, 13, 17, 19, 23, 29, 31, 37, 41, 43,
47, 53, 59, 61, 67, 71, 73, 79, 83, 89, 91, 97

O problema com os primos é que pode ser realmente difícil descobrir onde estará o próximo, porque não parece haver qualquer padrão na sequência que nos ajude a localizá-los. Na verdade, eles parecem mais um conjunto de números de um bilhete de loteria do que os blocos construtivos da matemática. Como quando você espera um ônibus, há um intervalo enorme sem primos e de repente vários deles aparecem em rápida sucessão. Esse comportamento é muito característico dos processos regidos pelo acaso, como veremos no Capítulo 3.

Exceto 2 e 3, o mais perto que se encontram dois números primos é com o intervalo de um não primo entre eles, como 17 e 19 ou 41 e 43, já que o número entre cada dupla é sempre par, e portanto não primo. Essas duplas de primos muito próximos são chamadas de primos gêmeos. Com a minha obsessão por primos, minhas filhas gêmeas quase acabaram se chamando 41 e 43. Afinal, se Chris Martin e Gwyneth Paltrow podem chamar seu bebê de Apple ("Maçã"), e Frank Zappa pode chamar suas filhas de Moon Unit ("Unidade Lunar") e Diva Thin Muffin Pigeen (algo como "Diva Magra Bolinho Porquinha"), por que as minhas gêmeas não podem se chamar 41 e 43? Minha esposa não ficou tão animada, de modo que estes passaram a ser meus nomes do meio "secretos" das meninas.

Embora os primos fiquem mais e mais raros à medida que se avança no universo dos números, é extraordinária a frequência com que de repente surge outra dupla de gêmeos. Por exemplo, após o primo 1.129 não há primos entre os 21 números seguintes, e de repente aparecem os primos gêmeos 1.151 e 1.153. E quando você vai além do primo 102.701, é preciso forçar passagem por 59 não primos, e aí de repente surge a dupla 102.761 e 102.763. Os maiores primos gêmeos descobertos, no começo de 2009, têm 58.711 dígitos. Considerando que é necessário um número de apenas 80 dígitos para descrever a quantidade de átomos no Universo observável, esses números são incrivelmente grandes.

Mas haverá mais além desses dois gêmeos? Graças à prova de Euclides, sabemos que vamos encontrar primos infinitamente, mas continuaremos a deparar com primos gêmeos? Até agora ninguém apareceu com uma prova inteligente como a de Euclides para demonstrar que existe uma infinidade de primos gêmeos.

Em certo momento, parecia que os primos gêmeos seriam a chave para desvendar o segredo dos números primos. Em *O homem que confundiu sua mulher com um chapéu*, Oliver Sacks descreve o caso real de dois gêmeos autistas *savants* que usavam os primos como linguagem secreta. Os irmãos gêmeos sentavam-se na clínica de Sacks, trocando entre si grandes números. Primeiro Sacks ficou paralisado com o diálogo, mas uma noite ele quebrou o segredo do código. Depois de esquentar a cabeça sozinho com alguns números primos, resolveu testar sua teoria. No dia seguinte, juntou-se aos gêmeos enquanto eles permutavam números de seis dígitos. Depois de um tempo, Sacks aproveitou uma pausa no papo numérico para anunciar um primo de sete dígitos, pegando os gêmeos de surpresa. Os dois ficaram sentados pensando por algum tempo, uma vez que aquilo ampliara o limite dos primos que vinham trocando até então, e aí sorriram ao mesmo tempo, como se reconhecessem um amigo.

Durante o período que foram acompanhados por Sacks, os gêmeos conseguiram chegar a primos com nove dígitos. Claro, ninguém acharia nada de impressionante se eles estivessem simplesmente trocando números ímpares ou talvez até quadrados perfeitos, mas o impressionante em relação ao que estavam fazendo era o fato de os primos serem tão aleatoriamente distribuídos. Uma explicação para como conseguiam fazê-lo está relacionada a outra habilidade que possuíam. Muitas vezes eles apareciam na televisão impressionando o público ao dizer, por exemplo, que 23 de outubro de 1901 tinha sido uma quarta-feira. Descobrir o dia da semana a partir de determinada data é feito por algo chamado aritmética modular ou de relógio. Talvez os gêmeos tenham descoberto que essa aritmética de relógio também era a chave para um método que identifica se um número é primo.

Se você pegar, digamos, o número 17 e calcular 2^{17}, então, se o resto da divisão desse número por 17 for 2, essa é uma boa evidência de que o número 17 é primo. O teste para detecção de primos com frequência é atribuído, erroneamente, aos chineses. Foi Pierre de Fermat, matemático francês do século XVII, quem provou que se o resto não é 2 isso certamente implica que 17 não é primo. Em geral, se você quiser verificar se p não é primo, calcule 2^p e divida o resultado por p. Se o resto não for 2, então p não é primo. Algumas pessoas especularam que, dada a aptidão dos gêmeos para identificar dias da semana, o que depende de uma técnica similar à de procurar os restos da divisão por 7, podiam muito bem estar usando o teste para achar os primos.

De início, os matemáticos pensaram que se 2^p não tem resto 2 na divisão por p, então p devia ser primo. Mas descobriu-se que esse teste não garante que o número seja primo. Por exemplo, $341 = 31 \times 11$ não é primo, todavia, 2^{341} dividido por 341 dá resto 2. Esse caso só foi descoberto em 1819, e é possível que os gêmeos tivessem conhecimento de algum teste mais sofisticado que excluísse o 341. Fermat mostrou que o teste pode ser estendido além de potências de 2, provando que, se p é primo, então, para qualquer número n menor que p, n^p sempre terá resto n quando dividido pelo primo p. Assim, se você achar algum número n para o qual isso não sirva, pode jogar fora p como número primo impostor.

Por exemplo, 3^{341} ao ser dividido por 341 não dá resto 3, mas 168. Os gêmeos não tinham possibilidade de verificar todos os números menores que seu candidato a primo, seriam testes demais a fazer. No entanto, o grande mago húngaro dos números primos, Paul Erdos, estimou (embora não pudesse provar rigorosamente) que para testar se um número menor que 101^{50} é primo, se ele passar apenas uma vez pelo teste de Fermat, isso significa que as chances de não ser primo são de 1 para 10^{43}. Assim, provavelmente, um teste bastava para os gêmeos terem o estalo da descoberta de um primo.

Amarelinha de números primos

Esse é um jogo para duas pessoas no qual conhecer os primos gêmeos pode dar uma vantagem.

Escreva os números de 1 a 100, ou baixe o tabuleiro de amarelinha de números primos do site Num8er My5teries. O primeiro jogador pega uma ficha e a coloca sobre um número primo que esteja, no máximo, a cinco passos da casa 1. O segundo jogador pega a ficha e a move para um primo maior que esteja no máximo cinco casas adiante de onde o primeiro jogador a colocou. O primeiro jogador, em seguida, move a ficha para um primo ainda maior que esteja, no máximo, cinco casas adiante. O perdedor é o primeiro jogador incapaz de mover a ficha segundo as regras. As regras são: (1) a ficha não pode ser movida mais de cinco casas adiante; (2) ela deve ser movida sempre até um número primo; (3) e não pode ser movida para trás nem ficar onde está.

FIGURA 1.21: Exemplo de um jogo de amarelinha de números primos em que o movimento máximo é de cinco passos.

A Figura 1.21 mostra um cenário típico. O jogador 1 perdeu porque a ficha está na casa 23, e não há primos nos cinco números seguintes a 23, que é primo. Será que o jogador 1 poderia ter feito uma jogada melhor de abertura? Se olharmos com cuidado, veremos que, uma vez passado o 5, realmente não há muita escolha. Quem quer que mova a ficha para o 5 ganhará, porque numa jogada posterior poderá mover a ficha de 19 para 23, deixando o oponente sem opção de primo para mover. De modo que a jogada de abertura é vital.

E se mudarmos o jogo um pouquinho? Digamos que você possa mover a ficha para um primo que esteja no máximo a sete casas. Agora os jogadores podem pular um pouco mais. Em particular, podem passar pelo 23, porque o 29 está seis casas adiante, portanto, dentro de um alcance permitido. Será que dessa vez a jogada de abertura importa? Como terminará o jogo? Se você jogar, descobrirá que dessa vez haverá muito mais opções ao longo do caminho, especialmente quando há uma dupla de primos gêmeos.

À primeira vista, com tantas escolhas, parece que a primeira jogada é irrelevante. Mas olhe de novo. Você perde se estiver no 89, porque o primo seguinte é o 97, oito casas adiante. Se você recuar suas jogadas pelos primos, descobrirá que é crucial estar no 67, porque aqui você tem a possibilidade de escolher em qual dos primos gêmeos 71 e 73 vai colocar a ficha. Uma das opções é vitoriosa; a outra fará com que você perca o jogo, porque cada jogada a partir desse ponto é forçada para você. Quem quer que esteja no 67 pode ganhar o jogo, e parece que o 89 não é tão importante. Então, como você chega lá?

Se você continuar recuando as jogadas, vai descobrir que há uma decisão crucial a ser feita para quem esteja no primo 37. Dali você pode alcançar os primos gêmeos das minhas filhas, 41 e 43. Mova para o 41, e você garante que vai ganhar o jogo. Agora parece que o jogo é decidido por quem forçar o oponente a mover-se para o primo 37. Continuando a recuar dessa maneira, descobre-se que existe, de fato, uma jogada de abertura vencedora. Ponha a ficha no 5, e daí você tem certeza de que terá todas as decisões cruciais, assegurando que moverá a ficha até o 89 e ganhará o jogo, porque então seu oponente não consegue se mover.

E se continuarmos a aumentar o salto máximo permitido, teremos certeza de como o jogo termina? E se deixarmos que cada jogador mova um máximo de 99 casas — não haverá dúvida de que o jogo não continua para sempre, porque sempre se pode saltar para outro primo dentro de 99 casas a partir do último? Afinal, sabemos que os primos são infinitos, então talvez em algum ponto você simplesmente salte de um primo para o seguinte.

É efetivamente possível provar que o jogo sempre termina. Por mais longe que você permita o salto máximo, sempre haverá uma sequência sem primos maior que o salto máximo, e aí o jogo termina. Vamos dar uma olhada em como achar 99 números consecutivos sem nenhum primo no meio. Pegue o número 100 × 99 × 98 × 97 × … × 3 × 2 × 1. Esse número é conhecido como 100 fatorial, e se escreve 100!. Vamos utilizar um fato importante relativo a esse número: se você pegar qualquer número entre 1 e 100, 100! é divisível por esse número.

Vejamos a seguinte sequência de números consecutivos:

$$100! + 2,\ 100! + 3,\ 100! + 4 \ldots 100! + 98,\ 100! + 99,\ 100! + 100$$

100! + 2 não é primo porque é divisível por 2. Da mesma forma, 100! + 3 não é primo porque é divisível por 3. (100! é divisível por 3, então, se somarmos 3, ele continua sendo divisível por 3.) Na verdade, nenhum desses números é primo. Peguemos 100! + 53, que não é primo porque 100! é divisível por 53, e se somamos 53, o resultado continua sendo divisível por 53. Aqui temos 99 números consecutivos, nenhum dos quais é primo. A razão para termos começado com 100! + 2, e não 100! + 1, é que, com esse método simples, deduzimos apenas que 100! + 1 é divisível por 1, e isso não nos ajuda a saber se ele é primo. (Na verdade, não é.)

Então sabemos com certeza que, se fixarmos um salto máximo de 99 números, nosso jogo de amarelinha de números primos terminará em algum ponto. Mas 100! é um número ridiculamente grande. O jogo, na verdade, já terminou muito antes desse ponto: o primeiro lugar onde um primo é seguido de 99 não primos é 396.733.

Este website contém informação sobre como o jogo de amarelinha termina para saltos cada vez maiores: **http://bit.ly/Primehopscotch.** Você pode usar seu smartphone para escanear este código.

Jogar isso, sem dúvida, certamente revela a distribuição errática dos primos ao longo do universo dos números. À primeira vista, não há como saber onde achar o primo seguinte. Mas, se não é possível encontrar um dispositivo inteligente para navegar de um primo a outro, podemos ao menos descobrir algumas fórmulas inteligentes para produzir primos?

Será que coelhos e girassóis poderiam ser usados para descobrir primos?

Conte o número de pétalas de um girassol. Geralmente são 89, um número primo. O número de pares de coelhos após onze gerações também é 89. Teriam os coelhos e as flores descoberto alguma fórmula secreta para achar números primos? Não exatamente. Eles gostam de 89 não por ser primo, mas porque é um dos outros números favoritos da natureza: os números de Fibonacci. O matemático italiano Fibonacci de Pisa descobriu essa importante sequência de números em 1202, quando tentava entender a maneira como os coelhos se multiplicam (no sentido biológico, não matemático).

Fibonacci começou imaginando um par de filhotes de coelhos, um macho e uma fêmea. Chamemos esse ponto de partida de mês 1. No mês 2, esses coelhos amadureceram, tornando-se um par adulto, capaz de reproduzir e gerar no mês 3 um novo par de filhotes. (Para o propósito desse experimento conceitual, todas as crias consistem em um macho e uma fêmea.) No mês 4 o primeiro par adulto produz outro par de filhotes. O primeiro par de coelhos filhotes chegou então à idade adulta, de modo que agora há dois pares de coelhos adultos e dois pares de coelhos filhotes. No mês 5 os dois pares de coelhos adultos produzem um par de filhotes. Os filhotes do mês 4 tornam-se adultos. Logo, no mês 5 há três pares de coelhos adultos e dois pares de coelhos filhotes, perfazendo cinco pares no total. O número de pares de coelhos em meses sucessivos é dado pela seguinte sequência:

$$1, 1, 2, 3, 5, 8, 13, 21, 34, 55, 89, \ldots$$

Manter a conta de todos esses coelhos que se multiplicam era uma boa dor de cabeça, até que Fibonacci divisou um modo fácil de encontrar os números. Para se chegar ao número seguinte na sequência, basta somar os dois números anteriores. O maior dos dois é, obviamente, o número de pares de coelhos até esse ponto. Todos eles sobrevivem até o mês seguinte, e o número menor é a quantidade de pares adultos. Esses pares adultos produzem, cada um, um par adicional de coelhos filhotes, de modo que o número de coelhos no mês seguinte é a soma dos números das duas gerações anteriores.

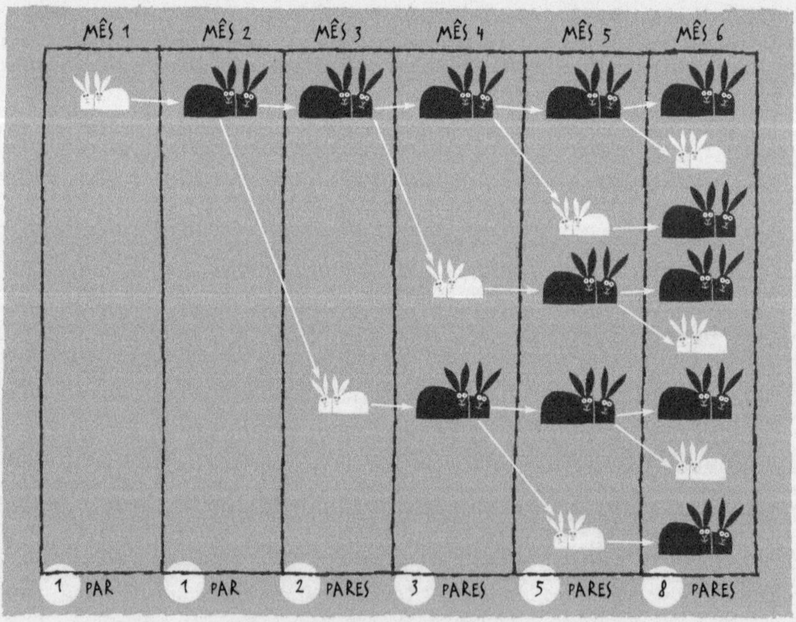

FIGURA 1.22: Os números de Fibonacci são a chave para calcular o crescimento da população de coelhos.

Alguns leitores poderão reconhecer essa sequência do romance de Dan Brown, *O código Da Vinci*. Eles são, de fato, o primeiro código que o herói precisa decifrar no seu caminho para o Santo Graal.

Não são apenas os coelhos e Dan Brown que gostam desses números. O número de pétalas de uma flor com frequência é um número de Fibonacci. O trílio tem três, o amor-perfeito tem cinco, as esporas-bravas têm oito, o malmequer tem treze, a chicória, 21, o piretro, 34, e os girassóis geralmente têm 55 ou até 89 pétalas. Essas plantas, como algumas margaridas, são feitas de duas cópias da flor. E se a sua flor não tem um número de Fibonacci de pétalas, então é porque uma pétala caiu... Esse é o modo como os matemáticos contornam as exceções. (Não quero ser inundado de cartas de jardineiros irados, então reconheço que há algumas exceções que não são simplesmente exemplos de flores murchas. Por exemplo, a flor-estrela geralmente tem sete pétalas. A biologia nunca é perfeita como a matemática.)

Assim como nas flores, podem-se encontrar os números de Fibonacci percorrendo de cima a baixo cones de pinhas e abacaxis. Corte uma fatia transversal de uma banana e você descobrirá que ela se divide em três segmentos. Corte uma maçã a meio caminho entre o talo e a base, e você verá uma estrela de cinco pontas. Faça o mesmo com um caqui, e você obterá uma estrela de oito pontas. Seja na população de coelhos, seja na estrutura de frutas ou girassóis, os números de Fibonacci parecem brotar sempre que ocorre algum tipo de crescimento.

A maneira como as conchas evoluem também está intimamente relacionada a esses números. Um caracol bebê começa com uma concha minúscula, efetivamente uma casinha quadrada de 1×1. Quando ele fica maior que a concha, acrescenta mais um aposento à casa, e vai repetindo o processo à medida que continua a crescer. Uma vez que não tem muitas opções, simplesmente adiciona um aposento cujas dimensões se baseiam nas dos dois aposentos anteriores, exatamente como os números de Fibonacci são a soma dos dois números anteriores. O resultado desse crescimento é uma espiral simples, mas bela.

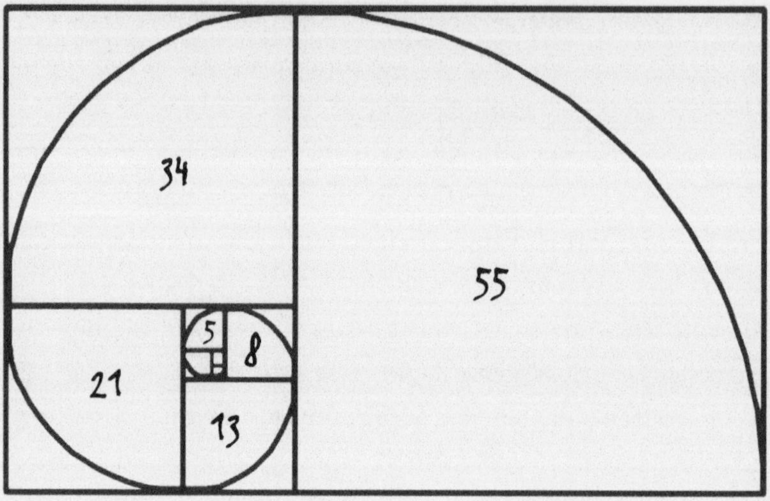

FIGURA 1.23: Como construir uma concha usando os números de Fibonacci.

Esses números não deveriam de forma alguma ser batizados com o nome de Fibonacci, pois ele não foi o primeiro a tropeçar neles. Na verdade, não foram absolutamente descobertos por matemáticos, mas por poetas e músicos na Índia medieval. Os poetas e músicos indianos eram peritos em explorar todas as possíveis estruturas rítmicas geradas pela combinação de unidades rítmicas breves e longas. Se um som longo tem o dobro de duração de um som curto, então, quantos padrões diferentes existem com um número estabelecido de compassos? Por exemplo, com oito compassos é possível fazer quatro sons longos ou oito curtos. Mas há uma porção de combinações entre esses extremos.

No século VIII d.C., o escritor indiano Virahanka assumiu o desafio de determinar exatamente quantos ritmos diferentes são possíveis. Descobriu que, à medida que o número de compassos cresce, o número de padrões rítmicos possíveis é dado pela seguinte sequência: 1, 2, 3, 5, 8, 13, 21, … Ele percebeu, exatamente como Fibonacci, que para chegar ao número seguinte na sequência bastava somar os dois anteriores. Assim, se deseja saber quantos ritmos possíveis há com nove compassos, você vai até o oitavo número da sequência, obtido somando-se 13 e 21, para chegar a 34 padrões rítmicos diferentes.

Talvez seja mais fácil compreender a matemática por trás desses ritmos que tentar acompanhar a crescente população de coelhos de Fibonacci. Por exemplo, para obter o número de ritmos com oito compassos pegam-se os ritmos com seis compassos e soma-se um som longo, ou pegam-se os ritmos com sete compassos e soma-se um som breve.

Há uma intrigante conexão entre a sequência de Fibonacci e os protagonistas deste capítulo, os primos. Olhemos para os primeiros números de Fibonacci:

$$1, 1, 2, 3, 5, 8, 13, 21, 34, 55, 89, 144, \ldots$$

Todo p-ésimo número de Fibonacci, onde p é um número primo, é ele próprio primo. Por exemplo, 11 é primo e o 11º número de Fibonacci é 89, também primo. Se isso sempre funcionasse seria um ótimo modo de gerar primos cada vez maiores. Infelizmente não funciona. O 19º número de Fibonacci é 4.181, e embora 19 seja primo, 4.181 não é: vale 37×113. Nenhum matemático até hoje provou se existe uma quantidade infinitamente grande de números de Fibonacci primos. Esse é outro dos muitos mistérios não solucionados dos números primos na matemática.

Como se pode usar arroz e um tabuleiro de xadrez para encontrar números primos?

Diz a lenda que o xadrez foi inventado na Índia por um matemático. O rei ficou tão grato ao matemático que lhe disse para pedir qualquer prêmio como recompensa. O inventor pensou por um minuto, depois pediu que se colocasse um grão de arroz na primeira casa do tabuleiro de xadrez, dois grãos na segunda, quatro na terceira, oito na quarta, e assim por diante, de modo que cada casa tivesse o dobro de grãos de arroz da casa anterior.

O rei concordou prontamente, atônito pelo fato de o matemático querer tão pouco, mas levaria um choque. Quando começou a pôr o arroz no tabuleiro, os primeiros grãos mal podiam ser vistos. Ao chegar à 16ª casa, já precisava de outro quilo de arroz. Na 20ª casa, seus servos precisaram trazer um carrinho de mão cheio. Ele jamais chegou à 64ª e última casa do tabuleiro. A essa altura, o número total de grãos de arroz no tabuleiro teria sido um assustador

18.446.744.073.709.551.615

Se tentássemos repetir esse feito no coração de Londres, a pilha de arroz na 64ª casa ocuparia toda a área envolta pela M25 — um anel rodoviário em torno da cidade —, e seria tão alta que cobriria todos os prédios. Na verdade, haveria mais arroz nessa pilha que a produção total do planeta no último milênio.

FIGURA 1.24: Duplicar repetidamente faz os números crescerem muito depressa.

Não surpreendeu, portanto, que o rei da Índia tenha fracassado em dar ao matemático o prêmio prometido, sendo forçado, em vez disso, a repartir sua fortuna com ele. Esse é um jeito de se tornar rico com a matemática.

Mas qual a relação entre todo esse arroz e achar números primos grandes? Desde que os gregos provaram que os números primos continuam para sempre, os matemáticos estão à procura de fórmulas inteligentes para gerar primos cada vez maiores. Uma das melhores fórmulas foi descoberta por um monge francês chamado Marin Mersenne. Ele era amigo próximo de Pierre de Fermat e René Descartes, e funcionou como uma espécie de divulgador da internet do século XVII, recebendo cartas de cientistas de toda a Europa e comunicando ideias àqueles que julgava capazes de desenvolvê-las.

Sua correspondência com Fermat levou à descoberta de uma fórmula poderosa para achar primos gigantes. O segredo dessa fórmula está oculto na história do arroz no tabuleiro de xadrez. Quando se contam os grãos de arroz a partir da primeira casa do tabuleiro, o total acumulado com frequência se revela um número primo. Por exemplo, após três casas, temos $1 + 2 + 4 = 7$ grãos de arroz, um número primo. Somando até a quinta casa temos $1 + 2 + 4 + 8 + 16 = 31$ grãos de arroz.

Mersenne perguntou-se se seria verdade que sempre que se chega a uma casa de número primo no tabuleiro, o número de grãos de arroz até aquele ponto seria também primo. Se fosse, esse seria um meio de gerar números primos cada vez maiores. Uma vez contados os grãos de arroz de uma casa de número primo, basta ir até essa casa e contar novamente os grãos de arroz até aí — e Mersenne esperava que este fosse um número primo ainda maior.

Infelizmente para Mersenne e para os matemáticos, sua ideia não funcionou muito bem. Quando se olha a 11ª casa do tabuleiro, uma casa de número primo, até esse ponto há um total de 2.047 grãos de arroz. Infelizmente, 2.047 não é primo — equivale a 23×89. Mas, apesar de a ideia de Mersenne não ter funcionado muito bem, ela levou a alguns dos maiores números primos já descobertos.

O *Guinness* dos primos

No reinado da rainha Elisabeth I, o maior número primo conhecido era o número de grãos de arroz até a casa 19, inclusive: 524.287. Na época em que Lord Nelson travava a Batalha de Trafalgar, o recorde do maior primo já subira até a 31ª casa do tabuleiro: 2.147.483.647. Esse número de dez dígitos se provou primo em 1772, pelo matemático suíço Leonhard Euler, e foi o detentor do recorde até 1867.

Em 4 de setembro de 2006, o recorde tinha subido até o número de grãos de arroz que haveria na 32.582.657ª casa, se tivéssemos um tabuleiro grande o suficiente. Esse novo primo tem mais de 9,8 milhões de dígitos, e levaria um mês e meio para lê-lo em voz alta. Foi descoberto não por algum gigantesco supercomputador, mas por um matemático amador usando um software baixado da internet.

A ideia desse software é utilizar o tempo ocioso do computador para fazer cálculos. O programa por ele usado implanta uma estratégia inteligente desenvolvida para testar se os números de Mersenne são primos. Foi necessário um computador trabalhando durante vários meses para verificar os números de Mersenne com 9,8 milhões de dígitos, mas ele ainda é muito mais rápido que os métodos para testar se um número ao acaso, desse tamanho, é primo. Em 2009, mais de 10 mil pessoas tinham aderido ao que se tornou a Grande Busca de Primos de Mersenne Via Internet, ou Gimps (na sigla em inglês para Great Internet Mersenne Prime Search).

Esteja avisado, porém, de que a busca não está livre de riscos. Um recruta da Gimps trabalhava para uma companhia telefônica nos Estados Unidos e resolveu empenhar 2.585 dos computadores da empresa na procura dos primos de Mersenne. A companhia começou a desconfiar quando seus computadores passaram a levar cinco minutos, em vez de cinco segundos, para recuperar os números telefônicos. Quando o FBI descobriu a fonte da lentidão, o empregado admitiu: "Toda aquela potência computacional foi simplesmente tentadora demais para mim." A companhia telefônica não viu com bons olhos a pesquisa científica e despediu o empregado.

Após setembro de 2006, os matemáticos estavam prendendo a respiração para ver quando o recorde superaria a barreira dos 10 milhões de dígitos. A expectativa não se devia apenas a razões acadêmicas — havia um prêmio de US$ 100 mil à espera da pessoa que chegasse primeiro. O prêmio em dinheiro era oferecido pela Electronic Frontier Foundation, organização sediada na Califórnia que estimula a colaboração e a cooperação no ciberespaço.

Se você quer que seu computador se junte ao Gimps, pode baixar o programa em **www.mersenne.org** ou escanear o código com seu smartphone.

Levou mais dois anos até o recorde ser quebrado. Num cruel capricho do destino, dois primos que quebravam o recorde foram encontrados com poucos dias de diferença. Detetive amador de números primos, o alemão Hans-Michael Elvenich deve ter imaginado que havia abocanhado o prêmio quando seu computador anunciou, em 6 de setembro de 2008, que acabara de encontrar um novo primo de Mersenne com 11.185.272 dígitos. Mas quando submeteu a descoberta às autoridades, sua empolgação se transformou em desespero — ele fora batido por catorze dias. Em 23 de agosto, o computador de Edson Smith, no Departamento de Matemática da Universidade da Califórnia (Ucla), descobrira um primo ainda maior, com 12.978.189 dígitos. Para a Ucla, em Los Angeles, quebrar recordes de números primos não é novidade. Nessa instituição, o matemático Raphael Robinson descobriu cinco primos de Mersenne na década de 1950, e mais dois foram encontrados por Alex Hurwitz no começo dos anos 1960.

Os encarregados de desenvolver o programa usado pela Gimps concordaram que o prêmio em dinheiro não devia ir somente para o sortudo encarregado de conferir aquele número de Mersenne. Concederam US$ 5 mil para os que desenvolveram o software, dividiram US$ 20 mil entre os que quebraram recordes com o software desde 1999, US$ 25 mil foram doados para caridade e o restante foi para Edson Smith, na Califórnia.

Se você ainda quer ganhar dinheiro procurando números primos, não se preocupe com o fato de o recorde de 10 milhões de dígitos ter sido ultrapassado. Para cada novo primo de Mersenne encontrado há um prêmio de US$ 3 mil. Mas se você anda atrás de dinheiro graúdo, há uma oferta de US$ 150 mil para ultrapassar os 100 milhões de dígitos, e um de US$ 200 mil se você conseguir passar a marca de 1 bilhão. Graças aos gregos antigos, sabemos que tais primos recordes estão ali à espera de alguém que os descubra. Agora, a questão é saber quanto a inflação vai comer do valor do prêmio quando alguém eventualmente reivindicar o próximo.

Como escrever um número de 12.978.189 dígitos

O número primo de Edson Smith é fabulosamente grande. Seriam necessárias mais de 3 mil páginas deste livro para registrar seus dígitos, mas felizmente um bocadinho de matemática pode gerar uma fórmula que expresse o número de maneira bem mais sucinta.

O número total de grãos de arroz até a enésima casa do tabuleiro é

$$R = 1 + 2 + 4 + 8 + \dots + 2^{n-2} + 2^{n-1}$$

Eis um truque para encontrar uma fórmula para o número. À primeira vista, parece totalmente inútil de tão óbvia que é: $R = 2R - R$. Como uma equação tão óbvia pode ajudar a calcular R? Em matemática, muitas vezes ajuda um pouco assumir uma perspectiva ligeiramente diferente, porque aí então tudo começa a parecer completamente diferente.

Vamos, primeiro, calcular $2R$. Isso significa duplicar todos os termos da grande soma. Mas a questão é que, se você duplicar os grãos de arroz numa casa, o resultado será igual ao número de grãos na casa seguinte. Assim,

$$2R = 2 + 4 + 8 + 16 + \dots 2^{n-1} + 2^{n}$$

O próximo passo é subtrair R. Isso simplesmente cancelará todos os termos de $2R$, exceto o último:

$$\begin{aligned} R = 2R - R &= (2 + 4 + 8 + 16 + \dots + 2^{n-1} + 2^{n}) - (1 + 2 + 4 + 8 + \dots + 2^{n-2} + 2^{n-1}) \\ &= (2 + 4 + 8 + 16 + \dots 2^{n-1}) + 2^{n} - 1 - (2 + 4 + 8 + \dots + 2^{n-2} + 2^{n-1}) \\ &= 2^{n} - 1 \end{aligned}$$

Logo, o número total de grãos de arroz até a enésima casa do tabuleiro de xadrez é $2^n - 1$, e esta é a fórmula responsável pela atual quebra de recordes de números primos. Duplicando vezes suficientes e então subtraindo 1 do resultado, você tem esperança de achar um primo de Mersenne, como são chamados os primos encontrados por essa fórmula. Para chegar ao primo de 12.978.189 dígitos de Edson Smith, basta fazer $n = 43.112.609$ na fórmula.

Como atravessar o Universo com um fio de macarrão

Arroz não é a única comida associada à pesquisa do poder de duplicação para criar números grandes. O macarrão oriental, também chamado *lamen*, é feito, tradicionalmente, esticando a massa entre os braços e voltando a dobrá-la para duplicar o comprimento. Cada vez que a massa é esticada, o macarrão fica mais longo e mais fino, mas é preciso trabalhar depressa, porque a massa seca rápido, desintegrando-se numa maçaroca.

Cozinheiros por toda a Ásia têm competido pela honra de duplicar o comprimento do macarrão o maior número de vezes, e em 2001 o cozinheiro taiwanês Chang Hun-yu conseguiu duplicar sua massa catorze vezes em dois minutos. O fio de macarrão, no final, era tão fino que foi passado pelo buraco de uma agulha. O poder da duplicação é tanto que o fio de macarrão poderia ter sido esticado do restaurante do sr. Chang, no centro de Taipei, até a periferia da cidade, e quando foi cortado produziu um total de 16.384 fios de macarrão de comprimento normal.

Tal é o poder da duplicação, e ela pode levar muito depressa a números imensos. Por exemplo, se fosse possível para Chang Hun-yu ter prosseguido e dobrado o macarrão 46 vezes, o fio teria a espessura de um átomo e seria comprido o bastante para chegar de Taipei até a periferia do sistema solar. Duplicando o macarrão noventa vezes, conseguiríamos ir de um lado a outro do Universo observável. Para se ter uma ideia do tamanho do nosso recordista atual entre os números primos, seria necessário dobrar o macarrão 43.112.409 vezes, e aí tirar um fio comum para obter o primo recordista de 2008.

Quais as chances de seu número de telefone ser primo?

Uma das coisas esquisitas que os matemáticos sempre fazem é conferir seu número de telefone para ver se é primo. Recentemente mudei de casa e precisei mudar o número do telefone. Na minha casa anterior eu não tinha um número telefônico primo (o número da casa — 53 — era primo), e tinha esperança de que na casa nova (número 1, ex-primo) eu tivesse mais sorte.

O primeiro número que a companhia telefônica me deu parecia promissor, mas quando fiz o teste no computador descobri que era divisível por 7. "Não tenho certeza de que vou conseguir me lembrar desse número... Será que dá para arranjar outro?" O número seguinte também não era primo — era divisível por 3. (Teste fácil para ver se um número é divisível por 3: some todos os dígitos do seu telefone; se o número obtido for divisível por 3, então o número original também é.) Depois de mais três tentativas, o empregado da telefônica, desesperado, determinou: "Senhor, acho que serei obrigado a lhe dar o próximo número que vier." Ai de mim, tenho agora um número de telefone par, só faltava essa!

Então, quais as minhas chances de conseguir um número de telefone primo? Meu número tem oito dígitos. Há uma chance de, aproximadamente, 1 em 17 de um número de oito dígitos ser primo. Mas como essa probabilidade muda à medida que a quantidade de dígitos cresce? Por exemplo, existem 25 primos abaixo de 100, o que significa que um número com dois ou menos dígitos tem 1 chance em 4 de ser primo. Em média, quando se conta de 1 a 100, obtém-se um número primo a cada quatro números. Mas os primos vão ficando mais raros à medida que a contagem aumenta.

A tabela ao lado mostra as mudanças na probabilidade.

Número de dígitos	*Chance de se obter um primo*
1 ou 2	1 em 4
3	1 em 6
4	1 em 8,1
5	1 em 10,4
6	1 em 12,7
7	1 em 15,0
8	1 em 17,4
9	1 em 19,7
10	1 em 22,0

TABELA 1.02

Os primos vão escasseando cada vez mais, porém ficam raros de forma bastante regular. Toda vez que acrescento um dígito, a probabilidade decresce em cerca de 2,3, a cada vez. A primeira pessoa a notar isso foi um garoto de quinze anos. Seu nome era Carl Friedrich Gauss (1777-1855), e iria se tornar um dos maiores nomes da matemática.

Gauss fez sua descoberta depois de ter ganhado um livro de tabelas matemáticas de presente de aniversário; o livro tinha na contracapa uma tabela de números primos. Ele era tão obcecado com esses números que passou o resto da vida adicionando a ela mais e mais números, durante seu tempo livre. Gauss era matemático experimental, gostava de brincar com dados e acreditava que a forma como os números primos iam escasseando seguiria nesse padrão uniforme por mais longe que se continuasse a contar no universo dos números.

Mas como ter certeza de que não vai ocorrer subitamente algo estranho quando se chegar a números de 100 dígitos, ou de 1 milhão de dígitos?

A probabilidade ainda seria a mesma adicionando-se 2,3 para cada novo dígito ou as probabilidades, de repente, começariam a se comportar de forma totalmente diversa? Gauss acreditava que o padrão sempre estaria lá, mas só em 1896 ele foi comprovado. Dois matemáticos, Jacques Hadamard e Charles de la Vallée Poussin, provaram, de forma independente, aquilo que hoje recebe o nome de teorema dos números primos: os primos sempre irão escasseando dessa maneira uniforme.

A descoberta de Gauss levou a um modelo muito poderoso, que ajuda a predizer muita coisa acerca do comportamento dos números primos. É como se, para escolher números primos, a natureza usasse um conjunto de dados de número primo, com todas as faces em branco, exceto uma, com PRIMO escrito nela:

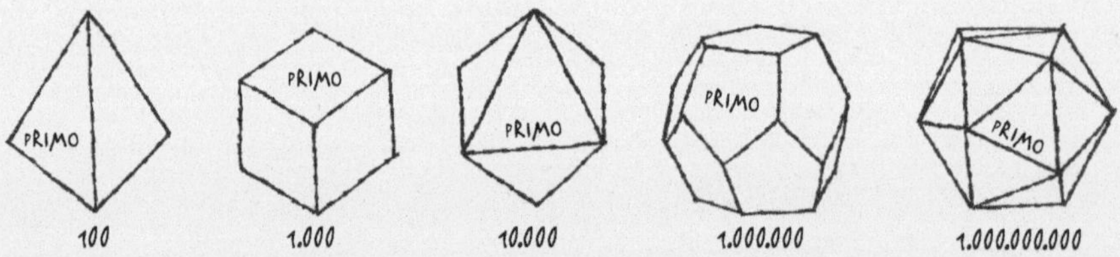

FIGURA 1.25: Dados de número primo da natureza.

Para decidir se cada número vai ser primo, jogue os dados. Se cair a face com o PRIMO, marque o número como primo; se cair uma face em branco, o número não é primo. Claro que se trata de apenas um modelo heurístico — não se pode tornar o número 100 indivisível apenas com uma jogada de dados. Mas ele nos fornecerá um conjunto de números cuja distribuição acredita-se ser muito semelhante à dos primos. O teorema dos números primos de Gauss nos diz quantas faces devem ter os dados. Assim, para números de três dígitos, use um dado de seis faces, ou um cubo com um lado PRIMO. Para números de quatro dígitos, um dado de oito faces — um octaedro. Para cinco dígitos, um dado de 10,4 faces... Claro que se trata de um dado teórico, porque não existe poliedro com 10,4 faces.

Qual é o problema de US$ 1 milhão?

A pergunta de US$ 1 milhão é sobre a natureza desses dados: os dados são honestos ou não? Os dados estão distribuindo os primos honestamente ao longo do universo dos números ou há regiões em que eles são viciados, às vezes fornecendo primos demais, às vezes primos de menos? O nome desse problema é hipótese de Riemann.

Bernhard Riemann foi aluno de Gauss na cidade alemã de Göttingen. Ele desenvolveu uma matemática muito sofisticada, que nos permite compreender como esses dados de número primo distribuem os primos. Usando uma coisa chamada função zeta, números especiais chamados números imaginários e uma quantidade assustadora de análise, Riemann elaborou a matemática que controla a queda dos dados. Ele acreditava, a partir dessa análise, que os dados seriam honestos, mas não conseguiu provar. Provar a hipótese de Riemann, é isso que você precisa fazer.

Outra maneira de interpretar a hipótese de Riemann é comparar os números primos com as moléculas de gás numa sala. Num dado instante, você pode não saber onde cada molécula está, mas a física diz que elas estarão distribuídas de forma bastante regular pela sala. Não haverá um canto com concentração de moléculas e outro com um vácuo completo. A hipótese de Riemann teria a mesma implicação para os primos. Não nos ajuda realmente a dizer onde achar cada primo em particular, mas garante que estão distribuídos de maneira justa, mas aleatória, pelo universo dos números. Esse tipo de garantia muitas vezes basta para que o matemático seja capaz de navegar pelo universo dos números com suficiente grau de confiança. No entanto, até o US$ 1 milhão ser ganho, jamais teremos certeza do que os primos estão fazendo até seguirmos nossa contagem aos confins intermináveis do cosmo matemático.

2. A história da forma imprecisa

Galileu Galilei, o grande cientista do século XVII, escreveu:

> O Universo não pode ser lido enquanto não tivermos aprendido sua linguagem e nos familiarizado com os caracteres nos quais é escrito. Ele é escrito em linguagem matemática, e as letras são triângulos, círculos e outras figuras geométricas, sem as quais é humanamente impossível compreender uma só palavra. Sem elas, estaremos vagando num labirinto escuro.

Este capítulo apresenta o abecedário das formas estranhas e maravilhosas da natureza: do floco de neve de seis pontas à espiral do DNA, da simetria radial de um diamante à complexa forma de uma folha. Por que as bolhas são perfeitamente esféricas? Como o corpo cria formas tão imensamente complexas como o pulmão humano? Qual o formato do nosso Universo? A matemática está no cerne da compreensão de como e por que a natureza cria tal variedade de formas, e também nos dá o poder de criar formas novas, bem como a capacidade de dizer quando não há mais formas a descobrir.

Não são só os matemáticos os interessados nas formas: arquitetos, engenheiros, cientistas e artistas querem entender como funcionam as formas da natureza. Todos confiam na matemática da geometria. Platão, filósofo da Grécia Antiga, colocou uma placa em sua porta dizendo: "Que aqui não entre ninguém que ignore a geometria." Neste capítulo pretendo lhes dar um passaporte para a casa de Platão, para o mundo matemático das formas. E no final revelarei uma charada matemática cuja solução vale outro milhão de dólares.

Por que as bolhas são esféricas?

Pegue um pedaço de arame e dobre-o de modo a formar um quadrado. Mergulhe numa solução para fazer bolhas e sopre. Por que não sai uma bolha em forma de cubo do outro lado? Se o arame for triangular, por que não se consegue soprar uma bolha em forma de pirâmide? Por que, a despeito da forma da moldura, a bolha é sempre perfeitamente esférica? A resposta é que a natureza é preguiçosa, e a esfera é a forma mais fácil na natureza. A bolha tenta achar a forma com menor quantidade de energia, e essa energia é proporcional à área da superfície. A bolha contém um volume fixo de ar, e esse volume não muda com a alteração da forma. A esfera é a forma que tem a menor área superficial capaz de conter aquela quantidade fixa de ar. Isso faz dela a forma que usa a menor quantidade de energia.

Fabricantes de produtos há muito tempo são hábeis em copiar a capacidade da natureza de fazer esferas perfeitas. Se você fosse fabricar rolamentos ou munição de armas, fazer esferas perfeitas é questão de vida ou morte, já que uma leve imperfeição provoca um tiro pela culatra ou a quebra de uma máquina. A grande descoberta veio em 1783, quando um funileiro nascido em Bristol, William Watts, percebeu que podia explorar a predileção da natureza pelas esferas.

Quando o ferro derretido é largado do topo de uma torre alta, assim como a bolha, as gotas do líquido formam esferas perfeitas durante a queda. Watts pensou: se eu afixar uma cuba de água ao pé

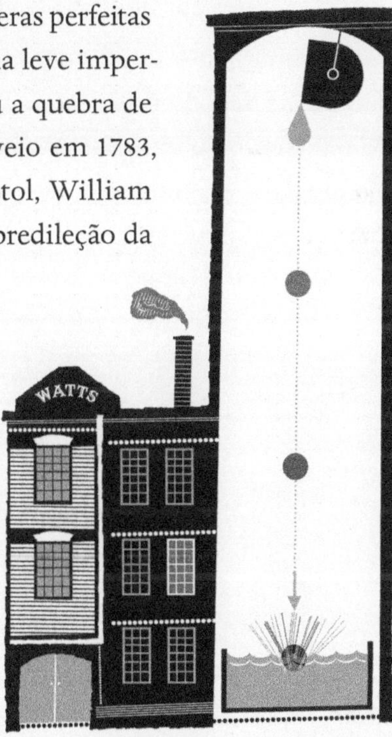

FIGURA 2.01: Uso inteligente da natureza feito por William Watts para produzir rolamentos esféricos.

da torre, é possível solidificar as esferas quando as gotas de ferro atingem a água. Resolveu experimentar a ideia na sua casa em Bristol. O problema era que ele precisava que a gota caísse de mais de três andares a fim de dar ao chumbo derretido em queda tempo para formar gotas esféricas.

Assim, Watts acrescentou mais três andares à sua casa e furou o chão de todos eles, permitindo que o chumbo caísse ao longo do prédio. Os vizinhos ficaram um pouco chocados pelo aparecimento súbito daquela torre em cima da casa, apesar das tentativas de Watts de dar a ela um ar gótico, adicionando alguns floreios de castelo em volta do topo. Mas os experimentos tiveram tanto sucesso que torres semelhantes logo foram erguidas por toda a Inglaterra e pelos Estados Unidos. A torre de Watts continuou em operação até 1968.

Embora a natureza use as esferas com tanta frequência, como podemos ter certeza de que não existe alguma outra forma estranha ainda mais eficiente que a esfera? Foi o grande matemático grego Arquimedes o primeiro a propor que a esfera é efetivamente a forma com menor área superficial contendo um volume fixo. Para provar isso, Arquimedes começou por produzir fórmulas para calcular a área superficial de uma esfera e o volume nela contido.

Calcular o volume de uma forma curva foi um desafio considerável, mas ele aplicou um truque astucioso: fatiar a esfera em cortes paralelos, em muitas camadas finas, e aproximar as camadas, como discos. Arqui-

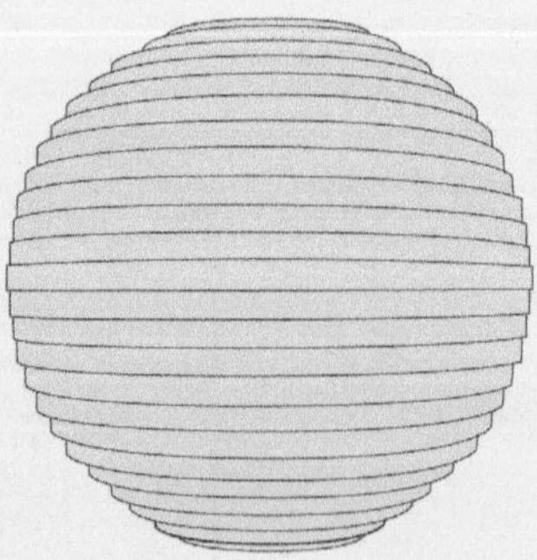

FIGURA 2.02: Pode-se obter a aproximação de uma esfera colocando discos uns sobre os outros

medes conhecia a fórmula para o volume de um disco: era simplesmente a área do círculo vezes a espessura do disco. Somando os volumes de todos esses discos de diferentes tamanhos, ele pôde obter uma aproximação do volume da esfera.

Aí veio a parte esperta. Se ele fizesse discos cada vez menos espessos, até torná-los infinitesimalmente finos, a fórmula daria o cálculo exato do volume da esfera. Essa foi uma das primeiras vezes que se fez uso da ideia de infinito em matemática, e técnica similar acabaria se tornando a base para a matemática do cálculo desenvolvida por Isaac Newton e Gottfried Leibniz, aproximadamente 2 mil anos depois.

Arquimedes seguiu utilizando seu método para calcular os volumes de muitas formas diferentes. Tinha especial orgulho da descoberta de que se você coloca uma esfera dentro de um tubo cilíndrico de mesma altura, o volume de ar no tubo é precisamente a metade do volume da bola. Ficou tão empolgado com isso que insistiu em ter um cilindro e uma esfera entalhados em sua lápide.

Embora Arquimedes tivesse êxito em achar um método para calcular o volume e a área superficial da esfera, não teve habilidade para provar seu palpite de que ela é a forma mais eficiente da natureza. Surpreendentemente, só em 1884 a matemática estava sofisticada o bastante para o alemão Hermann Schwarz comprovar que não existe forma misteriosa com menos energia que pudesse bater a esfera.

Como fazer a bola de futebol mais redonda do mundo

Muitos esportes são jogados com bolas esféricas: tênis, críquete, vôlei, futebol. Embora a natureza seja muito boa em produzir esferas, os homens consideram isso especialmente complicado. É porque, na maior parte do tempo, fazemos bolas cortando formas de lâminas planas de material, que então precisam ser moldadas ou costuradas. Em alguns esportes, é uma virtude o fato de que seja difícil fazer esferas. Uma bola de críquete consiste em quatro peças de couro moldadas e costuradas juntas, de modo que ela não é verdadeiramente esférica. A costura pode ser explorada pelo arremessador para criar um comportamento imprevisível quando a bola é lançada.

Em contraste, jogadores de tênis de mesa exigem bolas perfeitamente esféricas. Elas são feitas fundindo-se, um no outro, dois hemisférios de celuloide, mas este não é um método muito bem-sucedido, uma vez que 95% das bolas são descartadas. Fabricantes de bolas de pingue-pongue se divertem separando as esferas das bolas deformadas. Um canhão especial atira bolas no ar, e as que não são esféricas se desviam para a direita ou para a esquerda. Apenas as realmente esféricas voam em linha reta e são coletadas do outro lado da área de tiro.

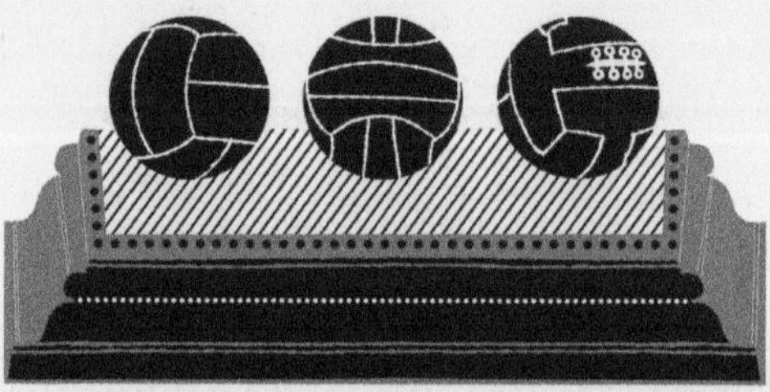

FIGURA 2.03: Alguns dos primeiros desenhos para as bolas de futebol.

Como, então, fazer uma esfera perfeita? Na preparação para a Copa do Mundo de 2006, na Alemanha, houve declarações dos fabricantes de que estariam apresentando a bola mais esférica do mundo. Bolas de futebol são feitas, em geral, costurando-se pedaços planos de couro, e muitas das bolas produzidas ao longo das gerações são construídas a partir de formas com as quais se tem jogado desde os tempos antigos. Para descobrir como fazer a bola de futebol mais simétrica, começamos por pesquisar "bolas" construídas a partir de um número de cópias de um pedaço simétrico de couro, arranjadas de modo que a forma sólida criada também seja simétrica. Para torná-la a mais simétrica possível, o mesmo número de faces deveria se encontrar em cada ponto da forma total. Essas são as formas que Platão apresentou em *Timeu*, escrito em 360 a.C.

Quais são as diferentes possibilidades das bolas de futebol de Platão? Aquela que requer menos componentes é feita costurando-se quatro triângulos equiláteros para formar uma pirâmide de base triangular chamada tetraedro — mas não é uma bola de futebol muito boa, porque possui poucas faces. Como veremos no Capítulo 3, essa forma não se tornou o suprassumo da bola de futebol, mas aparece em outros jogos no mundo antigo.

Outra configuração é o cubo, feito de seis faces quadradas. À primeira vista, essa forma parece estável demais para uma bola de futebol, mas, na verdade, sua estrutura está na base de muitas das primeiras bolas. A primeiríssima bola usada na Copa do Mundo de 1930 era constituída de doze tiras retangulares de couro agrupadas em seis pares e arranjadas como se formassem um cubo. Apesar de agora enrugada e não simétrica, uma dessas bolas está em exposição no Museu Nacional do Futebol, em Preston, no norte da Inglaterra. Outra bola bastante extraordinária usada em 1930 também se baseia num cubo e tem seis pedaços de couro em forma de "H", habilidosamente interligados.

Voltemos aos triângulos equiláteros. É possível arranjar simetricamente oito deles de modo a formar um octaedro, efetivamente fundindo duas pirâmides de base quadrada uma na outra. Uma vez fundidas, não se pode dizer onde está a junção.

FIGURA 2.04: Os sólidos platônicos eram associados aos blocos construtivos da natureza.

Quanto mais faces houver, mais redondas serão as bolas de futebol de Platão. A forma seguinte ao octaedro é o dodecaedro, feito de doze faces pentagonais. Aqui há uma associação com os doze meses do ano, e exemplos antigos dessas formas foram descobertos com calendários entalhados nas faces. Mas de todas as formas de Platão, é o icosaedro, composto de vinte triângulos equiláteros, que mais se aproxima de uma bola esférica.

Platão acreditava que, juntas, essas cinco formas eram tão fundamentais que se relacionavam aos quatro elementos clássicos, os blocos construtivos da natureza: o tetraedro, a mais "espetada" das formas, tinha o formato do fogo; o estável cubo era associado à terra; o octaedro era o ar; e a mais redonda das formas, o icosaedro, era a escorregadia água. A quinta forma, o dodecaedro, Platão decidiu que representava o formato do Universo.

Você pode visitar o site Num8er My5teries e baixar arquivos em pdf com as instruções para construir cada uma das cinco bolas de futebol de Platão. Faça uma trave de papel-cartão e veja como se comportam as diversas formas num futebol de dedo. Experimente algumas das jogadas neste vídeo: **http://bit.ly/Fingerfooty,** que você também pode ver usando seu smartphone para escanear o código.

Como podemos ter certeza de que não existe uma sexta bola de futebol que Platão deixou escapar? Foi outro matemático grego, Euclides, quem provou, no clímax de um dos maiores livros de matemática já escritos, que é impossível costurar entre si qualquer outra combinação de uma única forma simétrica para compor uma sexta bola de futebol a ser acrescentada à lista de Platão. Chamado simplesmente *Os elementos*, o livro de Euclides provavelmente é responsável por fundar a arte analítica da prova lógica em matemática. O grande poder da matemática é que ela pode fornecer 100% de certeza a respeito do mundo, e a prova de Euclides nos diz que, no que se refere a essas formas, nós já vimos tudo — realmente não há surpresas à nossa espera, coisas que tenhamos deixado escapar.

Como Arquimedes aperfeiçoou as bolas criadas por Platão

E se você tentasse arredondar algumas das pontas das cinco bolas criadas por Platão? Se pegasse o icosaedro de vinte faces e cortasse fora todos os vértices, era de esperar que obtivesse algo mais redondo. No icosaedro, cinco triângulos se encontram em cada ponto, e se você cortar todos os vértices, obterá pentágonos. Os triângulos com os três vértices cortados se tornam hexágonos, e esse icosaedro truncado possui efetivamente o formato usado nas bolas de futebol desde que foi introduzido nas finais da Copa do Mundo de 1970, no México. Mas será que há outros formatos constituídos de uma variedade de retalhos simétricos que possam fazer uma bola de futebol ainda melhor para a próxima copa?

Foi no século III a.C. que o matemático grego Arquimedes se propôs a melhorar as formas de Platão. Ele começou observando o que acontece quando se usam dois ou mais blocos construtivos diferentes como as faces do formato. As faces ainda precisavam se encaixar direito umas nas outras, de modo que as arestas de cada tipo de face deviam ter o mesmo comprimento. Isso serviria para obter um encaixe perfeito em cada aresta. Ele queria também o máximo de simetria possível, de maneira que todos os vértices — os cantos onde as faces se juntam — precisavam ter aparência idêntica. Se dois triângulos e dois quadrados se juntassem num dos vértices, então isso deveria acontecer em todos os outros.

O mundo da geometria estava sempre na cabeça de Arquimedes. Mesmo quando seus criados arrastavam um relutante Arquimedes para longe da matemática, a fim de tomar um banho, ele passava o tempo desenhando formas geométricas com o dedo, no carvão da lareira ou no óleo sobre seu corpo despido. Plutarco descreve como "o deleite que ele tinha no estudo da geometria o levava para tão longe de si mesmo que o deixava em estado de êxtase".

Foi durante esses transes geométricos que Arquimedes surgiu com uma classificação completa das melhores formas para bolas de futebol, encontrando treze maneiras diferentes de montá-las. O manuscrito no qual Arquimedes anotou as formas não sobreviveu, e é somente por meio dos escritos de Papus de Alexandria, que viveu cerca de quinhentos anos depois, que temos algum registro da descoberta das treze formas. Não obstante, elas são conhecidas como sólidos de Arquimedes.

Algumas ele criou cortando pedaços dos sólidos platônicos, como a bola de futebol clássica. Por exemplo, passe a tesoura nos quatro cantos do tetraedro. As faces triangulares originais viram hexágonos, enquanto as faces reveladas pelos cortes são quatro novos triângulos. Assim, quatro hexágonos e quatro triângulos podem ser juntados para formar uma coisa chamada tetraedro truncado (Figura 2.05).

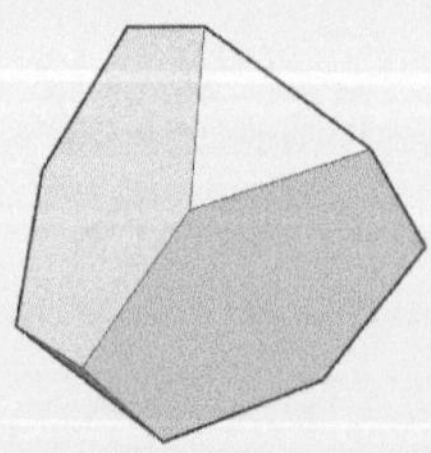

FIGURA 2.05

Na verdade, sete dos treze sólidos de Arquimedes podem ser criados cortando pedaços dos sólidos platônicos, inclusive a bola de futebol clássica de pentágonos e hexágonos. Mais notável foi a descoberta de Arquimedes de algumas outras formas. Por exemplo, é possível juntar trinta quadrados, vinte hexágonos e doze figuras de dez lados para fazer uma forma simétrica chamada grande rombicosidodecaedro (Figura 2.06).

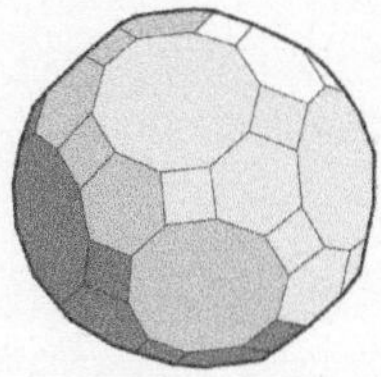

FIGURA 2.06

Foi um desses treze sólidos de Arquimedes que esteve por trás da nova bola Zeitgeist introduzida na Copa do Mundo na Alemanha, em 2006, proclamada a bola de futebol mais redonda do mundo. Composta de catorze pedaços curvos, a bola é, na verdade, estruturada em torno do octaedro truncado. Pegue o octaedro, formado de oito triângulos equiláteros, e passe a tesoura nos seis vértices. Os oito triângulos viram hexágonos, e os seis vértices são substituídos por quadrados (Figura 2.07).

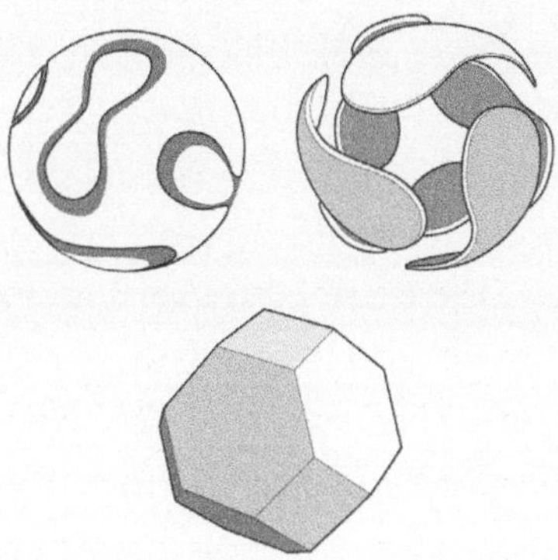

FIGURA 2.07

Talvez Copas do Mundo futuras possam apresentar como bola algum dos sólidos de Arquimedes mais exóticos. Minha escolha seria o dodecaedro *snub*,* formado por 92 pedaços simétricos — doze pentágonos e oitenta triângulos equiláteros (Figura 2.08).

* Dodecaedro "tesourado": o termo *snub* é utilizado também nos nomes em português. O processo de "passar a tesoura" recebe o nome técnico aportuguesado de *snubificação*.

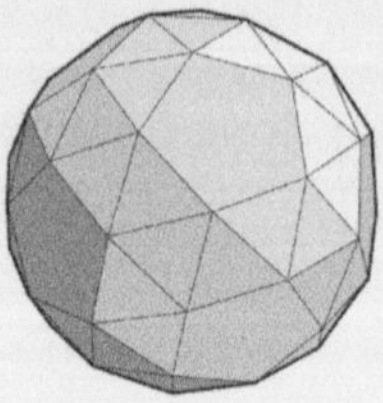

FIGURA 2.08

Até o fim, a mente de Arquimedes esteve voltada para coisas matemáticas. Em 212 a.C. os romanos invadiram seu lar em Siracusa. Ele estava tão absorto desenhando diagramas para solucionar um enigma matemático que ficou completamente alheio à queda da cidade à sua volta. Quando um soldado romano irrompeu em seus aposentos brandindo uma espada, Arquimedes rogou para que ao menos pudesse terminar os cálculos antes de ser passado no fio da arma. "Como posso deixar este trabalho num estado tão imperfeito?", gritou. Mas o soldado não estava preparado para esperar pelo CQD (*como queríamos demonstrar*), e atravessou Arquimedes no meio do teorema.

Figuras dos treze sólidos de Arquimedes podem ser encontradas em **http://bit.ly/Archimedian** ou usando o seu smartphone para escanear o código.

Como você gosta de tomar seu chá?

As formas tornaram-se assunto candente não só para os fabricantes de bolas de futebol, mas também para os tomadores de chá da Inglaterra. Durante gerações nos contentamos com o simples quadrado, mas agora as xícaras estão inundadas de saquinhos de chá em forma de círculos, esferas e até pirâmides, na busca nacional de criar a suprema xícara de chá.

O saquinho de chá foi inventado por engano, no começo do século XX, por um comerciante de Nova York, Thomas Sullivan. Ele enviara aos clientes amostras de chá em pequenos sacos de seda, mas, em vez de tirar o chá do saquinho, os clientes presumiram que deviam pôr a embalagem inteira na água. Foi só na década de 1950 que os britânicos ficaram convencidos dessa mudança tão radical no hábito de tomar chá, mas hoje estima-se que mais de 100 milhões de saquinhos são mergulhados na água quente, no Reino Unido.

Durante anos, o confiável quadrado tem permitido que os tomadores de chá preparem uma xícara sem o aborrecimento de lavar as folhas usadas das chaleiras. O quadrado é uma forma muito eficiente — é fácil fazer saquinhos quadrados e não há desperdício de pedacinhos não utilizados de matéria-prima. Durante cinquenta anos, a PG Tips, principal fabricante de saquinhos de chá, recortou bilhões de unidades em suas fábricas por todo o país.

Mas em 1989 sua principal concorrente, a Tetley, deu um passo ousado para conquistar o mercado, ao mudar o formato do saquinho de chá: introduziram os saquinhos circulares. Embora a mudança fosse pouco mais que uma jogada estética, funcionou. As vendas do novo formato explodiram. A PG Tips percebeu que teria de dar um passo além se quisesse conservar os clientes. O círculo podia ter entusiasmado os consumidores, mas ainda assim era uma figura plana, bidimensional. Então, a equipe da PG Tips resolveu dar um salto para a terceira dimensão.

A equipe da empresa sabia que somos um bando impaciente quando se trata de chá. Em média, o saquinho permanece na xícara por apenas vinte segundos antes de ser retirado. Se você abrir um saquinho bidimensional médio depois de ter ficado imerso apenas vinte segundos, descobrirá que o chá, no meio do saquinho, está completamente seco, não teve tempo de entrar em contato com a água. Os pesquisadores da PG Tips achavam que um saquinho tridimensional se comportaria como uma minichaleira, dando a todas as folhas a possibilidade de entrar em contato com a água. Chegaram a recrutar um especialista em termofluidos do Imperial College, da Universidade de Londres, para gerar modelos computadorizados a fim de confirmar sua crença no poder da terceira dimensão para melhorar o sabor do chá.

Aí veio o passo seguinte no desenvolvimento: qual seria o formato? Uma seleção de diferentes formas tridimensionais foi preparada para testes com os consumidores. Experimentaram saquinhos cilíndricos e outros que pareciam lanternas chinesas, bem como esferas perfeitas. A esfera é bem atraente porque, como bem sabe a bolha, é a forma tridimensional que, para um dado volume fechado, requer a mínima quantidade de material para fabricar o saquinho. Mas também é extremamente difícil de se fabricar, especialmente se você parte de uma lâmina plana de musselina — como qualquer um que já tenha tentado embrulhar uma bola de futebol como presente de Natal sabe muito bem.

Partindo de um pedaço plano de papel, as formas tridimensionais com faces planas eram as alternativas óbvias a considerar, e a PG Tips começou observando as formas que Platão e Arquimedes haviam descrito 2 mil anos antes. Como os fabricantes de artigos esportivos descobriram, a bola de futebol formada de pentágonos e hexágonos aproxima-se muito bem de uma esfera, mas foi a forma na outra ponta do espectro que começou a interessar os encarregados de desenvolver os saquinhos de chá. O tetraedro, de quatro lados, ou pirâmide de base triangular, engloba o volume mínimo para dada área superficial. Olhando positivamente, é a forma que requer o menor número de faces para ser feita (não há como juntar três faces planas para construir uma forma tridimensional).

A PG Tips, obviamente, estava atenta para não desperdiçar muito a matéria-prima do saquinho, de modo que o formato devia ser eficiente e ter um visual atraente. Além de tudo, como pretendiam abastecer uma nação que toma mais de 100 milhões de xícaras de chá por dia, devia ter um formato que pudesse ser produzido em ritmo acelerado: ninguém queria fábricas cheias de operários costurando quatro triângulozinhos para formar pirâmides. A grande sacada veio quando alguém surgiu com uma maneira extremamente bonita e elegante de fazer um saquinho de chá em forma de pirâmide.

Consideremos como é feito um pacote de salgadinhos industriais — chips ou similares. Um tubo cilíndrico é costurado na base, enchido de chips e depois fechado no topo, na mesma direção. Mas veja o que acontece se em vez de fechar o topo na mesma direção que a base girarmos o saco em 90°, mantendo-o na vertical, e só aí costuramos. De repente, estamos segurando na mão um saco tetraédrico. O tetraedro tem seis arestas: duas onde foram feitas as costuras e quatro ligando cada extremidade à costura oposta. É uma maneira linda e eficiente de construir uma pirâmide. Substituindo o pacote de chips por um saquinho de chá fechado com esse giro, teremos saquinhos de chá piramidais. Não há desperdício de material, e uma máquina consegue recortar e costurar cerca de 2 mil unidades por minuto — mais que o suficiente para atender às necessidades de tomar chá do país. A máquina foi tão inovadora que entrou na lista das cem melhores patentes registradas no século XX.

Após quatro anos de desenvolvimento, o saquinho de chá em forma de pirâmide foi lançado em 1996. Não só se revelou eficiente, como os consumidores acharam que o formato dava uma sensação moderna, diferente. A nova campanha publicitária certamente constituiu uma mudança bem-vinda para a trupe de macaquinhos fantasiados que a empresa vinha usando havia anos para vender chá, e a PG Tips recuperou a liderança nas vendas de saquinhos de chá. Mas se o tetraedro trouxe à tona o sabor do chá, outro sólido platônico é o formato de algo muito mais sinistro.

Por que pegar um icosaedro pode matar você?

Em 1918, a pandemia de gripe espanhola matou pelo menos 150 milhões de pessoas, muito mais que as baixas da Primeira Guerra Mundial. Tal devastação ocupou a mente dos cientistas a fim de determinar o mecanismo da perigosa doença, e eles logo perceberam que a causa não era uma bactéria, e sim algo muito menor, que não podia ser visto através dos microscópios da época. Chamaram o novo agente de "vírus", palavra latina que significa "veneno".

A revelação da verdadeira natureza desses vírus teve de esperar o desenvolvimento de uma nova tecnologia, chamada difração por raios X, que deu aos cientistas um meio de penetrar a estrutura molecular subjacente dos organismos que causavam tamanho estrago. Uma molécula pode ser visualizada como uma coleção de bolas de pingue-pongue unidas com palitos de dentes. Embora isso pareça simples demais para a ciência de verdade, todo laboratório de química está equipado com kits de bolas e varetas para auxiliar estudantes e pesquisadores a analisar a estrutura do mundo molecular. Na difração por raios X, um feixe de raios X é passado através do material a ser investigado, e os raios são desviados em vários ângulos pelas moléculas que encontram. As imagens produzidas parecem um pouco a sombra que se obtém quando se lança uma luz sobre uma dessas estruturas de bolas e varetas.

A matemática foi um aliado possante na batalha para desvendar a informação contida nessas sombras. O jogo é identificar que formas tridimensionais poderiam dar origem às sombras bidimensionais produzidas pela difração dos raios X. Com bastante frequência, o progresso depende de se achar o melhor ângulo sob o qual "lançar a luz" e revelar o verdadeiro caráter da molécula. A silhueta de uma cabeça de frente dá pouca informação além de dizer se ela tem orelhas de abano; um perfil diz muito mais sobre a pessoa para quem você está olhando. O mesmo ocorre com as moléculas.

Tendo identificado a estrutura do DNA, Francis Crick e James Watson, com Donald Caspar e Aaron Klug, voltaram sua atenção para o que as imagens bidimensionais da difração por raios X podiam revelar sobre os vírus. Para sua surpresa, descobriram formas cheias de simetria. As primeiras imagens mostraram pontos arranjados em triângulos, o que implicava que o vírus tinha forma tridimensional que podia ser girada em ⅓ de volta e parecer a mesma: aí havia simetria. Quando os biólogos verificaram o arquivo matemático de formas, viram que os sólidos platônicos eram os melhores candidatos para a forma dos vírus.

O problema era que os cinco sólidos platônicos tinham um eixo em torno do qual se podia girar a forma em ⅓ de volta, de modo a realinhar todas as faces. Foi só quando os biólogos obtiveram outra imagem por difração que puderam compor uma perspectiva, o que lhes possibilitou identificar com mais exatidão as formas desses vírus. De repente, apareceram pontos arranjados em pentágonos, e isso lhes deu a possibilidade de esmiuçar um dos dados mais interessantes de Platão: o icosaedro, a forma composta de vinte triângulos com cinco triângulos encontrando-se em cada vértice.

Criando formas

Imagine pendurar um enfeite em forma de cubo numa árvore de Natal, com o barbante preso num dos cantos ou vértices. Se você cortar o cubo horizontalmente entre esse ponto no topo e o ponto mais baixo, fica com dois pedaços, cada um com uma face nova. Qual o formato dessa nova face? A resposta está no fim do capítulo.

Os vírus gostam de formas simétricas porque a simetria oferece um meio muito simples de eles se multiplicarem, e é isso que torna as moléstias virais tão infecciosas — na verdade, é isso que significa "virulento". Por tradição, a simetria é algo que as pessoas acham esteticamente atraente, esteja ela num diamante, numa flor ou no rosto de um modelo. Mas a simetria não é sempre tão desejável. Alguns dos vírus mais mortais dos livros de biologia, da influenza ao herpes, da pólio ao vírus da aids, têm formato de icosaedro.

Será que o Centro Olímpico de Natação de Beijing é instável?

O Centro de Natação construído para as Olimpíadas de Beijing é uma visão extraordinariamente maravilhosa, em particular quando está iluminado, à noite, e parece uma caixa transparente cheia de bolhas. Seus projetistas, da Arup, foram felizes em captar o espírito dos esportes aquáticos praticados ali dentro, mas também quiseram dar à construção uma aparência natural, orgânica.

Eles começaram observando formas que pudessem ladrilhar uma parede, como quadrados, triângulos equiláteros ou hexágonos, mas concluíram que eram regulares demais, não captavam a qualidade orgânica que buscavam. Pesquisaram outros meios pelos quais a natureza embala as coisas, como cristais ou estruturas celulares num tecido vegetal. Em todas essas estruturas há exemplos dos tipos de forma que Arquimedes descobriu para construir boas bolas de futebol, mas a Arup se viu especialmente atraída pelas formas compostas de montes de bolhas embrulhadas juntas para formar a espuma.

Considerando-se que se levou até 1884 para provar que a esfera é a forma mais eficiente para uma única bolha, não surpreende o fato de que grudar várias bolhas para criar espuma seja uma das questões difíceis que ainda vexam a matemática hoje. Se você tem duas bolhas que contêm o mesmo volume de ar, que forma elas criam quando se juntam? A regra é sempre a mesma: as bolhas são preguiçosas e procuram formas com o mínimo de energia. A energia é proporcional à área da superfície, de modo que tentam fazer uma forma que tenha a menor área superficial de película de espuma. Como duas bolhas grudadas compartilham uma fronteira, elas podem criar uma forma com menor área superficial do que simplesmente duas bolhas se tocando.

Se você soprar bolhas, e duas delas com o mesmo volume se fundirem, a combinação será algo com a aparência da Figura 2.09.

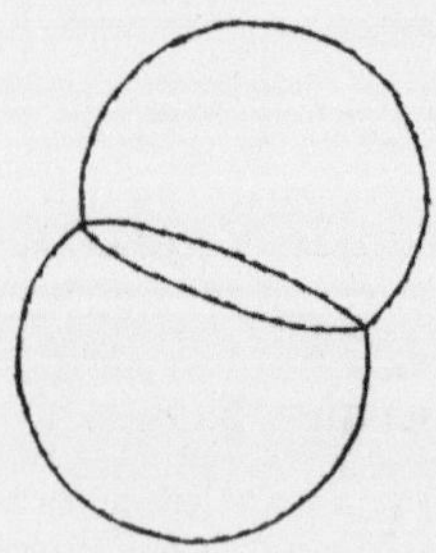

FIGURA 2.09

As duas esferas parciais irão se encontrar num ângulo de 120° e estarão separadas por uma parede plana. Este é, com certeza, um estado estável — se não fosse, a natureza não deixaria as bolhas ficarem assim. Mas a questão é se poderia haver outra forma que tivesse ainda menos área superficial, e portanto menos energia, o que a tornaria ainda mais eficiente. Talvez fosse necessário colocar alguma energia nas bolhas para tirá-las de sua estabilidade atual, mas, quem sabe, há um estado de energia ainda mais baixa. Por exemplo, talvez duas bolhas fundidas pudessem ser melhoradas mediante alguma configuração esquisita, com menos energia, na qual uma bolha assume o formato de uma rosquinha e envolve a outra bolha, apertando-a numa forma semelhante a um amendoim (Figura 2.10).

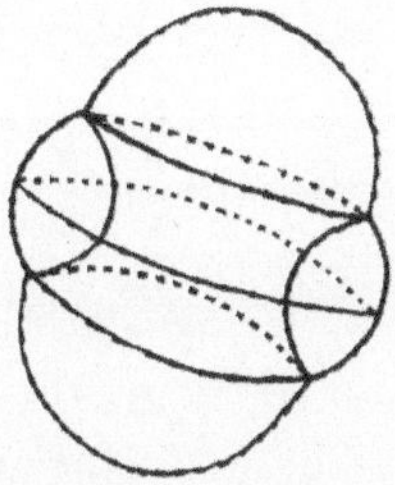

FIGURA 2.10

A primeira prova de que as bolhas fundidas não poderiam ser melhoradas foi anunciada em 1995. Embora matemáticos realmente não gostem de pedir ajuda ao computador, pois isso não satisfaz seu senso de elegância e beleza, precisaram de um para executar e verificar os extensivos cálculos numéricos envolvidos nessa prova.

Cinco anos depois, foi anunciada uma prova no lápis e papel da conjectura da bolha dupla. Na verdade, ela provava uma conjectura mais genérica: se as bolhas não englobarem o mesmo volume, sendo uma menor que a outra, então elas se fundem de modo que a parede entre as bolhas não seja mais plana, mas se curve em direção à bolha maior. A parede é parte de uma terceira esfera e encontra as duas bolhas esféricas de um modo tal que as três películas de sabão tenham ângulos de 120° entre si (Figuras 2.11 e 2.12).

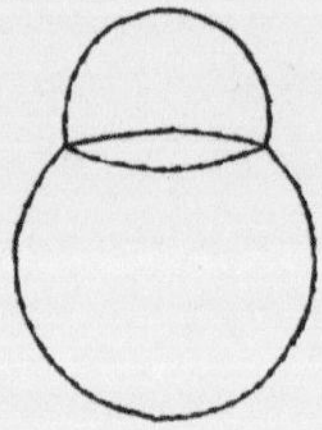

FIGURA 2.11

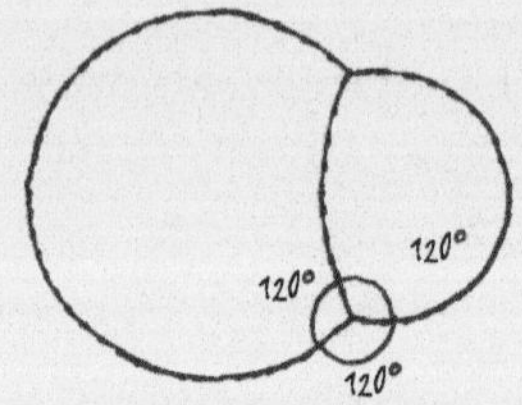

FIGURA 2.12

De fato, essa propriedade dos 120° é uma regra geral para a maneira como bolhas de sabão se fundem. Ela foi descoberta pelo cientista belga Joseph Plateau, nascido em 1801. Enquanto fazia sua pesquisa acerca do efeito da luz sobre o olho, fitou o Sol por meio minuto, e aos quarenta anos de idade estava cego. Então, com a ajuda de parentes e colegas, mudou seu interesse para a investigação do formato das bolhas.

Plateau começou por mergulhar estruturas de arame numa mistura para bolhas, examinando as diferentes formas que apareciam. Por exemplo, quando se mergulha uma estrutura de arame em forma de cubo na mistura, obtêm-se treze paredes que se encontram num quadrado no meio (Figura 2.13).

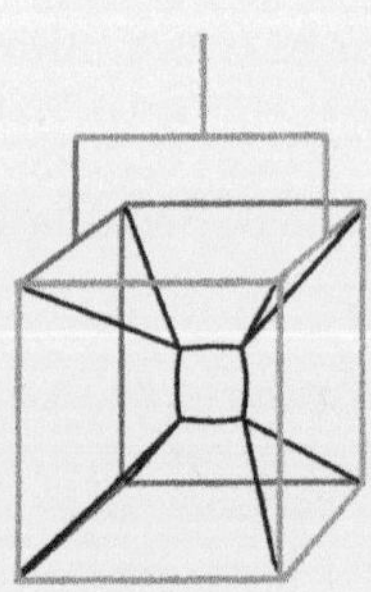

FIGURA 2.13

Só que não é exatamente um quadrado — as arestas sobressaem. À medida que Plateau foi pesquisando as diferentes formas que apareciam em estruturas de arame diferenciadas, ele começou a formular um conjunto de regras sobre como as bolhas se juntam.

A primeira regra era que películas de espuma sempre se juntam em grupos de três num ângulo de 120°. A aresta formada por essas três paredes chama-se borda de Plateau, em homenagem a ele. A segunda regra tratava da maneira como essas bordas podem se encontrar. As bordas de Plateau se encontram em grupos de quatro, num ângulo de cerca de 109,47° ($\cos^{-1}(-1/3)$, para ser preciso). Se você pegar um tetraedro e desenhar linhas dos quatro vértices para o centro, obterá a configuração das quatro bordas de Plateau na espuma (Figura 2.14). Assim, as arestas no quadrado saliente no centro da estrutura cúbica de arame efetivamente se encontram a 109,47°.

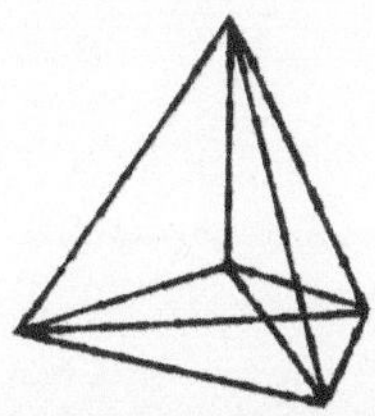

FIGURA 2.14

Qualquer bolha que não satisfizesse as regras de Plateau era considerada instável, e, portanto, se desmancharia numa configuração estável que satisfizesse as regras. Foi só em 1976 que Jean Taylor, afinal, provou que o formato das bolhas na espuma devia satisfazer as regras estabelecidas por Plateau. Seu trabalho nos diz como as bolhas se conectam. Mas e quanto ao efetivo formato das bolhas na espuma? Como as bolhas são preguiçosas, a maneira de responder é encontrar as formas que englobem uma dada quantidade de ar em cada bolha na espuma, ao mesmo tempo minimizando a área superficial da película de espuma.

Abelhas de mel já descobriram a resposta para o problema em duas dimensões. O motivo de construírem suas colmeias usando hexágonos é que este utiliza a menor quantidade de cera para englobar uma quantidade fixa de mel em cada célula. Todavia, mais uma vez, foi somente uma descoberta muito recente que confirmou o teorema do favo de mel: não há nenhuma outra estrutura bidimensional que possa bater o favo hexagonal em termos de eficiência.

Uma vez que passemos a estruturas tridimensionais, porém, as coisas se tornam menos claras. Em 1887, Lord Kelvin, o famoso físico britânico, sugeriu que uma das bolas de futebol de Arquimedes era a chave para minimizar a área superficial das bolhas. Ele acreditava que, enquanto o hexágono era o bloco construtivo da colmeia eficiente, o octaedro truncado — uma forma obtida cortando-se as seis pontas de um octaedro comum — era a chave para formar a espuma (Figura 2.15).

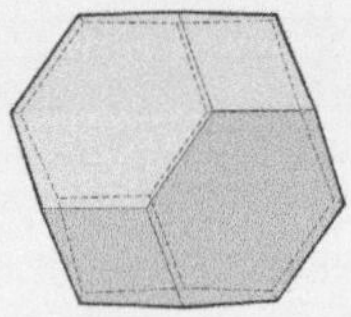

FIGURA 2.15

As regras que Plateau desenvolveu relativas a como as bolhas de espuma devem se juntar mostram que arestas e faces não são efetivamente planas, mas curvas. Por exemplo, as arestas de um quadrado se juntam formando 90°, mas, de acordo com a segunda lei de Plateau, isso não é permitido. As arestas de um quadrado de espuma saltam para fora, assim como na estrutura de arame cúbica, e as duas películas de espuma se encontram formando os exigidos 109,47°.

Muitos acreditavam que a estrutura de Kelvin devia ser a resposta para construir bolhas com área superficial mínima, mas ninguém conseguiu provar isso. Em 1993, Denis Weaire e Robert Phelan, na Universidade de Dublin, descobriram duas formas que se juntavam batendo a estrutura de Kelvin em 0,3% (advertência para quem pensa que provar coisas em matemática é perda de tempo).

As formas estavam ausentes da lista de Arquimedes. A primeira é composta de pentágonos irregulares embutidos num dodecaedro distorcido. A segunda forma é chamada tetracaidecaedro, e consiste em duas faces hexagonais alongadas e doze faces pentagonais irregulares de dois tipos distintos. Weaire e Phelan descobriram que podiam aglutinar esses dois formatos para criar uma espuma mais eficiente que a proposta por

Kelvin. E novamente, para satisfazer as regras de Plateau, as arestas e faces precisam ser curvas, não retas. Interessante notar que é bastante difícil entrar na espuma para ver o que está acontecendo realmente, e os formatos foram descobertos graças a experimentos que os dois cientistas fizeram usando computadores para simular espuma.

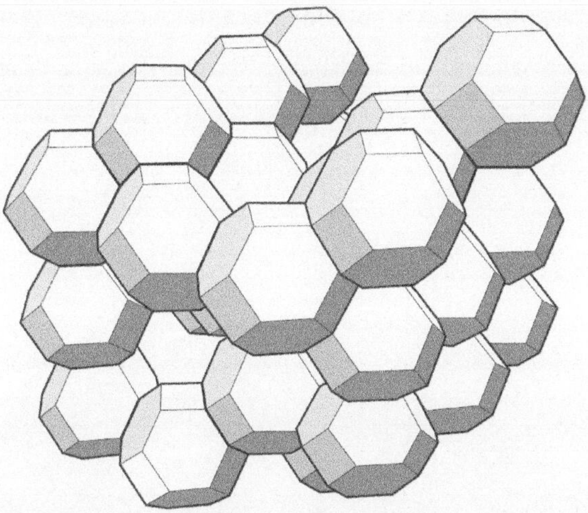

FIGURA 2.16: Espuma de octaedros truncados.

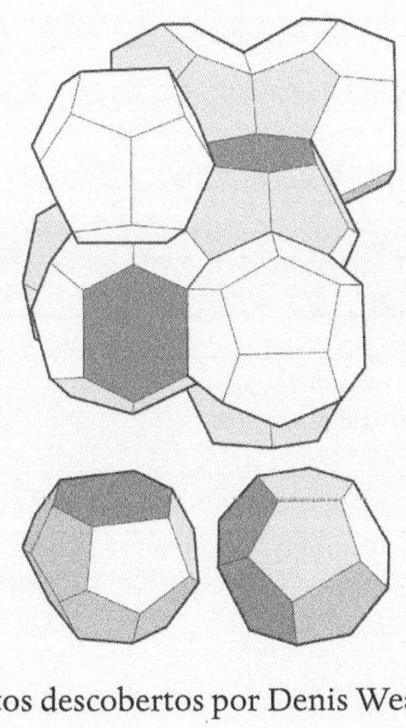

FIGURA 2.17: Formatos descobertos por Denis Weaire e Robert Phelan.

Será isso o melhor que as bolhas podem fazer? Não sabemos. Acreditamos que essa é a rede de formatos mais eficiente. Mas, por outro lado, Kelvin também pensava ter encontrado a resposta.

Os projetistas da Arup vinham examinando nevoeiros, icebergs e ondas em busca de formas naturais interessantes que evocassem os esportes do Centro Olímpico de Natação. Quando casualmente depararam com as espumas de Weaire e Phelan, perceberam que aí havia potencial para criar algo nunca antes tentado no mundo da arquitetura. Para criar formas que não tivessem aparência regular demais, resolveram cortar a espuma num determinado ângulo. O que você vê na lateral do Cubo d'Água, nome informal do Centro de Natação, são, na verdade, as formas que as bolhas criariam se você introduzisse na espuma uma lâmina de vidro formando certo ângulo.

FIGURA 2.18: O Centro Olímpico de Natação de Beijing parece ter uma bolha instável na superfície.

Embora a estrutura da Arup pareça bastante aleatória, ela se repete ao longo da edificação, mas ainda dá a sensação orgânica que os arquitetos buscavam. Se você olhar atentamente, porém, há uma bolha que parece não satisfazer as regras de Plateau, pois tem ângulos de 90° no formato, além dos ângulos de 120° e 109,47° exigidos por Plateau. Então o Cubo d'Água é estável? Se fosse realmente feito de bolhas, a resposta seria não. Essa bolha com ângulo reto teria de mudar de formato para satisfazer as regras matemáticas que todas as bolhas devem obedecer. No entanto, as autoridades da China não precisam se preocupar. O Cubo d'Água vai continuar de pé graças à matemática envolvida na criação de uma estrutura tão bela.

Não apenas a Arup e as autoridades chinesas se interessam pelo formato de montes de bolhas espremidas umas contra as outras. Compreender a configuração da espuma nos ajuda a descobrir o formato de muitas outras estruturas na natureza; por exemplo, a estrutura das células nas plantas, no chocolate, no creme batido e no colarinho de um chope. A espuma é usada para apagar incêndios, proteger a água de vazamentos radiativos e no processamento de minerais. Esteja você interessado em incêndios ou em assegurar-se de que o colarinho do seu chope não suma depressa demais, a resposta reside na compreensão da estrutura matemática da espuma.

Por que um floco de neve tem seis pontas?

Uma das primeiras pessoas a tentar dar uma resposta matemática a essa pergunta foi um astrônomo e matemático do século XVII, Johannes Kepler. Ele tirou sua ideia de por que os flocos de neve têm seis pontas observando o interior de uma romã. As sementes da romã começam como esferas. Como qualquer quitandeiro sabe, a maneira mais eficiente de preencher espaço com bolas esféricas é arrumá-las em camadas de hexágonos. As camadas se encaixam perfeitamente umas sobre as outras, e cada bola repousa sobre três outras da camada inferior. Juntas, as quatro bolas estão arrumadas de maneira que ficam nos vértices de um tetraedro.

Kepler conjecturou que esse seria o modo mais eficiente de "embrulhar" o espaço — em outras palavras, o arranjo no qual os espaços vazios entre as bolas ocupam o menor volume. Mas como podia ter certeza de que não havia algum outro arranjo complicado de bolas para melhorar esse empacotamento hexagonal? A conjectura de Kepler, como esta inocente afirmativa passou a ser conhecida, viria a obcecar gerações de matemáticos. Não surgiu prova até o fim do século XX, quando os matemáticos juntaram forças com a potência do computador.

Voltando à romã, à medida que a fruta cresce, as sementes começam a se espremer umas contra as outras, mudando a forma esférica para formatos que preencham completamente o espaço. Cada semente no núcleo de uma romã está em contato com doze outras, e, à medida que se apertam, vão se transformando em formas de doze faces. Você vai pensar que o dodecaedro com suas doze faces pentagonais é a forma adotada pelas sementes, mas é impossível juntar dodecaedros de maneira que se encaixem perfeitamente, preenchendo todo o espaço disponível. A única forma platônica que se encaixa perfeitamente para preencher o espaço é o cubo. Em vez disso, as doze faces da semente têm a forma de uma espécie de pipa. Chamado de dodecaedro rômbico, é um formato muitas vezes encontrado na natureza (Figura 2.19).

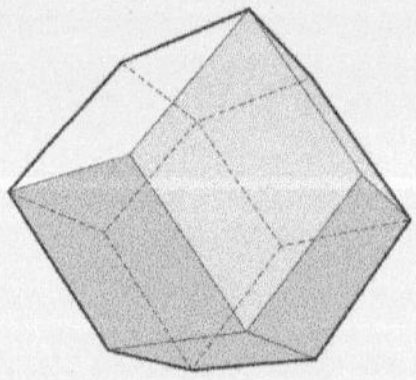

FIGURA 2.19

Cristais de granada têm doze faces parecendo pipas. A palavra em inglês para granada é *garnet*, e o nome da romã é *pomegranate*. Ambas têm a mesma origem latina, porque as sementes da fruta também formam minúsculos sólidos de doze faces que parecem pipas.

A análise das faces em forma de pipa da semente da romã inspirou Kepler a investigar todas as possíveis formas simétricas que podiam ser construídas a partir dessa face ligeiramente não simétrica. Platão havia considerado formas feitas de uma face perfeitamente simétrica; Arquimedes deu um passo além observando formas compostas de duas ou mais faces simétricas. As investigações de Kepler desencadearam toda uma produção dedicada a diferentes formas que ampliam as ideias de Platão e Arquimedes. Temos agora os sólidos de Catalan, os sólidos de Poinsot, os sólidos de Johnson, poliedros instáveis e zonoedros — e muitos outros objetos exóticos.

Kepler acreditava que os hexágonos no cerne da justaposição de bolas fossem responsáveis pelas seis pontas dos flocos de neve. Sua análise constitui tema de um livro que dedicou a um diplomata imperial chamado Matthäus Wackher como presente de ano-novo — uma jogada astuta feita por um cientista que sempre estava em busca de financiamentos. Quando gotas de chuva esféricas se congelam nas nuvens, pensou Kepler, de alguma maneira estão se justapondo como sementes de romã. Uma bela ideia, mas estava errada. O motivo real para o floco de neve ter seis pontas está relacionado à estrutura molecular da água, algo que só seria revelado com a invenção da cristalografia de raios X em 1912.

Uma molécula de água é composta de um átomo de oxigênio e dois de hidrogênio. Quando moléculas de água se unem para formar cristais, cada átomo de oxigênio compartilha seus átomos de hidrogênio com os de oxigênio seus vizinhos, e por sua vez toma emprestados dois átomos de hidrogênio de outras moléculas de água. Assim, um cristal de gelo se forma com cada oxigênio ligado a quatro hidrogênios. Num modelo de bolas e varetas, quatro bolas representando átomos de hidrogênio são dispostas em volta de cada átomo de oxigênio numa forma que assegure que cada hidrogênio esteja o mais longe possível dos outros três. A solução matemática para tal exigência é posicionar cada hidrogênio no vértice de um tetraedro, a forma platônica composta de quatro triângulos equiláteros, com o átomo de oxigênio no centro (Figura 2.20).

A estrutura de cristal que surge daí tem algo em comum com laranjas empilhadas na quitanda; três laranjas numa camada têm uma quarta laranja colocada por cima para formar um tetraedro. Mas se, em vez disso, você olhar cada camada de laranjas, verá hexágonos por toda parte. Esses hexágonos que aparecem nos cristais de gelo são a chave para o formato do floco de neve. Logo, a intuição de Kepler estava correta — empilhar laranjas e as seis pontas do floco de neve são coisas inter-relacionadas, mas só quando observamos a estrutura atômica da neve conseguimos ver onde os hexágonos estavam ocultos. À medida que o floco de neve vai se formando, as moléculas de água se ligam aos seis vértices do hexágono, criando as seis pontas do floco de neve.

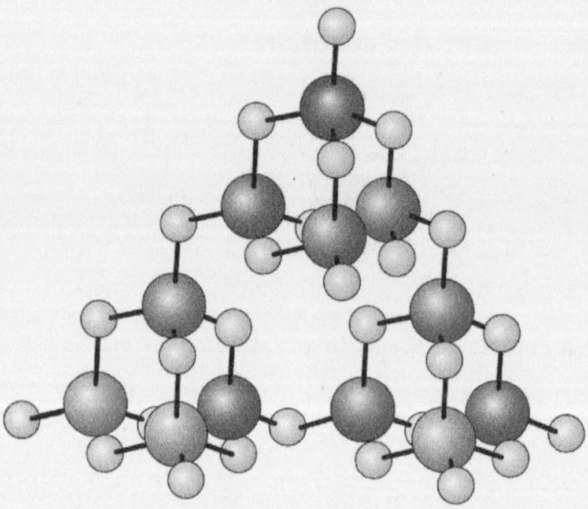

FIGURA 2.20

É nessa passagem da escala molecular para o floco de neve grande que a individualidade de cada floco se afirma. E, conquanto a simetria esteja no cerne da criação de um cristal de água, é outra importante forma matemática que controla a evolução de cada floco: o fractal.

Qual o comprimento do litoral da Grã-Bretanha?

O litoral da Grã-Bretanha tem 18 mil quilômetros de comprimento? Ou 36 mil quilômetros? Ou é maior ainda? Por mais surpreendente que seja, a resposta está longe de ser óbvia e se relaciona a uma forma matemática que não fora descoberta até a metade do século XX.

Claro que, com as marés subindo e descendo duas vezes por dia, o comprimento do litoral da Grã-Bretanha varia constantemente. Mas mesmo que fixemos o nível da maré, ainda assim não fica claro qual o comprimento do litoral. A sutileza surge da questão de quão meticulosamente medimos o comprimento da costa. Poderíamos começar encostando réguas na ponta uma da outra e contar quantas réguas são necessárias para circum-navegar o país; porém, o uso de réguas rígidas fará com que percamos uma porção de detalhes em escalas menores.

FIGURA 2.21: A medida do litoral da Grã-Bretanha.

Se usarmos um longo pedaço de corda em lugar de réguas rígidas, seria possível seguir mais do intricado formato de uma linha costeira. Ao esticar a corda para fazer a medida, o comprimento do litoral seria consideravelmente maior que a medida obtida com réguas rígidas. Mas há um limite para a flexibilidade da corda, que não consegue captar os complicados detalhes dos contornos da linha costeira em escala de centímetros. Se utilizássemos uma linha fina, poderíamos captar melhor esses detalhes, e então nossa estimativa do comprimento do litoral seria maior.

O *Ordnance Survey* — Levantamento Topográfico Militar — dá o comprimento do litoral da Grã-Bretanha de 17.819,88 quilômetros. Mas meça a costa em detalhes, e você obterá o dobro dessa medida. Um exemplo de como é difícil estabelecer com precisão comprimentos geográficos: em 1961, Portugal alegou que sua fronteira com a Espanha tinha 1.220 quilômetros, enquanto a Espanha dizia que era de somente 990 quilômetros. O mesmo nível de discrepância foi encontrado entre as fronteiras de Holanda e Bélgica. Em geral, é sempre o país menor que calcula a fronteira mais longa.

Assim, existe algum limite para esse processo? Possivelmente, quanto mais detalhistas formos, maior se tornará o comprimento da costa. Para mostrar como isso é possível, vamos construir um pedaço de linha costeira matemática. Para fazer um litoral, você precisa de um rolo de barbante. Puxe um metro de barbante do rolo e coloque-o no chão:

FIGURA 2.22

Isso está reto demais para ser um litoral de verdade, então, vamos fazer uma pequena enseada nesse pedaço reto de costa. Puxe um pouco mais de barbante de modo que o terço do meio do barbante seja substituído por dois segmentos de mesmo comprimento, entrando e saindo:

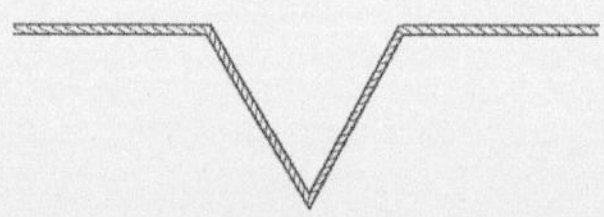

FIGURA 2.23

Quanto barbante a mais você teve de puxar para criar a enseada? A primeira linha era formada por três pedaços de corda de comprimento de $\frac{1}{3}$ de metro, enquanto essa nova costa consiste em quatro pedaços de $\frac{1}{3}$ de metro. Logo, o novo comprimento é $\frac{4}{3}$ vezes o primeiro comprimento, ou seja, $\frac{4}{3}$ de metro.

A nova costa ainda não é muito rebuscada. Assim, mais uma vez, vamos dividir cada uma das linhas menores em três, e substituir o terço médio de cada linha por dois segmentos de mesmo comprimento. Agora temos a seguinte linha costeira:

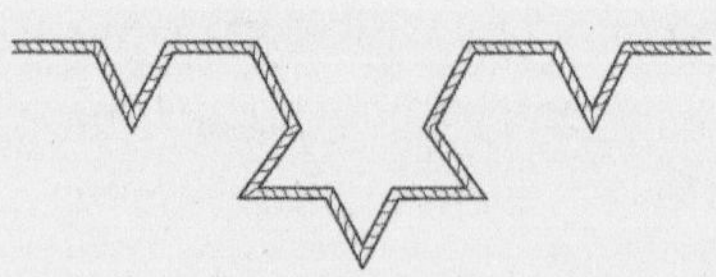

FIGURA 2.24

Qual é o comprimento desse litoral? Bem, cada um dos quatro segmentos aumentou novamente de um fator de $4/3$. Logo, o comprimento do litoral é agora $4/3 \times 4/3 = (4/3)^2$ de metro.

Você provavelmente já adivinhou o que faremos a seguir. Fique repetindo esse procedimento, dividindo os segmentos retos em três e substituindo a seção do meio por dois segmentos de mesmo tamanho. Cada vez que fazemos isso, o comprimento cresce num fator de $4/3$. Se repetirmos cem vezes, o comprimento do nosso litoral terá aumentado num fator de $(4/3)^{100}$, o que perfaz pouco mais de 3 bilhões de quilômetros. Em linha reta, um barbante desse comprimento iria daqui da Terra ao planeta Saturno.

Se continuássemos infinitamente com esse procedimento obteríamos um litoral de comprimento infinito. Claro que a física nos impede de dividir as coisas além de certo limite, determinado por aquilo que se chama constante de Planck. Isso ocorre porque, segundo os físicos, é efetivamente impossível medir uma distância menor que 10^{-34} metros sem criar um buraco negro que engoliria todo o aparelho de medição. Quando fazemos nosso truque de adicionar repetidamente enseadas cada vez menores à linha costeira, quando chegarmos ao 72º passo, o comprimento dos segmentos já será menor do que 10^{-34} metros. Mas os matemáticos não são os físicos — nós vivemos num mundo em que se pode dividir um segmento infinitamente sem desaparecer num buraco negro.

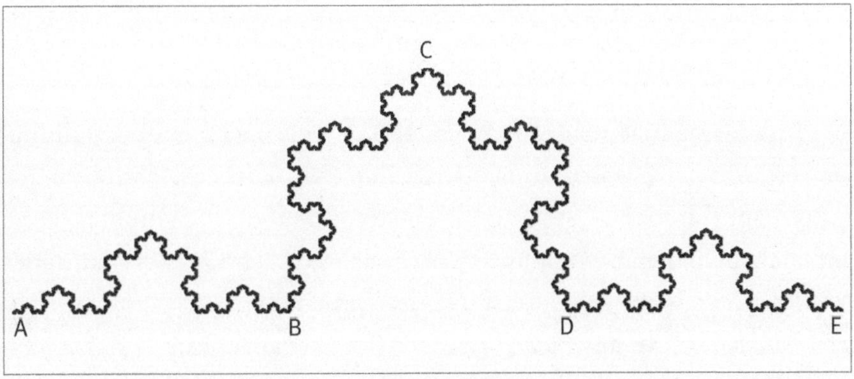

FIGURA 2.25: Amplie a seção menor de A para B, multiplicando-a por 3, e você obterá um fractal maior. Mas o fractal maior também pode ser feito juntando quatro cópias da seção menor.

Outra maneira de ver por que um litoral tem comprimento infinito é considerar um trecho de costa entre os pontos A e B na Figura 2.25. Vamos supor que ele tenha comprimento L. Se ampliarmos esse trecho de litoral três vezes, o resultado é uma cópia exata de toda a linha costeira de A até E. Logo, o litoral todo tem comprimento $3L$. De outro lado, se pegarmos quatro cópias do trecho menor, podemos montá-las uma na ponta da outra e cobrir o litoral todo: A para B, B para C, C para D e D para E. Desse ponto de vista, o comprimento do litoral todo será $4L$, porque necessitamos de quatro cópias do trecho menor para construí-lo. Mas eles têm o mesmo comprimento, qualquer que seja o método de medição. Então, como é possível $4L = 3L$? A única solução para essa equação é se L for comprimento zero ou comprimento infinito.

A linha costeira infinita que construímos é, de fato, o lado de uma forma chamada floco de neve de Koch, em homenagem a seu inventor, o matemático sueco Helge von Koch, que o bolou no início do século XX (Figura 2.26).

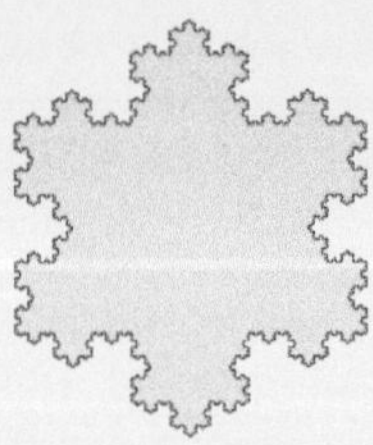

FIGURA 2.26

Essa forma matemática tem simetria demais para parecer um litoral de verdade, e não possui uma aparência particularmente natural ou orgânica; mas se você, aleatoriamente, inserir linhas que penetrem na costa ou saiam para o mar, as coisas começam a parecer bem mais convincentes. Aqui estão imagens (Figura 2.27) feitas com o mesmo procedimento, exceto que lançamos uma moeda a cada vez para resolver se as linhas seriam acrescentadas acima ou abaixo da linha a ser removida.

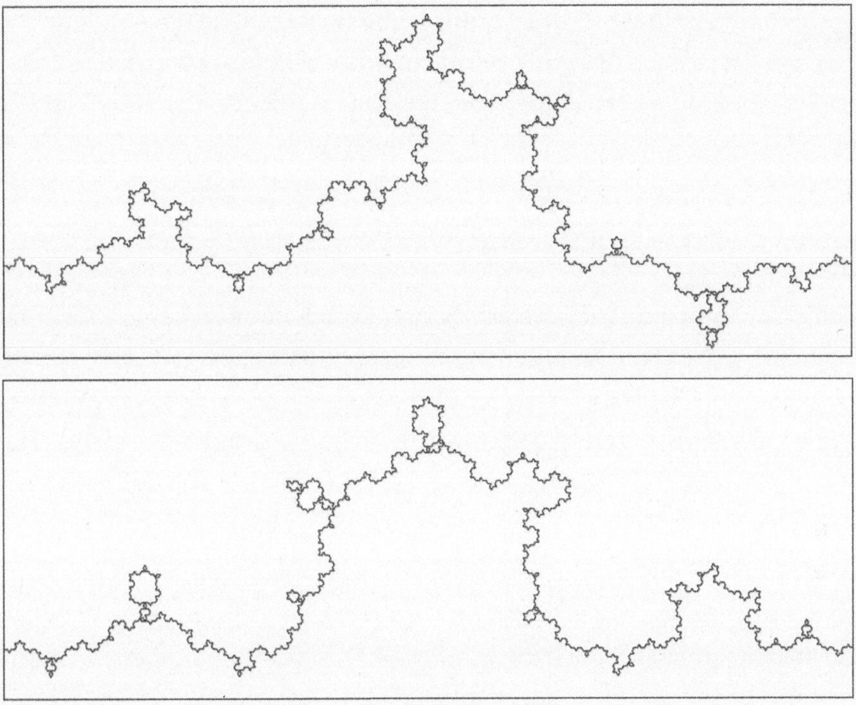

FIGURA 2.27

Se você juntar várias dessas linhas costeiras, obterá algo muito parecido com um mapa medieval da Grã-Bretanha:

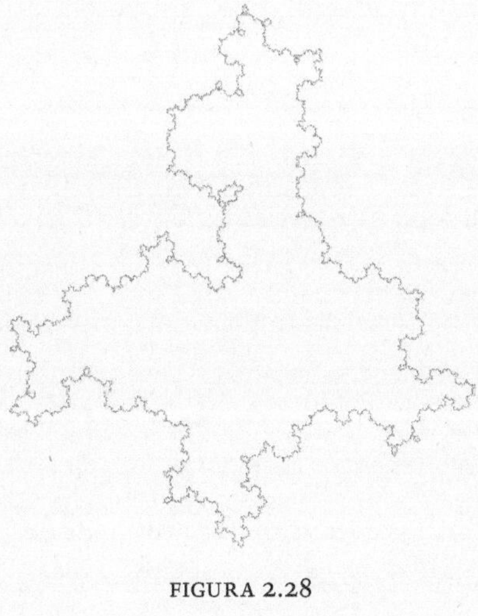

FIGURA 2.28

Assim, se algum dia lhe perguntarem qual o comprimento do litoral da Grã-Bretanha, você pode escolher a resposta que quiser. Não é esse o tipo de pergunta matemática com que todo mundo sonha na escola?

O que relâmpago, brócolis e mercado de ações têm em comum?

Em 1960, o matemático francês Benoit Mandelbrot foi convidado a dar uma palestra para o Departamento de Economia da Universidade Harvard sobre seu recente trabalho acerca de distribuição de rendas ampla e estrita. Quando entrou no escritório do anfitrião, ficou bastante perturbado ao ver desenhados no quadro-negro os gráficos que tinha preparado para a palestra. "Como foi que você conseguiu meus dados antecipadamente?" — perguntou. O curioso é que os gráficos não tinham nada a ver com distribuição de rendas, eram variações nos preços do algodão que o anfitrião analisara numa aula anterior.

A semelhança estimulou a curiosidade de Mandelbrot e o levou à descoberta de que, se pegarmos gráficos de vários conjuntos de dados econômicos não correlacionados, eles parecem ter formatos muito similares. E não só isso: qualquer que fosse a escala de tempo considerada, os formatos apresentavam grande semelhança. Por exemplo, as variações nos preços do algodão num período de oito anos tinham o mesmo aspecto que as variações ao longo de oito semanas, e um aspecto bastante parecido com variações ao longo de oito horas.

O mesmo fenômeno ocorre com o litoral da Grã-Bretanha. Tomemos, por exemplo, as imagens mostradas na Figura 2.29. Todas são trechos do litoral da Escócia. Um deles é de um mapa em escala 1:1.000.000. Os outros são mapas muito mais detalhados, um em escala 1:50.000, outro em escala 1:25.000. Mas você consegue associar as imagens com a escala? Por mais que você aproxime ou afaste o zoom, as formas parecem conservar o mesmo nível de complexidade. Isso não vale para todas as formas. Se você desenhar uma linha retorcida e for ampliando mais e mais um trecho dela, em algum ponto ela começará a parecer bastante simples. O que caracteriza a forma de um litoral ou dos gráficos de Mandelbrot é que, por mais que ampliemos a imagem, a complexidade da forma se mantém.

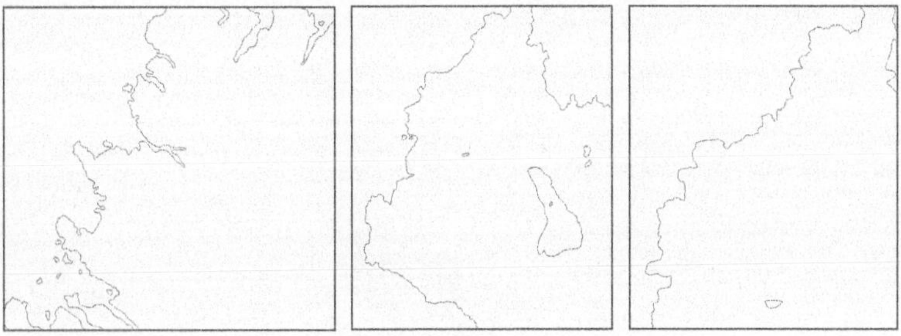

FIGURA 2.29: O litoral da Escócia em diferentes ampliações. Da esquerda para a direita, escalas dos mapas originais de 1:1.000.000, 1:50.000, 1:25.000.

À medida que Mandelbrot aprofundou suas observações, descobriu essas estranhas formas, que permanecem infinitamente complexas em qualquer nível de ampliação, em todo o mundo natural. Se você cortar a parte de cima de uma couve-flor e ampliá-la, ela vai ser impressionantemente parecida com a couve-flor original. Se você aproximar o zoom da imagem de um relâmpago dentado, em vez de reto, o trecho ampliado parece uma cópia do relâmpago original. Mandelbrot batizou essas formas de fractais, referindo-se a elas como "a geometria da natureza", uma vez que representam um tipo de forma genuinamente novo, reconhecido pela primeira vez apenas no século XX.

Há uma razão prática para a evolução natural dessas formas fractais. O caráter fractal do pulmão humano significa que mesmo que ele esteja num volume finito da caixa torácica, sua área superficial é enorme, portanto pode absorver um bocado de oxigênio. O mesmo vale para outros objetos orgânicos. Samambaias, por exemplo, buscam maximizar sua exposição à luz solar sem, ao mesmo tempo, ocupar muito espaço. Elas recorrem à habilidade da natureza de encontrar formas que possuem o máximo de eficiência. Assim como a bolha achou a esfera como a forma que melhor se adapta às suas necessidades, formas de vida foram para a outra extremidade do espectro, escolhendo formatos fractais de complexidade infinita.

O aspecto notável em relação aos fractais é que, embora tenham essa complexidade infinita, na verdade são gerados por regras matemáticas bastante simples. À primeira vista é difícil acreditar que a complexidade do mundo natural pudesse estar baseada numa matemática simples, mas a teoria dos fractais revelou que mesmo as características mais complexas do mundo natural podem ser criadas por fórmulas matemáticas simples.

FIGURA 2.30: Uma samambaia fractal.

A Figura 2.30 parece uma samambaia, mas na verdade é uma imagem de computador gerada por uma regra matemática simples parecida com a que usamos para criar o floco de neve de Koch. A indústria de computadores tem aproveitado a ideia de criar cenários naturais complexos para jogos de computador. Embora um console ocupe apenas uma pequena quantidade de espaço no disco, uma regra simples da matemática dos fractais ajuda a gerar um ambiente extraordinariamente complexo.

Como uma forma pode ser 1,26-dimensional?

As formas que os matemáticos encontravam antes de os fractais entrarem em cena eram uni, bi ou tridimensionais. Uma linha unidimensional, um hexágono bidimensional, um cubo tridimensional. Todavia, uma das mais assombrosas descobertas na teoria dos fractais é que essas formas têm dimensões maiores que 1 mas menores que 2. Se você está zangado, eis uma explicação de como uma forma pode ter uma dimensão entre 1 e 2.

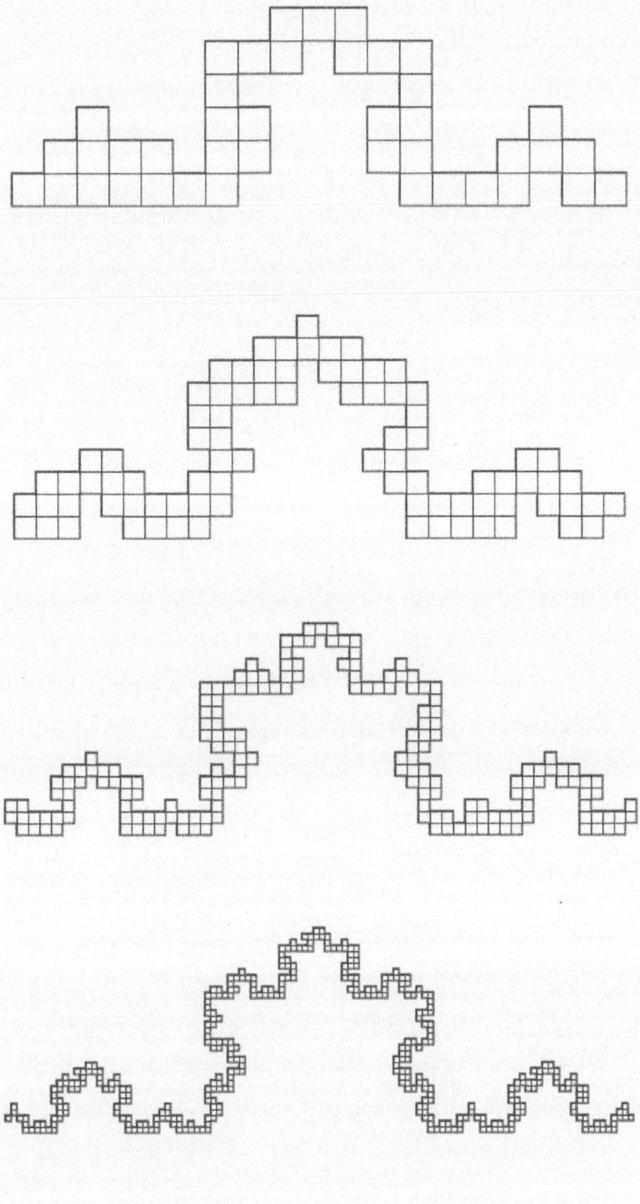

FIGURA 2.31: Como calcular a dimensão de um fractal usando papel quadriculado. A dimensão mede o aumento do número de pixels à medida que se diminui seu tamanho.

O truque é conceber um jeito inteligente de captar por que uma linha é unidimensional enquanto um quadrado sólido é bidimensional. Imagine o seguinte: pegue uma folha de papel quadriculado transparente, coloque-o sobre uma forma e conte quantos quadrados contêm parte dessa forma. Em seguida, pegue uma folha de papel quadriculado cujos quadrados sejam metade do tamanho dos da primeira folha.

Se a forma for uma linha, o número de quadrados no papel quadriculado simplesmente aumenta num fator de 2. Se for um quadrado sólido, o número de quadrados aumenta num fator de 4 ou 2^2. Cada vez que dividimos pela metade o tamanho da grade do papel quadriculado, o número de quadrados necessários para uma forma unidimensional aumenta num fator de $2 = 2^1$, enquanto a forma bidimensional aumenta em 2^2. A dimensão corresponde à potência de 2.

O curioso é que se você aplicar esse procedimento à linha costeira fractal que construímos antes, quando dividirmos pela metade o tamanho dos quadrados da grade do papel, o número de quadrados que contém parte dessa linha costeira aumenta num fator de aproximadamente $2^{1,26}$. Logo, dessa perspectiva, a dimensão do litoral matemático construído merece ser chamada de 1,26. Portanto, criamos uma nova definição de dimensão.

Em vez de papel quadriculado, você pode captar essas formas como uma tela de computador "pixelada". Pinte um pixel de preto se ele contiver um pedaço da forma, e deixe-o branco se não contiver. À medida que aumentamos a resolução da tela, a dimensão acompanha o aumento no número de pixels pretos que vão aparecendo. Por exemplo, se você passar de 16 × 16 pixels para 32 × 32, então, para uma linha, o número de pixels pretos duplicará. Para um quadrado sólido, o número de quadrados pretos ficará multiplicado por 4 ou 2^2. O número de pixels pretos na imagem do computador para o floco de neve de Koch ficará multiplicado por $2^{1,26}$.

Num certo sentido, a dimensão nos diz quanto essa linha fractal infinita está tentando preencher o espaço que ocupa. Se construirmos variantes da nossa linha costeira fractal nas quais o ângulo entre os dois segmentos acrescentados à costa é cada vez menor, então a linha costeira resultante preenche mais e mais espaço. E quando calculamos a dimensão de cada uma dessas variações de sequências litorâneas, descobrimos que ela vai chegando mais e mais perto de 2 (Figura 2.32).

FIGURA 2.32: À medida que se muda o ângulo do triângulo, o fractal resultante preenche mais espaço, e sua dimensão fractal aumenta.

Ao se analisar a dimensão fractal das formas que ocorrem naturalmente, surgem algumas coisas interessantes. Estima-se que o litoral da Grã-Bretanha tenha uma dimensão fractal de 1,25 — bastante próxima do litoral matemático que construímos. Podemos pensar que a dimensão fractal nos informa a velocidade com que o comprimento da costa aumenta à medida que usamos réguas cada vez menores para medi-la. A dimensão fractal do litoral da Austrália é estimado em 1,13, indicando que, em certo sentido, é menos complexo que o litoral da Grã-Bretanha. De modo surpreendente, a dimensão fractal do litoral da África do Sul é de apenas 1,04, sinal de que é bastante regular. Talvez o mais fractal dos litorais seja o da Noruega, com todos seus fiordes — com dimensão de 1,52.

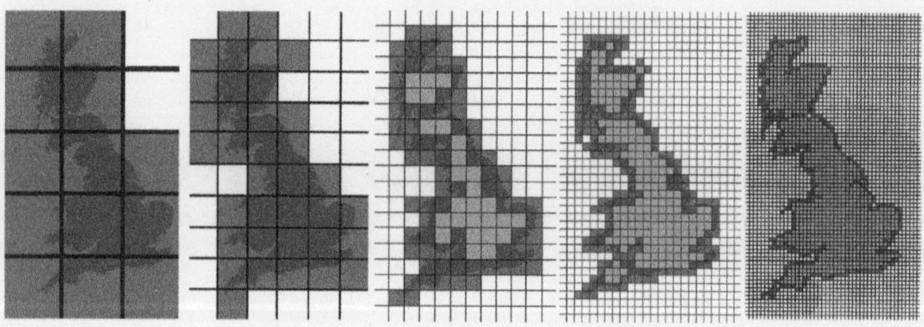

FIGURA 2.33: Qual a dimensão do litoral da Grã-Bretanha?

Para objetos em três dimensões, podemos imaginar recurso semelhante, só que substituindo o papel quadriculado por uma malha de cubos e observando como a forma intercepta esses cubos à medida que a malha se torna mais e mais fina. Uma couve-flor surge com dimensão 2,33; uma folha de papel amassada chega a 2,5; o brócolis é bastante complexo, atingindo 2,66, e, surpreendentemente, a superfície do pulmão humano tem uma dimensão fractal de 2,97.

Você consegue falsificar um Jackson Pollock?

No outono de 2006, uma pintura de Jackson Pollock, artista do século XX, tornou-se o mais caro quadro já vendido. Informou-se que um financista mexicano, David Martinez, pagou US$ 140 milhões (na época, £ 75 milhões*) por um quadro chamado simplesmente *Nº 5, 1948*.

A pintura foi criada pela técnica que era a marca registrada de Pollock, esparramando tinta pela tela, o que lhe valeu o apelido de Jack the Dripper (Jack o Gotejador). Os céticos ficaram chocados com o preço pago pela peça, declarando: "Bom, até eu teria feito uma pintura dessas!" À primeira vista, tem-se a impressão de que qualquer pessoa poderia espalhar tinta em cima de uma tela e alimentar a esperança de virar milionário. Mas a matemática revelou que, na realidade, Pollock fazia algo mais sutil do que se esperava.

Em 1999, um grupo de matemáticos liderado por Richard Taylor, da Universidade de Oregon, analisou as pinturas de Pollock e descobriu que a áspera técnica que ele empregava cria uma das formas fractais adoradas pela natureza. Seções ampliadas de um quadro de Pollock ainda pareciam muito similares à versão em tamanho natural, e aparentavam ter a complexidade infinita característica de um fractal. (Claro que, aumentando progressivamente a ampliação, acabaremos por revelar os pontos individuais de tinta, mas isso ocorre apenas quando se amplia a tela em mil vezes.) A ideia de uma dimensão fractal pode ser aplicada inclusive para analisar como a técnica de Pollock se desenvolveu.

Pollock começou a criar quadros fractais em 1943. Suas primeiras pinturas têm dimensão fractal na região de 1,45, similar ao índice dos fiordes da Noruega; porém, à medida que foi desenvolvendo sua técnica, a dimensão fractal aumentou, refletindo o fato de que as pinturas estavam se tornando mais complexas. Uma das últimas pinturas gotejadas de Pollock, conhecida como *Blue Poles*, levou seis meses para ser completada e tem uma dimensão fractal de 1,72.

---

* Na época em que estava sendo feito este livro, a libra esterlina (£) correspondia mais ou menos a R$ 3,2. (N.T.)

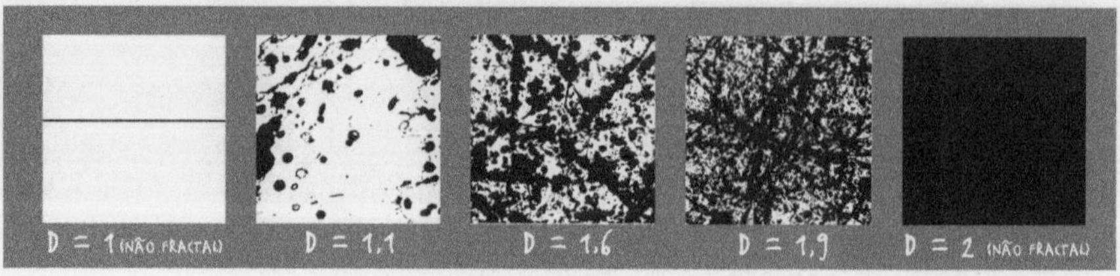

FIGURA 2.34: A dimensão fractal de uma pintura aumenta à medida que se esparrama mais tinta.

Os psicólogos têm explorado as formas que as pessoas julgam mais agradáveis esteticamente. Nós nos sentimos atraídos por imagens cuja dimensão fractal está entre 1,3 e 1,5, similar à dimensão de muitas das formas encontradas na natureza. De fato, há boas razões evolutivas para explicar por que nosso cérebro se sente atraído por esses tipos de fractais; são as formas que o cérebro se programou para reconhecer, à medida que interagimos com o caos ao nosso redor. Assim como o melhor da música se situa entre os extremos da enfadonha cantiga de elevador e o ruído branco aleatório, essas imagens nos atraem porque têm uma complexidade entre o regular demais e o superaleatório.

Se Pollock de fato criava fractais, qual a facilidade de replicar sua técnica? Em 2001, um colecionador de arte do Texas estava preocupado com o fato de seu "Pollock" não ter assinatura nem data em qualquer lugar da tela, e acabou levando o quadro para os matemáticos que revelaram a dimensão fractal do estilo do pintor. A análise mostrou que a pintura não tinha o caráter fractal próprio ao estilo Pollock e sugeriu que provavelmente se tratava de uma falsificação. Cinco anos depois, o Conselho de Autenticação Pollock-Krasner, montado pelo espólio do artista para dar a palavra final acerca das obras discutíveis, pediu a Richard Taylor e sua equipe que aplicassem a análise fractal para uma coleção de 32 pinturas que haviam sido achadas num depósito e que acreditavam ser de Jackson Pollock. A análise fractal sugeriu que também eram falsificações.

Isso não quer dizer que seja impossível falsificar um Pollock — na verdade, Taylor criou um equipamento, que ele chama de Pollockizador, que faz pinturas fractais genuínas. Potes com tintas são amarrados por barbantes a uma bobina eletromagnética que pode ser programada para produzir movimento caótico, resultando em convincentes quadros de Pollock. Assim, embora a matemática seja usada para detectar fraudes, ela também é empregada para criar imagens capazes de convencer os peritos.

Decerto os fractais são formas estranhas, pois suas dimensões não são números inteiros, algo como 1,26 ou 1,72, mas ao menos podemos desenhar suas figuras. Porém, as coisas estão prestes a ficar mais estranhas ainda, porque nosso próximo passo é penetrar no hiperespaço, para explorar formas que existem além do mundo tridimensional.

Como ver em quatro dimensões

Ainda posso me lembrar da agitação que senti a primeira vez que "enxerguei" em quatro dimensões, aprendendo a linguagem que me permitiu conjurar essas formas no meu olho mental. Ver em quatro dimensões é possível usando um dicionário inventado por René Descartes que muda formas em números. Ele percebeu que o mundo visual era muitas vezes difícil de identificar, e desejou ter um modo matemático preciso que o auxiliasse nisso.

O quebra-cabeça da Figura 2.35 mostra que nem sempre você deve confiar em seus olhos. Como Descartes costumava dizer: "Percepções sensoriais são decepções sensoriais."

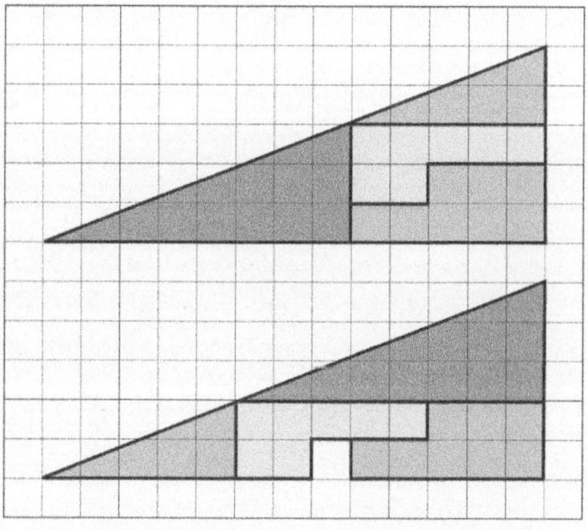

FIGURA 2.35: Rearranje as peças, e a área parece ter diminuído em uma unidade.

Embora a segunda figura seja simplesmente composta das formas da primeira rearranjadas, a área total parece se reduzir de um quadrado. Como pode ser? Isso acontece porque, embora as hipotenusas dos dois triângulos pequenos pareçam alinhadas, na verdade formam ângulos ligeiramente diferentes, o suficiente para que, quando rearrumados, façam parecer que perdemos uma unidade de área.

Para lidar com o problema da percepção, Descartes criou um poderoso dicionário que traduz geometria em números, e agora estamos familiarizados com ele. Quando procuramos uma cidade no atlas, descobrimos que ela é identificada por uma grade localizadora, composta de dois números. Esses números especificam nossa localização norte-sul e leste-oeste a partir de um ponto no equador que está diretamente ao sul de Greenwich, em Londres.

Por exemplo, Descartes nasceu numa cidade na França chamada... Descartes (embora, na época em que ele nasceu, o nome fosse La Haye, em Touraine), que fica numa latitude de 47°N e longitude 0,7°L. No dicionário de Descartes, sua cidade natal pode ser descrita por duas coordenadas: (0,7; 47).

Podemos usar processo similar para descrever formas matemáticas. Por exemplo, se quero descrever um quadrado em termos do dicionário de coordenadas, posso dizer que ele é uma forma com quatro vértices localizados nos pontos (0,0), (0,1), (1,0) e (1,1). Cada aresta corresponde à escolha de dois vértices cujas coordenadas diferem em uma posição. Por exemplo, uma das arestas corresponde aos dois pares de coordenadas (0,1) e (1,1).

O mundo plano bidimensional precisa apenas de duas coordenadas para localizar cada posição, mas, se também quisermos incluir a altitude em relação ao nível do mar, é possível acrescentar uma terceira dimensão. Necessitaremos também dessa terceira coordenada se quisermos descrever nesses termos um cubo tridimensional. Os oito vértices do cubo podem ser descritos pelas coordenadas (0,0,0), (1,0,0), (0,1,0), (0,0,1), (1,1,0), (1,0,1), (0,1,1) e, finalmente, o ponto mais distante do primeiro vértice, localizado em (1,1,1).

Mais uma vez, uma aresta consiste em dois pontos cujas coordenadas diferem em exatamente uma posição. Se você olha um cubo, pode facilmente contar quantas arestas ele tem. Mas se não tivesse essa imagem, bastaria contar quantos pares de pontos existem diferentes de uma só coordenada. Tenha isso em mente quando passarmos para uma forma em que não há figura.

O dicionário de Descartes tem formas e geometria de um lado; do outro, números e coordenadas. O problema é que o lado visual se esgota quando tentamos ir além de formas tridimensionais, pois não há uma quarta dimensão física na qual possamos ver formas de dimensão superior. A beleza do dicionário de Descartes é que o segundo lado simplesmente vai seguindo adiante. Para descrever um objeto quadridimensional, basta adicionar uma quarta coordenada que acompanhe para onde estamos nos movendo nessa nova direção. Assim, apesar de não poder jamais construir fisicamente um cubo quadridimensional, utilizando números posso descrevê-lo com exatidão. Ele tem dezesseis vértices, começando em (0,0,0,0), estendendo-se a pontos em (1,0,0,0) e (0,1,0,0) e chegando até o ponto mais distante (1,1,1,1). Os números são um código para descrever a forma, e posso usar esse código para estudar a forma sem precisar vê-la fisicamente.

Por exemplo, quantas arestas tem esse cubo quadridimensional? Uma aresta corresponde a dois pontos em que uma das coordenadas é diferente. Em cada vértice juntam-se quatro arestas, correspondendo à variação de cada uma das quatro coordenadas, uma de cada vez. Isso nos dá 16×4 arestas — certo? Não, pois contamos cada aresta duas vezes: uma no vértice de onde ela emerge e outra no vértice onde ela chega. Logo, o número total de arestas num cubo quadridimensional é $16 \times 4/2 = 32$. E não para aí. Podemos passar para cinco, seis ou até mais dimensões, e construir um hipercubo em todos esses mundos. Por exemplo, um hipercubo em n dimensões terá 2^n vértices. De cada um desses vértices emergem n arestas, cada uma contada duas vezes; então o cubo n-dimensional tem $n \times 2^{n-1}$ arestas.

A matemática nos proporciona um sexto sentido, permitindo que brinquemos com as formas que vivem além das fronteiras do nosso universo tridimensional.

Onde em Paris se pode ver um cubo quadridimensional?

Para celebrar o 200º aniversário da Revolução Francesa, o então presidente da França, François Mitterrand, encarregou o arquiteto dinamarquês Johann Otto von Spreckelsen de construir alguma coisa especial em La Défense, o distrito financeiro de Paris. A construção se alinharia com diversas outras edificações significativas da cidade — o Louvre, o Arco do Triunfo e o obelisco Egípcio —, naquilo que se tornou agora a perspectiva de Mitterrand.

O arquiteto com certeza não decepcionou. Construiu um enorme arco, chamado La Grande Arche, tão grande que as torres de Notre-Dame poderiam passar pelo meio dele, e pesa estarrecedoras 300 mil toneladas. Infelizmente, Von Spreckelsen morreu dois anos antes de o arco ser completado. Essa tornou-se uma construção icônica de Paris, mas talvez o que os parisienses que a veem todo dia não saibam é que aquilo que Von Spreckelsen construiu é um cubo quadridimensional no coração da capital francesa.

Bem, não é efetivamente um cubo quadridimensional porque vivemos num universo tridimensional. Mas assim como os artistas da Renascença foram confrontados com o desafio de pintar figuras tridimensionais em telas bidimensionais, o arquiteto em La Défense captou a sombra do cubo quadridimensional no nosso universo tridimensional. Para criar a ilusão de ver um cubo tridimensional olhando para uma tela bidimensional, o artista podia desenhar um quadrado dentro de um quadrado maior e juntar os cantos dos quadrados para completar a figura de um cubo. Claro que não é um cubo de verdade, mas fornece ao espectador informação suficiente: podemos ver todas as arestas e visualizar o cubo. Von Spreckelsen usou a mesma ideia para construir a projeção de um cubo quadridimen-

FIGURA 2.36: La Grande Arche, em Paris, é a sombra de um cubo quadridimensional.

sional na Paris tridimensional, consistindo em um cubo situado dentro de um cubo maior com as arestas juntando os vértices do cubo menor e do maior. Se você visitar La Grande Arche e contar com cuidado, poderá ver as 32 arestas que identificamos na seção anterior usando as coordenadas de Descartes.

Toda vez que visito La Grande Arche, em La Défense, é sinistro que sempre haja um vento uivando que parece nos sugar pelo centro do arco. Esse vento se tornou tão sério que os projetistas tiveram de erigir um dossel no coração do arco para interromper o fluxo de ar. É como se, ao construir a sombra de um hipercubo em Paris, tivesse se aberto um portal para outra dimensão.

Há outras maneiras de ter a sensação do cubo quadridimensional no nosso mundo tridimensional. Pense em como você faria um cubo tridimensional a partir de um pedaço de cartolina bidimensional. Primeiro você desenha seis quadrados ligados em forma de cruz, um quadrado para cada face do cubo. Então você dobra o desenho para formar o cubo. O desenho na cartolina bidimensional chama-se "malha" da forma tridimensional. De maneira similar, é possível no nosso mundo tridimensional construir uma malha tridimensional que, se houvesse uma quarta dimensão, pudesse ser dobrada de modo a formar um cubo quadridimensional.

Você pode se propor a fazer um cubo quadridimensional recortando e juntando oito cubos. Eles serão as "faces" do seu cubo quadridimensional. Para fazer a malha do cubo quadridimensional, você precisa juntar esses oito cubos. Comece por colar os primeiros quatro numa coluna, um em cima do outro. Depois, pegue os quatro restantes e cole-os nas quatro faces de um dos quatro cubos na coluna. O seu hipercubo não montado deve ter agora a aparência de duas cruzes que se interceptam, como na Figura 2.37.

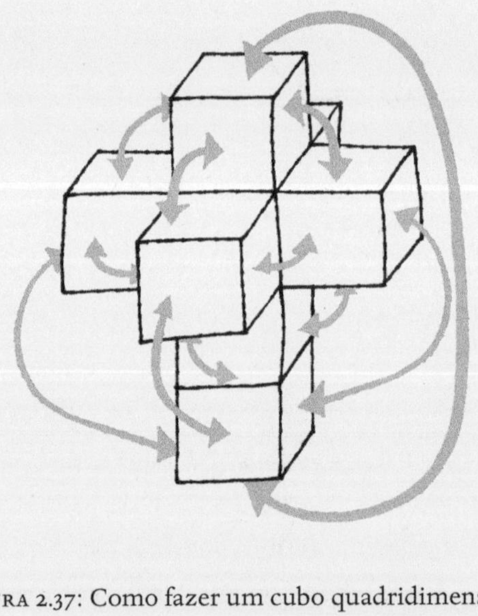

FIGURA 2.37: Como fazer um cubo quadridimensional a partir de oito cubos tridimensionais.

Para dobrar essa coisa, você teria de começar grudando os cubos da base e do topo da coluna. O passo seguinte seria colar as faces quadradas externas de dois dos cubos grudados em lados opostos da coluna ao tubo inferior da coluna. Então, finalmente, você precisaria grudar as faces dos outros dois cubos laterais às faces restantes do cubo inferior. O problema, naturalmente, é que mal você começa a colar, a coisa fica emaranhada, pois simplesmente não há espaço para tudo no nosso mundo tridimensional. Você necessita de uma quarta dimensão na qual possa fazer as dobraduras como descrevi.

Assim como o arquiteto em Paris foi inspirado pela sombra do cubo quadridimensional, o artista Salvador Dalí ficou intrigado por esse hipercubo não dobrado. Em seu quadro *A crucificação (Corpus Hypercubus)*, Dalí retrata Cristo crucificado na malha tridimensional do cubo quadridimensional. Para o pintor, a ideia da quarta dimensão como algo além do nosso mundo material ressoava o mundo espiritual além do nosso universo físico. Seu hipercubo não dobrado consiste em duas cruzes que se interceptam, e a figura sugere que a ascensão de Cristo ao céu está relacionada à tentativa de dobrar essa estrutura tridimensional numa quarta dimensão, transcendendo a realidade física.

Por mais que tentemos retratar essas formas quadridimensionais em nosso universo tridimensional, elas nunca podem nos dar uma figura completa, assim como a sombra ou silhueta no mundo bidimensional pode nos dar apenas uma informação parcial. Quando movemos e viramos o objeto, a sombra muda, mas nós nunca vemos tudo. Esse tema foi colhido pelo romancista Alex Garland no livro *O tesseracto*, outro nome do cubo quadridimensional. A narrativa descreve visões de diferentes personagens acerca da história central, que se passa no submundo da bandidagem em Manila. Nenhuma narrativa isolada fornece um quadro completo, mas, juntando todas as vozes — da mesma maneira que olhar as muitas sombras diferentes projetadas por uma forma —, você começa a entender a história. Mas a quarta dimensão não é importante apenas para construir estruturas, pinturas e narrativas. Ela pode ser também a chave para o formato do próprio Universo.

No jogo de computador Asteroids, qual o formato do Universo?

Em 1979, a empresa de jogos de computador Atari lançou seu jogo mais popular, o Asteroids. O objetivo do jogo era atingir e destruir asteroides e discos voadores, ao mesmo tempo tentando não colidir com asteroides que passam, nem ser atingido por discos voadores que revidam o fogo. A versão Arcade fez tanto sucesso nos Estados Unidos que muitas máquinas do jogo tiveram de adaptar caixas de dinheiro maiores para conter todas as moedas e fichas introduzidas.

Mas é a geometria do jogo que nos interessa do ponto de vista matemático: assim que uma nave espacial some pela parte superior da tela, ela reaparece magicamente na base inferior. De maneira semelhante, se você sai da tela pelo lado esquerdo, a nave espacial reaparece entrando na tela pela direita. O que acontece é que o nosso astronauta está encalhado num mundo bidimensional, no qual seu universo inteiro pode ser visto na tela. Embora seja um universo finito, ele não tem fronteiras. Como o astronauta jamais chega a um limite, ele não vive num retângulo, mas voa num espaço muito mais interessante. Podemos descobrir qual o formato desse universo?

Se o astronauta sai da tela pelo alto e reaparece embaixo, então esses trechos de universo precisam estar conectados. Imagine que a tela do computador seja feita de borracha flexível, de modo que possa ser dobrada unindo o topo com a base. Quando o astronauta voa verticalmente, vemos agora que ele simplesmente viaja dando voltas e mais voltas num cilindro.

E quanto à outra direção? Quando ele sai da tela pela esquerda, reaparece pela direita, então, as duas extremidades do cilindro horizontal também devem estar ligadas. Se marcarmos os pontos onde estão ligadas, descobrimos que precisamos dobrar o cilindro e juntar a parte de cima com a de baixo. Logo, o nosso astronauta, na verdade, vive numa rosquinha, ou naquilo que os matemáticos chamam de toro.

O que descrevi com esse pedaço de borracha é uma nova maneira pela qual os matemáticos começaram a ver as formas cerca de cem anos atrás. Para os gregos antigos, a geometria (palavra que vem do grego e significa, literalmente, "medir a Terra") tratava de calcular distâncias entre pontos e ângulos. Mas analisar o formato do universo do astronauta no jogo Asteroids não diz respeito tanto a distâncias reais no universo do astronauta, e sim à maneira como esse universo está todo conectado. A nova maneira de olhar as formas, na qual posso empurrá-las e puxá-las de um lado a outro como se fossem feitas de borracha ou massa de modelar, chama-se topologia.

Muita gente usa mapas topológicos diariamente. Você reconhece o mapa da Figura 2.38? É um mapa geométrico do metrô de Londres. Porém, embora seja geograficamente preciso, não serve muito bem para você achar seu caminho. Em vez disso, os londrinos usam um mapa topológico, desenhado pela primeira vez em 1933 por Harry Beck, no qual ele puxou e empurrou o mapa geométrico de modo a obter algo de uso muito mais fácil e agora familiar no mundo todo.

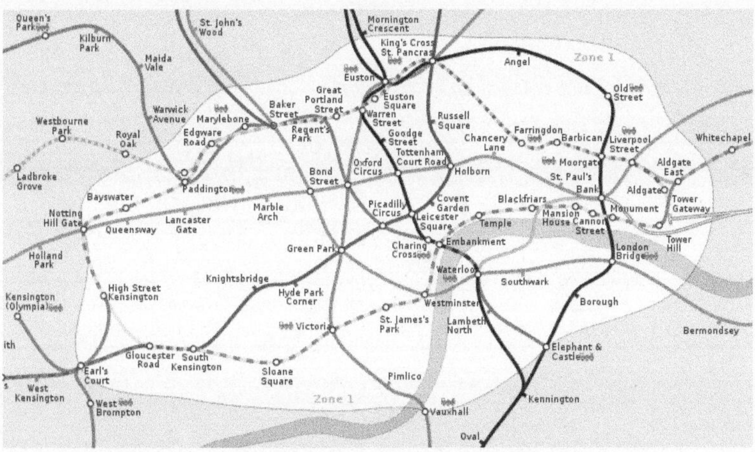

FIGURA 2.38: Um mapa geométrico do metrô de Londres.

Entender se é possível desfazer um nó também é uma questão de topologia, porque temos permissão de puxar os fios de um lado a outro, mas não de cortá-los. Isso é de importância fundamental para biólogos e químicos, pois o DNA humano tende a se entrelaçar formando estranhos nós. Algumas doenças, como o mal de Alzheimer, podem estar relacionadas ao modo de o DNA criar nós em si mesmo, e a matemática tem o potencial de desfazer esses mistérios.

No começo do século XX, o matemático francês Henri Poincaré começou a se perguntar quantas superfícies topologicamente distintas haveria. Isso é como observar todas as possíveis formas que nosso astronauta bidimensional da Atari poderia habitar. Poincaré estava interessado nesses universos da perspectiva topológica, de modo que dois universos poderiam ser encarados como o mesmo se um deles pudesse ser transformado no outro continuamente e sem nenhum corte. Por exemplo, a superfície bidimensional de uma esfera é topologicamente a mesma que a superfície bidimensional de uma bola de rúgbi porque podemos moldar uma a partir da outra. Mas esse universo esférico é uma forma topológica diferente do toro no qual nosso astronauta da Atari voa, pois não se pode transformar uma esfera numa rosca sem cortar ou colar. Mas que outras formas existem?

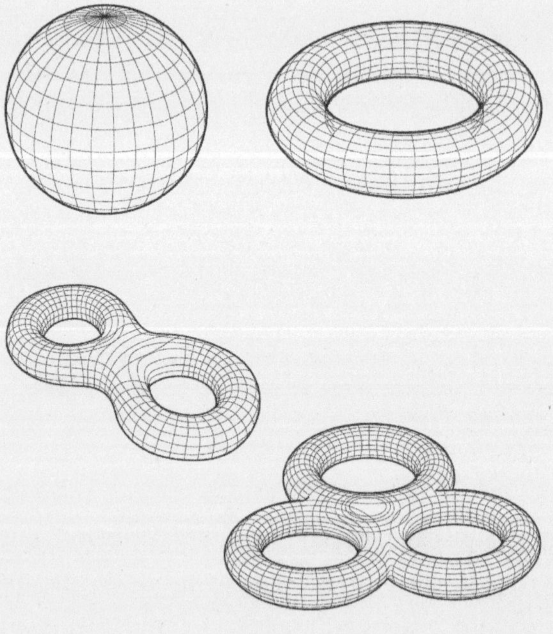

FIGURA 2.39: As quatro primeiras formas na classificação topológica de Henri Poincaré de como enrolar superfícies bidimensionais.

Poincaré foi capaz de provar que, por mais complicada que uma forma seja, é sempre possível transformá-la numa das seguintes formas: esfera, toro com um furo, toro com dois furos, toro com três furos ou qualquer número finito de furos. Do ponto de vista topológico, essa é uma lista completa de universos possíveis para nosso astronauta. É o número de furos — a que os matemáticos se referem como genus — que caracteriza a forma. Por exemplo, uma xícara de chá é topologicamente idêntica a uma rosca porque ambas têm um furo. Uma chaleira tem dois furos, um na boca e outro no bico, e pode ser moldada para ter a aparência de um *pretzel* com dois buracos. Talvez seja mais desafiador entender por que a forma na Figura 2.40, que também tem dois furos, pode ser moldada num *pretzel* de dois buracos. Com a parte da massa interligada atravessando os furos, parece que seria necessário cortar para ter êxito na moldagem, mas isso não é preciso. No final do capítulo eu explico como desfazer os anéis sem cortar.

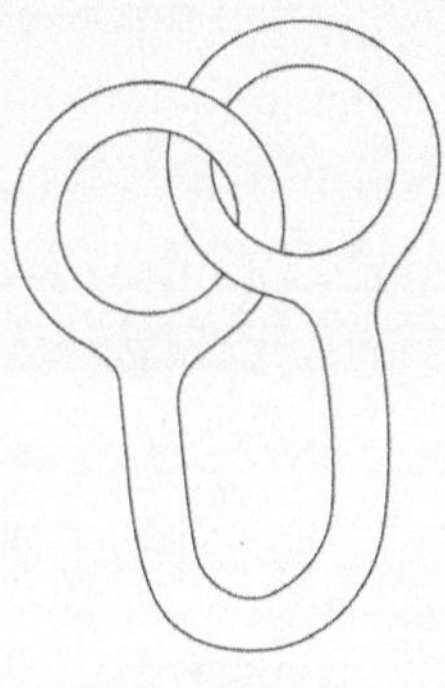

FIGURA 2.40: Como desfazer os dois anéis interligados através dos furos moldando-os continuamente e sem cortá-los?

Como sabemos que não vivemos num planeta com forma de rosquinha?

Em tempos antigos, admitia-se que a Terra era plana. Mas assim que as pessoas começaram a viajar distâncias maiores, a questão da forma da

Terra em grande escala tornou-se mais importante. Se o mundo era plano, então — todos estavam de acordo — se você viajasse longe o suficiente acabaria caindo pela borda — a menos que jamais alcançasse a borda, porque o mundo continuaria para sempre.

Muitas culturas começaram a perceber que a Terra provavelmente era curva e finita. A proposta mais óbvia para esse formato é uma bola, e vários matemáticos antigos fizeram cálculos incrivelmente precisos para o tamanho dessa bola, com base apenas na análise de como as sombras se modificam durante o dia. Todavia, como os cientistas podiam estar seguros de que a superfície da Terra não era enrolada em algum outro formato interessante? Como podiam ter certeza de não viver, por exemplo, na superfície de um enorme pneu, parecido com o universo do astronauta do Asteroids, preso em seu mundo bidimensional em forma de rosca?

Um modo de saber isso é fazer uma viagem imaginária nesses mundos alternativos. Coloquemos então um explorador na superfície de um planeta, dizendo-lhe que ele tem o formato de uma esfera perfeita ou de uma rosca perfeita. Como podemos distinguir os dois? Fazemos com que ele parta em linha reta ao longo da superfície do planeta, com um pincel e uma lata de tinta branca, que usará para marcar o trajeto. O explorador acabará voltando ao ponto de onde saiu, tendo traçado seu caminho como um gigantesco círculo branco em torno do planeta.

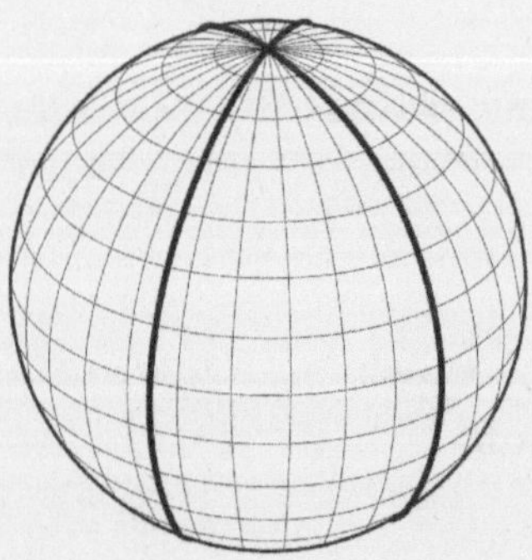

FIGURA 2.41: Dois trajetos sobre uma esfera se cruzam em dois lugares.

Agora lhe damos uma lata de tinta preta e lhe dizemos para partir em outra direção. Num mundo esférico, qualquer que seja a direção escolhida, o trajeto preto sempre cruzará o branco antes de ele voltar ao ponto de partida. Lembre-se de que o explorador está sempre viajando em linha reta sobre a superfície. O ponto onde os dois caminhos se cruzam será o "polo" oposto ao ponto onde o explorador começou a viagem.

Na superfície de um planeta com formato de rosca, as coisas são bastante diferentes. A jornada branca poderia levá-lo a dar a volta na rosca, entrando no buraco e saindo do outro lado. Mas se, em sua viagem de tinta preta, ele partir numa direção que forme um ângulo de 90° com o trajeto branco, ele daria a volta no buraco sem entrar. Então, é possível fazer dois trajetos que se cruzem apenas no ponto de partida.

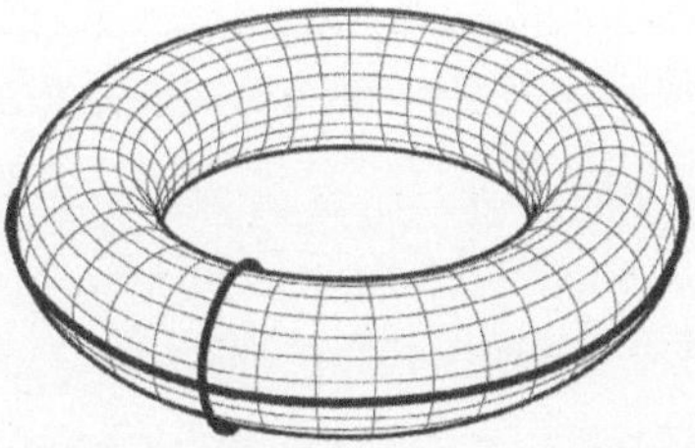

FIGURA 2.42: Há trajetos sobre um toro que se cruzam apenas uma vez.

O problema é que a superfície de um planeta geralmente não é perfeitamente esférica nem perfeitamente em forma de rosca — é distorcida. Na superfície, há entalhes e saliências de pontos atingidos por meteoritos, forçados para dentro ou para fora do formato geral; assim, se o explorador viajar em linha reta e deparar com um desses entalhes ou saliências, poderá se desviar e seguir em outra direção. Na verdade, é bem possível que se o explorador seguir em linha reta jamais retorne ao ponto de partida. Já que as formas entalhadas ou salientes são simples versões da esfera ou da rosca, será que há outras maneiras de distingui-las? É aí que a matéria da topologia se torna poderosa, porque ela se preocupa não tanto com o menor caminho entre dois pontos, mas com a possibilidade ou não de um caminho ser moldado em outro.

Enviemos agora nosso explorador munido de uma corda elástica branca, que ele deixa cair atrás de si. Ele segue andando até voltar ao começo, e então junta as pontas da corda de maneira a ter um laço corrediço em torno do planeta. Aí parte novamente em outra direção com uma corda elástica preta, e mais uma vez segue até voltar ao ponto de partida. Se o planeta for uma bola ou esfera com algumas reentrâncias e saliências, então, sem cortar nenhuma das cordas, o explorador sempre conseguirá mover a corda preta de modo que ela fique totalmente sobre a branca. Mas num planeta em forma de rosca isso nem sempre é possível. Se a corda preta for enrolada em torno da parte interna da rosca, e a corda branca formando um círculo abrangendo o anel externo, então não há meio de puxar a corda preta para se ajustar perfeitamente à branca sem cortá-la. Assim, o explorador sabe se existe um furo no planeta fazendo viagens em torno dele, sem nunca abandonar a superfície para descobrir qual o seu formato.

Eis aqui duas outras maneiras curiosas de dizer se você está num planeta em forma de bola ou de rosca. Imagine que ambos os planetas estejam cobertos de pelos. O explorador na rosca peluda descobrirá que pode orientar os pelos de uma maneira que eles se assentem direitinho, por exemplo, penteando-os para dentro do buraco e saindo do outro lado. Mas o explorador na bola peluda vai se dar mal. Por mais que tente pentear os pelos nesse planeta, sempre haverá um ponto onde os pelos não se encaixam e formam uma crista.

De modo bizarro, isso tem uma implicação estranha sobre o clima nos dois planetas, pois os pelos podem ser pensados como a direção que o vento sopra em cada um deles. No globo há sempre um lugar onde não há vento soprando — a crista —, mas na rosca é possível que haja vento soprando em toda a superfície.

Outra diferença entre os dois planetas está nos mapas que podem ser desenhados sobre eles. Divida cada planeta em diferentes países e então tente colorir os mapas de modo que não haja dois países com fronteira comum que tenham a mesma cor. Na superfície da Terra esférica, é

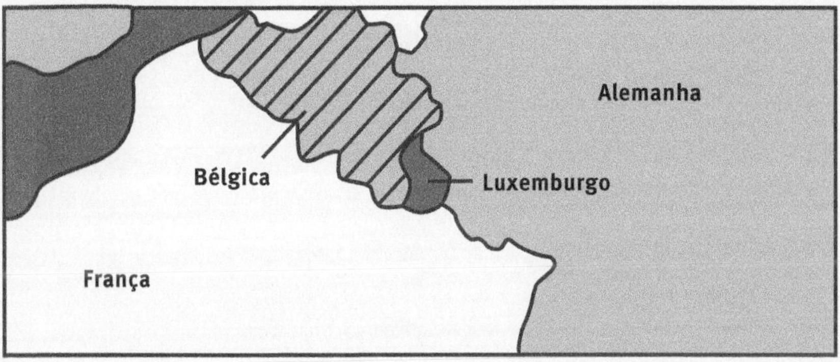

FIGURA 2.43: Quatro cores são necessárias para colorir o mapa da Europa.

sempre possível ajeitar-se com apenas quatro cores. Num mapa da Europa, veja como Luxemburgo está espremido entre Alemanha, França e Bélgica — você percebe que necessita, pelo menos, de quatro cores. Mas o extraordinário é que você não precisa de mais cores — não há como redesenhar as fronteiras da Europa de modo a forçar os cartógrafos a usar a quinta cor. No entanto, não foi nada fácil provar isso. A prova de que não havia realmente algum mapa maluco que precisasse de uma quinta cor foi uma das primeiras na matemática a recorrer ao computador para verificar vários milhares de mapas que levariam muito tempo para se colorir a mão.

De quantos potes de tinta os cartógrafos que vivem num planeta em forma de rosca vão precisar? Há mapas nesse planeta que chegam a necessitar de sete cores. Lembre-se do jogo Asteroids, em que enrolamos a tela retangular de modo a criar uma rosca onde o topo e a base se juntam para formar um cilindro, e aí os lados direito e esquerdo que formam as extremidades do cilindro são unidas para formar a rosca. Eis um mapa (Figura 2.44), desenhado na superfície da rosca antes de se juntarem as extremidades, que necessita de sete cores ao ser unido.

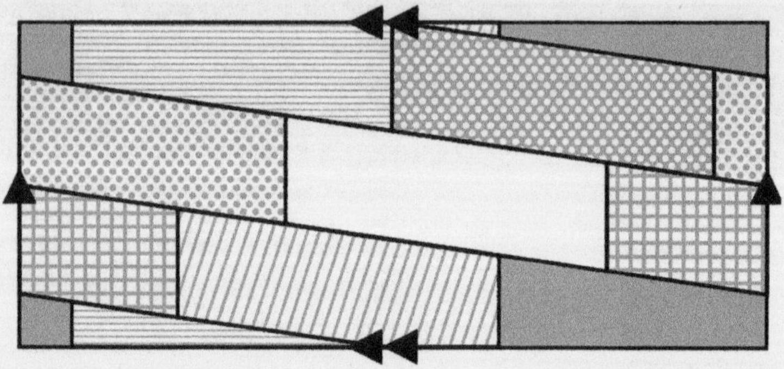

FIGURA 2.44: Enrole este mapa para formar uma rosca juntando a parte de cima à de baixo e depois juntando as duas pontas. Você descobrirá que precisa de sete cores para pintá-lo.

E agora, tendo viajado pela matemática de bolhas e roscas, espuma e fractais, estamos prontos para enfrentar a questão final da forma na matemática.

Que forma tem nosso Universo?

Essa é uma pergunta que tem obcecado a humanidade durante milênios. Os gregos antigos acreditavam que o Universo era delimitado por uma esfera celeste em cujo interior estavam pintadas as estrelas. A esfera girava a cada 24 horas, o que explicava o movimento das estrelas. No entanto, existe algo bastante insatisfatório nesse modelo: se viajássemos espaço afora, acabaríamos dando de encontro com uma parede? E, sendo assim, o que haveria do outro lado da parede?

Isaac Newton foi um dos primeiros a propor que o Universo talvez não tivesse limite, ele era infinito. Por mais atraente que possa ser a ideia de Universo infinito, ela não condiz com nossa atual teoria do Universo iniciado com um big bang e expandindo-se a partir de um ponto concentrado de matéria e energia. Hoje acreditamos que há uma quantidade finita de matéria no espaço lá fora. Então, como o Universo pode ser finito e ao mesmo tempo não ter limite?

Esse é um problema semelhante ao que nossos exploradores enfrentaram num mundo com área superficial finita, mas sem bordas ou fronteiras. Contudo, em vez de ficarmos presos numa superfície bidimensional, estamos dentro de um universo tridimensional. Será que há algum meio elegante de descobrir o formato do Universo e solucionar o aparente paradoxo de não ter fronteira e no entanto ser finito?

Foi necessária a invenção da geometria quadridimensional, na metade do século XIX, para surgir uma possível resposta. Os matemáticos perceberam que a quarta dimensão lhes dava espaço para enrolar nosso Universo tridimensional de modo a criar formas finitas em volume, mas sem fronteira, exatamente da maneira como a superfície bidimensional da Terra ou da rosca é finita em área, mas não tem bordas.

Já vimos como um universo bidimensional finito como o do Asteroids é efetivamente a superfície de uma rosca tridimensional, mas nós somos viajantes tridimensionais, capazes de viajar numa terceira dimensão. Quem sabe nosso Universo se comporte da mesma maneira que o do Asteroids? Para começar, imagine congelar o Universo logo depois do big bang, quando ele se expandiu até atingir o tamanho do quarto onde você está. Esse universo do tamanho de um dormitório é finito em volume, mas não tem qualquer fronteira — porque o quarto está totalmente conectado de maneira bastante curiosa.

Imagine-se parado no meio do quarto, de frente para uma parede. (Estou presumindo que o seu quarto tenha a forma de um cubo.) Quando você caminha para a frente, em vez de bater na parede, você emerge através da parede que estava atrás de você. De maneira similar, ao passar através da parede que está atrás, você emerge pela parede à sua frente. Se mudar de direção, virando 90°, e se dirigir para a parede à sua esquerda, você a atravessa e emerge pela parede à direita, e vice-versa. Assim, a maneira como conectamos seu quarto é exatamente a mesma que no jogo Asteroids.

Mas somos viajantes espaciais tridimensionais, e há uma terceira direção na qual podemos ir. Podemos voar para cima, rumo ao teto, e, em vez de bater com a cabeça, passamos através dele e nos descobrimos emergindo do chão. Ao viajar no sentido oposto, passamos pelo chão e ressurgimos do teto.

O formato desse universo é, na verdade, a superfície de uma rosca quadridimensional, ou uma hiper-rosca. Como o astronauta preso no jogo Asteroids, que não consegue sair de seu mundo bidimensional para ver como seu universo se enrola, nós jamais podemos ver essa hiper-rosca. Mas, empregando a linguagem da matemática, ainda podemos vivenciar seu formato e explorar sua geometria.

Nosso universo agora se expandiu muito além do tamanho do seu quarto, mas ainda pode estar interligado como uma hiper-rosca. Pense na luz que viaja em linha reta saindo do Sol. Talvez, em vez de desaparecer no infinito, essa luz possa dar a volta, retornar e atingir a Terra. Se for assim, então uma das estrelas distantes, lá longe, é o nosso Sol, visto do outro lado, uma vez que a Lua viajou todo o trajeto em volta da hiper-rosca até, afinal, voltar à Terra. Estaríamos, portanto, olhando para o nosso próprio Sol quando muito mais jovem.

Isso parece incrível, mas pense em você sentado no seu quarto-universo minirrosca acendendo um fósforo. Olhando a parede em frente, você vê a luz do fósforo bem diante de você. Agora vire-se. Olhando a parede de trás do seu quarto, você vê o fósforo de novo, só um pouquinho mais longe, porque a luz do fósforo vai em direção à parede à sua frente, e então emerge pela parede de trás e atinge seu olho.

Em vez de uma hiper-rosca, poderíamos estar vivendo na superfície de uma bola de futebol quadridimensional. Alguns astrônomos acreditam que estaríamos vivendo numa forma com o aspecto de um dodecaedro (doze faces), onde, do mesmo modo que no seu quarto miniuniverso, quando se atinge uma das faces do dodecaedro, você volta a entrar no universo pela face oposta. Talvez tenhamos dado toda a volta no círculo e retornado ao modelo proposto por Platão 2 mil anos atrás, segundo o qual o Universo estava fechado em algum tipo de dodecaedro de vidro com estrelas grudadas na superfície. Talvez a moderna matemática possa dar sentido a esse modelo, em que as faces dessa forma se juntem para formar um universo sem paredes de vidro.

Mas há outras formas para o Universo? Lembre-se de que Poincaré classificou todas as formas possíveis de uma superfície bidimensional, como a superfície do nosso planeta. A superfície pode ser enrolada na forma de uma bola, uma rosca, um *pretzel* com dois furos, três furos ou mais furos. Poincaré provou que qualquer outra forma que você tente pode ser moldada numa bola ou num *pretzel* com furos.

E o nosso universo tridimensional, que formato poderia ter? Chamada de conjectura de Poincaré, esse é o problema de US$ 1 milhão deste capítulo. É um problema bastante especial, porque em 2002 surgiu a notícia de que o matemático russo Grigori Perelman o resolvera. Sua prova tem sido conferida por muitos matemáticos, e agora se reconhece que ele de fato classificou todos os formatos possíveis para o Universo. Esse foi o primeiro problema de US$ 1 milhão solucionado. Mas quando ofereceram o prêmio a Perelman, em junho de 2010, surpreendentemente ele recusou. Para ele, o prêmio não era o dinheiro, mas ter resolvido um dos maiores problemas na história da matemática. Ele já havia recusado uma medalha Fields, equivalente matemático do Prêmio Nobel. Nesta era de celebridade e materialismo, há algo de muito nobre num homem que tem prazer em resolver teoremas sem ganhar prêmios.

Com a aceitação da prova de Perelman, os matemáticos selecionaram as formas possíveis. Agora cabe aos astrônomos vasculhar o céu noturno e escolher o formato que melhor descreva a oculta elusiva do nosso Universo.

SOLUÇÕES

Criando formas

O corte passa por todas as seis faces, e cada face contribui com uma aresta para a nova face. A forma é simétrica, então, o que se obtém é um hexágono.

Desfazendo as ligações

Eis como desentrelaçar os dois anéis interligados, moldando-os continuamente num toro de dois furos.

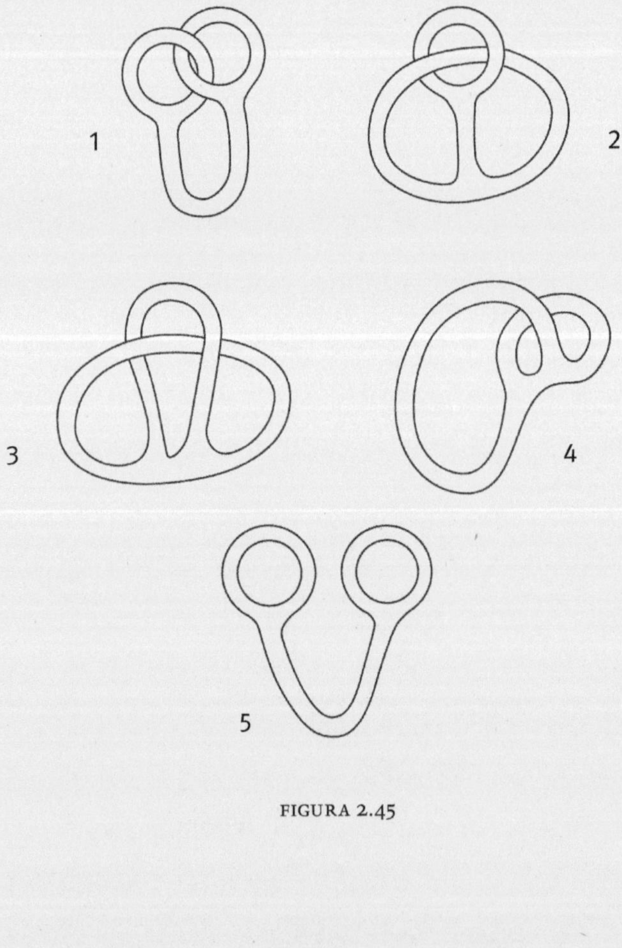

FIGURA 2.45

3. O segredo da sequência vencedora

Os jogos são parte essencial da experiência humana. Eles são um meio seguro de analisar situações da vida real. O Banco Imobiliário (Monopólio) é um microcosmo da economia, o xadrez é um campo de batalha 8 × 8, o pôquer é um exercício de avaliação de risco. Os jogos nos permitem desenvolver maneiras de predizer como, dadas certas regras, os acontecimentos irão se desenrolar e, assim, fazer planejamentos de acordo com isso. Eles nos ensinam acerca de probabilidade e imprevisibilidade, coisas que desempenham papel tão essencial no jogo da vida e da natureza.

Desde as civilizações antigas, no mundo inteiro, há um sortimento fascinante de jogos. Pedras lançadas na areia, bastões atirados ao ar, moedas colocadas em orifícios escavados em blocos de madeira, mãos usadas para competir, figuras desenhadas em cartas. Da antiga mancala até o Banco Imobiliário, do japonês go até as mesas de pôquer de Las Vegas, os jogos são invariavelmente vencidos por quem adota uma abordagem matemática, analítica. Neste capítulo, mostrarei como a matemática é o segredo da sequência vencedora.

Como se tornar campeão mundial de pedra, papel e tesoura

Jan ken pon, no Japão.* *Roshambo*, na Califórnia. *Kai bai bo*, na Coreia. *Ching chong cha*, na África do Sul. O jogo de pedra, papel e tesoura é jogado no mundo todo.

* No Brasil, o jogo também é popularmente conhecido como joquempô, derivado do nome em japonês. (N.T.)

As regras são muito simples: ao contar até três, cada jogador faz com a mão uma das três formas: punho fechado para pedra, mão aberta para papel, dois dedos em V para tesoura. Pedra ganha de tesoura, tesoura ganha de papel e papel ganha de pedra. Duas iguais é empate.

Agora, a justificativa para as duas primeiras situações de vitória é clara: a pedra quebra a tesoura, a tesoura corta o papel. Mas por que o papel ganha da pedra? Uma folha de papel não é grande proteção contra alguém que atire uma pedra em você. Mas a convenção talvez remonte à China Antiga, nos dias em que uma petição ao imperador era simbolizada por uma pedra. O imperador indicava se aceitara a petição colocando um pedaço de papel em cima ou embaixo da pedra. Se a pedra fosse coberta pelo papel, a petição estava recusada, e o peticionário, derrotado.

As origens do jogo são difíceis de traçar. Há evidência de que era conhecido no Extremo Oriente e pelas tribos celtas, e mesmo na época do Egito Antigo, onde eram habituais os jogos usando as mãos. No entanto, todas essas culturas parecem ter sido batidas pela descoberta de um grupo de lagartos que vem jogando esse jogo na luta pela sobrevivência muito antes de o *Homo sapiens* conseguir fechar o punho.

A costa ocidental dos Estados Unidos é o lar de uma espécie de lagarto chamada *Uta stansburiana*, mais conhecido como lagarto de manchas laterais. O macho tem três cores diferentes — laranja, azul e amarelo —, e cada cor representa uma estratégia de acasalamento distinta. Os lagartos laranja são os mais fortes, atacando e vencendo os azuis. Estes são maiores que os lagartos amarelos, e ficam felizes quando podem lutar com eles e vencê-los. Mas, apesar de os lagartos amarelos serem menores que os azuis e os cor de laranja, eles parecem fêmeas, e isso confunde os lagartos alaranjados. Assim, estes últimos, procurando por briga, não percebem os amarelos deslizando sob seus olhos e acasalando com as fêmeas. Os lagartos amarelos às vezes são chamados de "furtivos", por causa da maneira como se safam dos laranja. Assim, laranja vence azul, azul vence amarelo, amarelo vence laranja — uma versão evolutiva de pedra, papel e tesoura. Esses lagartos vêm jogando o jogo por um longo tempo a fim de perpetuar seus genes, e seria interessante saber se desenvolveram alguma estratégia para vencer. Sua população tende a seguir um ciclo de seis anos, nos quais primeiro ocorre o domínio dos cor de laranja, depois dos amarelos, depois dos azuis, depois de novo dos laranja. O padrão que emerge é precisamente aquele que as pessoas usariam tentando ganhar o jogo num combate de um contra um. Você vê muitas pedras, e começa a oferecer papel, mas quando seu oponente vê o papel vencer a pedra, ele fica esperto e troca para tesoura, buscando cortar o papel. Você logo percebe a mudança de comportamento e troca para pedra.

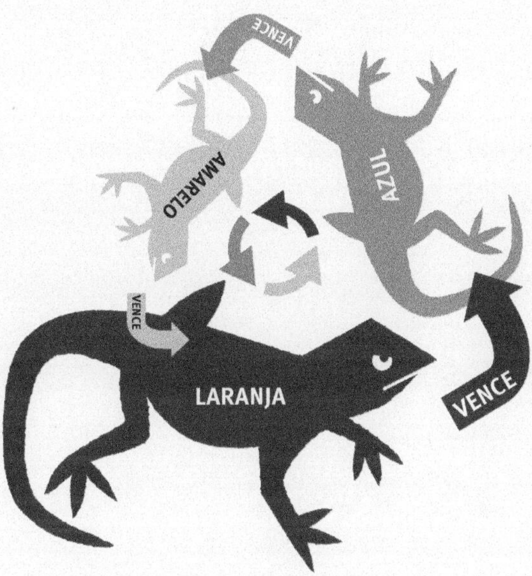

FIGURA 3.01

Na sua essência, ganhar esse jogo significa basicamente detectar padrões, e essa é uma característica bem matemática. Se você puder predizer o que seu adversário vai fazer em seguida, graças a um padrão de comportamento estabelecido, então você se dará bem. O problema é que você não quer que haja algum ritmo imediatamente óbvio na sua maneira de reagir, ou seu adversário irá prevalecer. Uma boa quantidade de psicologia é posta em ação à medida que o competidor tenta identificar o jogo do oponente, cada qual tentando adivinhar o que o outro vai fazer em seguida.

Pedra, papel e tesoura recentemente deixou de ser apenas um jogo caseiro para se tornar uma disputa internacional. A cada ano, um prêmio de US$ 10 mil espera o vencedor do almejado título de campeão mundial de pedra, papel e tesoura. O rol de honra tem sido dominado por competidores dos Estados Unidos, mas, em 2006, Bob "The Rock" Cooper, do norte de Londres, teve competência para ganhar o título. Seu treinamento para o torneio? "Várias horas por dia de prática dura na frente do espelho." Imagino que isso ajude a formar a psicologia para lidar com o adversário lendo sua mente. E o segredo do sucesso? Seu apelido ["rocha", "pedra"] faz com que os outros jogadores presumam que ele jogará pedra com maior frequência, o que lhe permite apresentar a tesoura para cortar o papel que tentam usar para pegá-lo. Mas uma vez que eles percebem o ardil, Bob "The Rock" utiliza uma abordagem mais matemática.

Do ponto de vista matemático, e não psicológico, a melhor estratégia é fazer suas escolhas ao acaso. Seu oponente não tem nada em que se basear, porque, numa sequência verdadeiramente casual, o que aconteceu antes não influencia o que virá depois. Se eu lanço uma moeda dez vezes, as primeiras nove jogadas não têm influência nenhuma sobre o resultado do último lançamento. Mesmo que tenham saído nove caras, isso não significa que na décima vez tenha de dar coroa para equilibrar as coisas. A moeda não tem memória.

A estratégia de fazer com que as coisas sejam aleatórias simplesmente lhe dá uma chance equilibrada de vitória, pois faz com que o jogo de pedra, papel e tesoura não seja diferente de lançar uma moeda para ver quem ganha. Mas se eu fosse enfrentar o campeão mundial, adotaria uma estratégia que me desse uma chance equilibrada de vencer. Não consigo pensar em muitos esportes nos quais se possa divisar uma estratégia que dê uma chance de meio a meio para vencer o campeão mundial. Os 100 metros rasos? Não creio.

Mas como adotar uma sequência de escolhas sem dúvida alguma aleatória, que não tenha um padrão oculto? Esse é um problema de verdade: nós, os homens, somos péssimos em produzir sequências aleatórias — somos tão viciados em padrões que tendemos a deixar que as estruturas se infiltrem em qualquer sequência aleatória que tentamos montar. Para ajudá-lo a ganhar o jogo, você pode baixar um arquivo em pdf do site Num8er My5teries, contendo um dado "pedra, papel e tesoura" para você montar e usar a fim de tornar suas escolhas mais aleatórias.

Tesouras e Cézanne

O jogo de pedra, papel e tesoura tem sido usado para decidir disputas, desde brigas em parques infantis até debates em salas de reunião. Duas casas de leilões inglesas, a Sotheby's e a Christie's, tiveram um caso famoso, em que decidiram o direito de leiloar uma coleção de quadros impressionistas de Cézanne e Van Gogh com uma só jogada de pedra, papel e tesoura.

Cada casa de leilões teve um fim de semana para resolver sua opção de jogada. Com um custo enorme, a Sotheby's contratou uma equipe de analistas de primeira linha para produzir uma estratégia vencedora. Os analistas concluíram que, por se tratar de um jogo de sorte, uma escolha ao acaso era tão boa quanto qualquer outra. Então optaram por papel. A Christie's simplesmente perguntou à filha de onze anos de um dos empregados o que ela faria. "Todo mundo sempre acha que você vem com pedra, aí escolhem papel. Então, escolham tesoura", foi a resposta. A Christie's ganhou o contrato.

Isso serve para mostrar que a matemática nem sempre lhe dá vantagem.

E sua aleatoriedade, ela é boa?

Nossa intuição, em geral, é muito ruim para perceber as consequências da aleatoriedade. Vou lhe propor uma aposta. Lanço uma moeda dez vezes. Você me dá £ 1 se houver uma sequência de três caras ou três coroas. Se não houver, eu lhe dou £ 2. Você aceitaria a aposta?

E se eu subisse minha oferta para lhe pagar £ 4? Imagino que, se você estava inseguro da primeira vez, agora topa. Afinal, qual a probabilidade de se tirar três caras ou três coroas seguidas em dez lançamentos de moeda? Surpreendentemente, uma sequência dessas aparece em 82% das vezes. Então, mesmo que eu esteja pagando £ 4 para nenhuma sequência de três, a longo prazo eu ainda vou sair ganhando.

A probabilidade exata de lançar uma moeda dez vezes e obter três caras ou três coroas seguidas é de $^{846}/_{1.024}$. Aqui estão os sangrentos detalhes de como calcular essa probabilidade. Estranhamente, os números de Fibonacci, que conhecemos no Capítulo 1, são a chave para descobrir as chances — mais uma confirmação de que esses números estão em toda parte. Se eu jogo uma moeda n vezes, há 2^n maneiras de a moeda cair. Digamos que g_n seja a quantidade de combinações sem sequências de três caras ou três coroas: são as combinações nas quais você ganha a aposta. Podemos calcular g_n usando a regra dos números de Fibonacci:

$$g_n = g_{n-1} + g_{n-2}$$

Para acionar os números, basta você saber que $g_1 = 2$ e $g_2 = 4$, porque, depois de um ou dois lançamentos, não há combinação que possa ter uma sequência de três caras ou três coroas, uma vez que ainda não lançamos a moeda três vezes. Então, a sequência é

$$2, 4, 6, 10, 16, 26, 42, 68, 110, 178, \ldots$$

Há, portanto, $1.024 - 178 = 846$ maneiras diferentes de uma moeda cair dez vezes e obter-se uma sequência de três caras ou três coroas. Então, a probabilidade é de $^{846}/_{1.024}$, aproximadamente 82%, de que tal sequência ocorra — e eu ganhe.

Por que a regra de Fibonacci é a chave para se calcular g_n? Pegue todas as combinações de $n - 1$ sem sequências de três caras ou três coroas. Há g_{n-1} dessas combinações. Agora faça com que o enésimo lançamento seja o oposto do lançamento $n - 1$. Em seguida, pegue todas as combinações de $n - 2$ lançamentos sem sequência de três caras ou três coroas. Elas são em número de g_{n-2}. Agora faça com que o enésimo lançamento e o lançamento $n - 1$ sejam o oposto do lançamento $n - 2$. Dessa maneira, você gera todas as combinações de n lançamentos sem sequências de três caras ou três coroas.

Como ganhar na loteria?

Essa é a pergunta que eu mais escuto quando digo que passo a vida brincando com números. Contudo, exatamente da mesma forma como lançar uma moeda, os números que saíram nos sorteios das semanas anteriores não podem influenciar os números que sairão no próximo sábado. É isso que significa ser aleatório, porém, algumas pessoas jamais ficarão convencidas.

O sorteio da loteria federal quinzenal da Itália ocorre em dez cidades por todo o país, e os participantes precisam escolher números de 1 a 90. A certa altura, a bola de número 53 recusava-se a sair em Veneza após quase dois anos de sorteios lotéricos. Seguramente, depois de tanto tempo, era certo que ela saísse na semana seguinte — ou assim pensavam muitos italianos. Uma mulher apostou todas as economias de sua família no 53. Quando o número deixou de sair mais uma vez, ela se afogou no mar. Mais trágico ainda, um homem matou a família toda e depois se suicidou após contrair dívidas de apostas enormes na certeza de dar 53. Estima-se que os italianos investiram £ 2,4 bilhões — uma média de £ 150 por família — na certeza de que ia dar 53.

Houve inclusive pedidos ao governo para eliminar o 53 do sorteio, pondo fim à obsessão do país por esse número. Quando a represa finalmente arrebentou, em 9 de fevereiro de 2005, e a bola 53 saiu no sorteio, foram pagos £ 400 milhões a um número não especificado de ganhadores. Inevitavelmente, algumas pessoas acusaram o governo de guardar de propósito a bola 53 para evitar um pagamento monstro — e não foi a primeira vez que circulou um boato desses. Em 1941, a bola número 8 deixou de aparecer durante 201 sorteios em Roma. Muitos acreditavam que Mussolini determinara que ele não fosse sorteado, e estava sugando as apostas do país na bola 8 para ajudar a financiar o esforço de guerra italiano.

Agora, para ver quanta sorte você tem, vamos brincar um pouco na nossa própria loteria. Não posso lhe prometer milhões, mas a boa notícia é que esta é uma loteria grátis. Para jogar loto na Num8er My5teries, comece escolhendo seis números entre os 49 da cartela (Figura 3.02).

[1]	[2]	[3]	[4]	[5]	[6]	[7]	[8]	[9]	[10]
[11]	[12]	[13]	[14]	[15]	[16]	[17]	[18]	[19]	[20]
[21]	[22]	[23]	[24]	[25]	[26]	[27]	[28]	[29]	[30]
[31]	[32]	[33]	[34]	[35]	[36]	[37]	[38]	[39]	[40]
[41]	[42]	[43]	[44]	[45]	[46]	[47]	[48]	[49]	[50]

FIGURA 3.02

Para ver se você ganhou, vá ao site especificado no quadro. Selecione uma cartela, United Kingdom e National Lottery (Reino Unido e Loteria Nacional), e clique em "Pick Tickets" (Escolha cartelas). Se você não tiver acesso à internet, há uma escolha predeterminada de seis números no fim deste capítulo. Agora, não trapaceie. Tal como resolver uma charada matemática, é muito mais gostoso você mesmo dar a resposta que a espiar.*

* O exemplo aqui equivale, obviamente, à nossa Mega-Sena. (N.T.)

Escolheu seus números? Para ver se você ganhou, vá ao site **http://bit.ly/quickpick/** ou use o seu smartphone para escanear o código.

Quais são suas chances de escolher corretamente todos os seis números e ganhar a loteria? Para calcular as possibilidades, você precisa determinar quantas escolhas possíveis diferentes de seis números existem — vamos chamá-las de *n*. Então, a probabilidade de você ter escolhido os números vencedores é 1 em *n*. Para aquecer, comecemos olhando quantas maneiras diferentes há para se escolher dois números. Há 49 escolhas para o primeiro número. Para o segundo, você tem uma escolha de 48 opções. Cada escolha do primeiro número pode fazer par com um dos 48 números restantes. Isso nos dá 49 × 48 pares possíveis. Mas espere um pouco, na verdade, contamos cada par escolhido duas vezes. Por exemplo, se escolhemos 27 como primeiro número e 23 como segundo, é o mesmo que escolher primeiro 23 e depois 27. Então, há apenas metade dos pares de números que pensamos inicialmente, o que significa que a quantidade de pares que você pode escolher é ½ × 49 × 48.

Agora, seis números. Há 49 opções para a primeira escolha, 48 para a segunda, 47 para a terceira, 46 para a quarta, 45 para a quinta e, finalmente, 44 opções para o último número. Isso equivale a 49 × 48 × 47 × 46 × 45 × 44 combinações de seis números. Exceto que, novamente, contamos algumas combinações mais de uma vez. Quantas vezes contamos, por exemplo, a combinação 1 2 3 4 5 6? Bem, podemos ter escolhido qualquer um desses números em primeiro lugar (digamos, 5). Isso deixaria cinco números para a possível segunda escolha (digamos, 1), quatro números para a escolha seguinte (digamos, 2), três para a seguinte (digamos, 6), duas opções para o penúltimo número (digamos, 4), e então o número final precisa ser o que sobrou (nesse caso, 3). Logo, poderíamos ter escolhido os seis números 1 2 3 4 5 6 de 6 × 5 × 4 × 3 × 2 × 1 maneiras diferentes. Isso vale para qualquer combinação de seis números. Precisamos então dividir $49 \times 48 \times 47 \times 46 \times 45 \times 44$ por $6 \times 5 \times 4 \times 3 \times 2 \times 1$ para obter o total de modos possíveis de esgotar a nossa cartela de loteria. A resposta? 13.983.816.

Esse número também nos diz nossa chance de ganhar, uma vez que é o total de possíveis combinações de como as bolas são sorteadas na lotérica. Em outras palavras, a chance de você escolher a combinação correta no total de combinações possíveis é de 1 em 13.983.816.

Quais são as chances de você não acertar nenhum número? Trabalhamos do mesmo jeito. O primeiro número precisa ser um dos 43 não sorteados, o segundo, um dos 42 restantes, e assim por diante. Isso nos dá $43 \times 42 \times 41 \times 40 \times 39 \times 38$ combinações distintas. Mas cada combinação foi contada $6 \times 5 \times 4 \times 3 \times 2 \times 1$ vezes. Logo, o número total de combinações que não possuam nenhum número correto é $43 \times 42 \times 41 \times 40 \times 39 \times 38$ divididos por $6 \times 5 \times 4 \times 3 \times 2 \times 1$, ou 6.096.454. Assim, pouco menos da metade de escolhas possíveis não tem nenhum número incluído entre os seis vencedores. Para calcular sua chance de não acertar nenhum número, divida 6.096.454 por 13.983.816. Isso dá, aproximadamente, 0,436 ou 43,6% de ter errado tudo no sorteio.

Então, você tem uma chance de 56,4% de acertar pelo menos um número. Quais são as chances de acertar dois números? Para calcular isso, você precisa achar a quantidade de combinações com dois números corretos. Você tem seis opções para o primeiro número correto e outras cinco para o segundo. Isso é 6×5, porém, de novo, você precisa dividir por 2 para fazer a correção por ter contado duas vezes. Para os quatro números errados você tem uma escolha de $43 \times 42 \times 41 \times 40$, que vai ter de dividir por $4 \times 3 \times 2 \times 1$, que é a quantidade de maneiras de ter contado a combinação duas vezes. Assim, a quantidade de combinações com exatamente dois números corretos é

$$\left(\frac{6 \times 5}{2}\right) \times \left(\frac{43 \times 42 \times 41 \times 40}{4 \times 3 \times 2 \times 1}\right) = 1.851.150$$

A Tabela 3.01 mostra as chances de adivinhar de zero a seis números corretamente, todas calculadas da mesma maneira. Para dar alguma perspectiva a esses números, se você jogasse na Loteria Nacional da Inglaterra toda semana, pouco depois de um ano, seria de esperar que você tivesse um volante com pelo menos três números corretos. Após vinte anos, você teria um volante com pelo menos quatro números corretos. O rei Alfredo,* se tivesse jogado na loteria toda semana, a essa altura provavelmente teria um volante com cinco números corretos. Se o primeiro pensamento na cabeça do primeiro *Homo sapiens* fosse ir até a casa lotérica mais próxima e começar a jogar toda semana, hoje ele já poderia ter recebido o grande prêmio.

Se você algum dia tiver a sorte de acertar os seis números e ganhar uma grande bolada, tudo que você não quer que aconteça é o que ocorreu no Reino Unido em 14 de janeiro de 1995, apenas nove semanas depois de a Loteria Nacional ter sido instituída. O prêmio acumulado naquela semana era uma bolada de £ 16 milhões. Quando saíram as seis bolas numeradas da máquina, os ganhadores devem ter dado pulos e gritos histéricos de alegria. Mas quando foram reclamar o prêmio, cada qual descobriu que teria de dividir o bolo com outros 132 portadores de volantes vitoriosos. Cada ganhador recebeu a ninharia de £ 122.510 libras (pouco mais de R$ 400 mil).

Como é possível que tanta gente tenha adivinhado a combinação correta? A razão remonta a um ponto que abordei quando analisamos o jogo pedra, papel e tesoura: nós, seres humanos, somos ruins em escolher números ao acaso. Considerando que toda semana 14 milhões de pessoas jogam na loteria, muitos se veem atraídos por números muito similares, tais como 7, número da sorte, ou datas de aniversário ou de casamento (o que exclui os números de 32 a 49). Uma coisa em particular que caracteriza as escolhas de muita gente é o desejo de distribuir os números com regularidade.

---

* O autor refere-se a Alfredo Coldara, o Grande, rei dos anglo-saxões entre 871 e 899 d.C. (N.T.)

Quantidade de n números corretos	*Quantidade de combinações com n números corretos*	*Probabilidade de obter exatamente n números corretos*
0	$\frac{43 \times 42 \times 41 \times 40 \times 39 \times 38}{6 \times 5 \times 4 \times 3 \times 2 \times 1} = 6.096.454$	$\frac{6.096.454}{13.983.816} = 0{,}436$ Cerca de 1 em 2
1	$6 \times \frac{43 \times 42 \times 41 \times 40 \times 39}{5 \times 4 \times 3 \times 2 \times 1} = 5.775.588$	$\frac{5.775.588}{13.983.816} = 0{,}413$ Cerca de 2 em 5
2	$\frac{6 \times 5}{2} \times \frac{43 \times 42 \times 41 \times 40}{4 \times 3 \times 2 \times 1} = 1.851.150$	$\frac{1.851.150}{13.983.816} = 0{,}132$ Cerca de 1 em 8
3	$\frac{6 \times 5 \times 4}{2 \times 3} \times \frac{43 \times 42 \times 41}{3 \times 2 \times 1} = 246.820$	$\frac{246.820}{13.983.816} = 0{,}0177$ Cerca de 1 em 57
4	$\frac{6 \times 5 \times 4 \times 3}{2 \times 3 \times 4} \times \frac{43 \times 42}{2 \times 1} = 13.545$	$\frac{13.545}{13.983.816} = 0{,}000969$ Cerca de 1 em 1.032
5	$\frac{6 \times 5 \times 4 \times 3 \times 2}{2 \times 3 \times 4 \times 5} \times 43 = 258$	$\frac{258}{13.983.816} = 0{,}0000184$ Cerca de 1 em 54.200
6	1	1 em 13.983.816

TABELA 3.01: As chances de adivinhar corretamente de 0 a 6 números na Loteria Nacional da Inglaterra.

Por que os números gostam de se amontoar

Eis como calcular quantas combinações de loteria têm dois números consecutivos. Os matemáticos muitas vezes usam o truque esperto de olhar o problema ao contrário, e isso é o que se pode fazer aqui. Primeiro contam-se as combinações sem números consecutivos, depois se subtrai o resultado da quantidade total de combinações possíveis para encontrar quantas combinações têm números consecutivos.

Primeiro, pegue quaisquer seis números de 1 a 44. (Só se pode pegar até 44, não 49. Já, já você verá por quê. Chame a sua escolha de A_1, ..., A_6, com A_1 sendo o menor e A_6 o maior. Agora, A_1 e A_2 podem ser consecutivos, mas A_1 e $A_2 + 1$ não podem. A_2 e A_3 podem ser consecutivos, mas A_2 e $A_3 + 2$ não serão. Então, se você pegar os seis números A_1, $A_2 + 1$, $A_3 + 2$, $A_4 + 3$, $A_5 + 4$ e $A_6 + 5$, nenhum deles será consecutivo. (A restrição de escolher números até 44 agora fica clara, porque se A_6 for 44, então $A_6 = 5$ é 49.)

Usando esse truque, você pode gerar todas as cartelas de combinações sem números consecutivos simplesmente escolhendo seis números de 1 a 44, e então ampliá-los somando um pouquinho a cada um. E descobrimos que a quantidade de cartelas sem números consecutivos é a mesma que a quantidade de combinações de seis números de 1 a 44. Há

$$\frac{44 \times 43 \times 42 \times 41 \times 40 \times 39}{6 \times 5 \times 4 \times 3 \times 2 \times 1} = 7.059.052$$

opções. Logo, a quantidade de cartelas com números consecutivos é

$$13.983.816 - 7.059.052 = 6.924.764$$

A Figura 3.03 mostra os números vencedores na nona semana da loteria:

[1]	[2]	[3]	[4]	[5]	[6]	**[7]**	[8]	[9]	[10]
[11]	[12]	[13]	[14]	[15]	[16]	[17]	[18]	[19]	[20]
[21]	[22]	**[23]**	[24]	[25]	[26]	[27]	[28]	[29]	[30]
[31]	**[32]**	[33]	[34]	[35]	[36]	[37]	**[38]**	[39]	[40]
[41]	**[42]**	[43]	[44]	[45]	[46]	[47]	**[48]**	[49]	

FIGURA 3.03

O espaçamento regular de números não é particularmente típico da aleatoriedade: os números têm tanta probabilidade de se amontoar quanto de não se amontoar. Das 13.983.816 diferentes combinações possíveis das cartelas de loteria, 6.924.764 terão dois números consecutivos. Isso equivale a 49,5%, aproximadamente metade das combinações. Por exemplo, na semana anterior tinham saído os números 21 e 22. Na semana posterior saíram 30 e 31.

Mas não se acostume muito a números consecutivos. Você poderia achar que 1 2 3 4 5 6 é uma escolha inteligente. Afinal, a essa altura, espero que você já considere que a combinação é tão provável quanto qualquer outra (ou seja, extremamente *im*provável!). Se você ganhasse a bolada com essa combinação, ia achar que recebeu o prêmio sozinho. Mas, aparentemente, mais de 10 mil pessoas no Reino Unido escolhem essa combinação toda semana — o que só serve para mostrar como a população britânica é de fato inteligente. O único problema é que, se você acertar o resultado com essa combinação, terá de dividir o prêmio com mais de 10 mil pessoas inteligentes.

Como trapacear no pôquer e fazer mágica usando o problema de US$ 1 milhão dos números primos

Jogadores trapaceiros e mágicos não embaralham as cartas do mesmo jeito que nós. Com horas de prática, é possível aprender como fazer algo chamado embaralhada perfeita. Nessa embaralhada, o monte de cartas é cortado exatamente em dois, e aí as cartas são entremeadas uma de cada vez em dois montes. Se você estiver jogando pôquer, essa embaralhada é muito perigosa.

Imaginemos quatro pessoas sentadas a uma mesa de pôquer formada pela banca, seu cúmplice e dois jogadores inocentes, prestes a serem tungados. A banca põe quatro ases em cima do baralho. Após uma embaralhada perfeita, os ases estão separados por duas cartas. Após outra embaralhada perfeita, os ases estão separados por quatro cartas — perfeitamente dispostos para a banca acertar com o cúmplice uma mão de quatro ases.

A embaralhada perfeita se faz por si nas mãos de um mágico capaz de explorar uma interessante propriedade que ela tem. Se você pegar um baralho de 52 cartas e fizer a embaralhada perfeita oito vezes, então, surpreendentemente, todas as cartas retornam à posição original no baralho. Para o espectador, o ato de embaralhar parece ter deixado o baralho totalmente aleatório. Afinal, oito embaralhadas feitas por um jogador normal é mais do que a maioria faz no começo do jogo. Na verdade, os matemáticos provaram que bastam apenas sete embaralhadas de um jogador de cartas normal para o baralho perder toda sua estrutura original e se tornar aleatório. Mas a embaralhada perfeita não é uma embaralhada comum. Pense no baralho como algo parecido a uma moeda de oito faces, e a embaralhada perfeita é como girar a moeda ⅛ de volta. Depois de oito rotações, a moeda volta à posição de partida.

Quantas vezes você teria de dar uma embaralhada perfeita num baralho com mais de 52 cartas para elas retornarem às posições originais? Se você adicionar dois coringas e der a embaralhada perfeita num baralho de 54 cartas, serão necessárias 52 embaralhadas para completar o ciclo todo. Mas se você adicionar outras dez cartas e completar 64, bastam agora seis para recolocar o baralho em sua sequência original. Então, qual a matemática que diz quantas vezes dar uma embaralhada perfeita num baralho de $2n$ cartas (precisa ser um número par) para que todas as cartas voltem às posições iniciais?

Numere as cartas 0, 1, 2, e assim por diante, até $2n - 1$, e você verá que a cada embaralhada perfeita a posição de uma carta dobra. A carta 1 (que, na verdade, é a segunda) torna-se a carta 2. Após outra embaralhada a carta 2 torna-se a carta 4, depois a 8. A matemática fica mais fácil se dermos à primeira carta o número zero.

Para onde vão as cartas que estão mais para o fim do baralho? A maneira de descobrir a localização de cada carta é pensar num relógio marcando $2n - 1$ horas, de modo que um baralho de 52 cartas é como um relógio com horas de 1 a 51. Se você quer saber para onde foi a carta 32, duplique 32, o que você faz começando na hora 32 e contando 32 horas para diante, o que leva você à hora 13. Para descobrir quantas vezes dar a embaralhada perfeita para trazer todas as cartas de volta à posição inicial, preciso descobrir quantas vezes tenho de duplicar os números nesse relógio para retornar à posição original. Efetivamente, basta olhar o número 1 e descobrir quantas vezes preciso dobrá-lo para voltar a 1. Num relógio de 51 horas, eis aonde eu chego dobrando repetidamente o 1:

$$1 \rightarrow 2 \rightarrow 4 \rightarrow 8 \rightarrow 16 \rightarrow 32 \rightarrow 13 \rightarrow 26 \rightarrow 1$$

O que vale para o 1 funciona para todos os outros números, porque, essencialmente, dar oito embaralhadas perfeitas é o mesmo que multiplicar a posição das cartas por 2^8, que é o mesmo que multiplicar por 1 — isto é, a carta fica onde está.

Qual o número máximo de vezes que você teria de embaralhar um baralho para voltar à ordem inicial? Pierre de Fermat provou que se $2n - 1$ for primo, e você continuar duplicando num relógio $2n - 1$, então, após $2n - 2$ duplicações você decididamente estará de volta ao ponto em que começou. Se for um baralho de 54 cartas, uma vez que $54 - 1 = 53$ é primo, 52 embaralhadas perfeitas com certeza serão suficientes.

Precisamos de uma fórmula ligeiramente mais complicada para calcular o número máximo de embaralhadas perfeitas se $2n - 1$ não for primo. Se $2n - 1 = p \times q$, onde p e q são primos, então $(p - 1) \times (q - 1)$ embaralhadas perfeitas é o máximo necessário para devolver o baralho à sua ordem original. Se for um baralho de 52 cartas, $52 - 1 = 51 = 3 \times 17$, e assim $(3 - 1) \times (17 - 1) = 2 \times 16 = 32$ embaralhadas perfeitas certamente serão o suficiente — mas, na verdade, você pode conseguir com apenas oito. (No próximo capítulo provarei o bocadinho de mágica de Fermat e explicarei como o mesmo bocadinho de matemática está na essência dos códigos usados para proteger nossos segredos na internet.)

Dica de pôquer

Existe uma versão popular de pôquer chamada Texas Hold'em: cada jogador é servido com duas cartas viradas com a face para baixo. A pessoa que serve coloca então na mesa cinco cartas com a face para cima. Você escolhe as cinco melhores cartas combinando as duas que tem na mão e três das cinco que estão na mesa, para tentar ganhar da mão dos adversários. Se você receber duas cartas consecutivas (digamos, um sete de paus e um oito de espadas), começa a se empolgar com a possibilidade de uma sequência (cinco cartas consecutivas de qualquer naipe, como 6, 7, 8, 9, 10).

Uma sequência é uma mão forte porque as chances de tirá-la são bem reduzidas, então você pode achar que duas cartas consecutivas valem uma boa aposta, pois está com a promessa de uma sequência. Bem, agora é a hora de você se lembrar da dica da loteria. Dois números consecutivos aparecem com bastante frequência na loteria, e o mesmo vale no pôquer. Você sabia que mais de 15% das mãos iniciais servidas no Texas Hold'em têm duas cartas consecutivas? Mas um pouco menos de ⅓ delas se transforma numa sequência completa na hora em que forem colocadas as cinco cartas sobre a mesa.

Uma questão matemática que vigora há duzentos anos, até o trabalho de Gauss, é a seguinte: existem infinitos números n com a propriedade de que um baralho de $2n$ cartas efetivamente precise o número completo de embaralhadas perfeitas? Esse problema está relacionado à hipótese de Riemann, a pergunta de US$ 1 milhão sobre os números primos que encerrou o Capítulo 1. Se os primos estão distribuídos conforme prediz a hipótese de Riemann, então haverá um número infinito de baralhos que precisam de um número máximo de embaralhadas. O Círculo Mágico* e os jogadores ao redor do mundo provavelmente não aguardam sem fôlego a resposta, mas os matemáticos estão curiosos em saber como os primos podem se relacionar à questão de embaralhar as cartas. Não seria surpresa se houvesse uma relação, porque os primos são tão fundamentais para a matemática que acabam pipocando nos mais estranhos lugares.

A matemática do cassino: dobra ou perde?

Você está num cassino, na roleta, e tem vinte fichas. Você resolveu tentar dobrar seu dinheiro antes de ir embora. Colocando uma ficha no vermelho ou no preto, você o duplicará se fizer a escolha correta. Então, qual a melhor estratégia? Pôr todo o dinheiro numa casa vermelha, digamos, ou pôr uma ficha de cada vez, até perder tudo ou ter quarenta fichas na mão?

Para analisar o problema, é preciso perceber que toda vez que você faz uma aposta, está pagando ao cassino uma pequena quantia para jogar, se tirar a média entre todas as suas perdas e os ganhos. Se você puser seu dinheiro no preto 17 e a bolinha parar nesse número, então o cassino lhe devolve sua ficha com outras 35. Se houvesse 36 números no jogo de roleta, seria um jogo justo, pois em média o preto 17 sairia uma vez a cada 36 jogadas. Então, se você tivesse 36 fichas e continuasse apostando no preto 17, então, em 36 giradas da roleta, em média, você perderia em 35 delas e ganharia em uma, deixando-o com as mesmas 36 fichas com que começou o jogo. Mas na roleta europeia há, na verdade, 37 números para se apostar (de 1 a 36 e mais o 0, que não é nem preto nem vermelho), mas a banca paga como se houvesse apenas 36 números.

Por haver 37 números, toda vez que você aposta £ 1, a casa está ganhando $1/37$ de libra, mais ou menos 2,7 pence (a libra tem cem pence). Vez

* O Magic Circle é uma famosa associação de mágicos sediada em Londres, fundada em 1905. (N.R.T.)

ou outra o cassino tem de pagar muito para um indivíduo, mas, a longo prazo, sabe-se que, graças às leis da probabilidade, ele ganha dinheiro. De fato, as chances da casa nos Estados Unidos são ainda piores para o jogador, porque lá se usam roletas com 38 números: de 1 a 36, mais 0 e 00. Vimos que apostar num único número lhe custou, a longo prazo, 2,7 pence por aposta. Mas você não precisa apostar num número só: pode apostar, por exemplo, no vermelho ou no preto, no par ou no ímpar, ou em números na faixa de 1 a 12. As chances são calculadas do mesmo modo, de tal maneira que, qualquer que seja sua aposta, ela lhe custa basicamente 2,7 pence.

Então, o que você deveria fazer para ter a melhor chance de dobrar seu dinheiro? Primeiro, já que você paga toda vez que joga, a melhor estratégia é jogar o menor número de vezes possível. Há uma chance de $18/37$, um pouquinho inferior a 50%, de que saia vermelho e você vá embora com o dobro do dinheiro; assim, embora a visita ao cassino seja rápida, a melhor estratégia para dobrar seu dinheiro é pôr tudo no vermelho numa só jogada. A probabilidade de dobrar seu dinheiro pondo uma ficha por vez é de

$$\frac{1-\left(\frac{19}{18}\right)^{20}}{1-\left(\frac{19}{18}\right)^{40}},$$

que é uma chance de 25,3%. Você praticamente divide ao meio sua chance de atingir o objetivo se apostar uma ficha de cada vez.

Mas qual o melhor lugar da roleta para se apostar? Se você puser seu dinheiro no vermelho e der 0, alguns cassinos aplicam uma regra chamada *en prison*, e lhe pagam metade da aposta. Isso, na verdade, significa que as chances da casa são um pouco menores nessa aposta — é mais barato apostar aqui que em qualquer outro lugar da roleta. A longo prazo, isso lhe custará

$$(\text{probabilidade de perder}) \times \text{aposta} - (\text{probabilidade de ganhar}) \times \text{prêmio}$$

$$= \frac{18}{37} \times £\,1 + \frac{1}{37} \times £\,0{,}50 - \frac{18}{37} \times £\,1$$

$$= 1{,}35 \text{ pence},$$

em oposição aos 2,7 pence que custa jogar em qualquer outra posição da mesa. Assim, se o cassino joga *en prison*, a longo prazo, custa metade do preço apostar no vermelho/preto que fazer outros tipos de aposta.

Em vez de pegar a metade da aposta de volta, há outra opção que o cassino oferece: você pode optar por deixar sua aposta *en prison*. A banca põe uma ficha *en prison* na aposta, e se na vez seguinte der vermelho, você ganha uma moratória e o cassino lhe devolve a ficha (mas sem qualquer ganho); se não der vermelho, você perde a aposta. Por haver uma chance de $^{18}/_{37}$ de você receber todo seu dinheiro de volta (um pouquinho abaixo de 50%), você estará em melhor situação se pegar metade do dinheiro quando tiver oportunidade do que apostar *en prison* e ficar esperando que dê vermelho.

Então, as chances parecem estar agrupadas contra você. Mas há algum jeito matemático de vencer o cassino? Eis aqui uma ideia, chamada "martingale". Comece colocando uma ficha no vermelho. Se der vermelho, você pega sua ficha de volta e mais outra ficha. Se não der vermelho, da próxima vez aposte duas fichas no vermelho. Se der vermelho, ganha as fichas de volta mais outras duas. Você perdeu uma ficha na primeira aposta, então agora está ganhando uma. Se deixar de dar vermelho pela segunda vez, aposte quatro fichas na próxima. Se der vermelho, você ganha quatro a mais que a aposta. Mas já perdeu uma ficha na primeira aposta e mais duas na segunda, então, isso deixa você com… uma ficha a mais.

A forma de jogar nesse sistema é ficar dobrando a aposta até acabar dando vermelho. Seus ganhos totais sempre serão de uma ficha, porque se der vermelho na enésima rodada, você ganha $2n$ fichas (a quantidade apostada). Mas nas $n - 1$ rodadas anteriores você perdeu $P = 1 + 2 + 4 + 8 + \ldots + 2^{n-1}$ fichas. Eis uma maneira inteligente de calcular quanto é essa perda P. P, com certeza, é o mesmo que $2P - P$. Então quanto é $2P$?

$$2P = 2 \times (1 + 2 + 4 + 8 + \ldots + 2^{n-1}) = 2 + 4 + 8 + 16 + \ldots + 2^{n-1} + 2^n$$

Agora vamos subtrair $P = 1 + 2 + 4 + 8 + \ldots + 2^{n-1}$.

Isso dá:

$$P = 2P - P = (2 + 4 + 8 + 16 + \ldots + 2^{n-1} + 2^n) - (1 + 2 + 4 + 8 + \ldots + 2^{n-1}) = 2^n - 1$$

Todos os números do primeiro parêntese, exceto 2^n, também aparecem no segundo parêntese, por isso são cancelados nesse cálculo! (Já fizemos o cálculo antes, quando empilhamos grãos de arroz no tabuleiro de xadrez, em busca dos números primos, no Capítulo 1.) Então você ganha 2^n, mas perdeu $2^n - 1$. Seu ganho líquido é de uma ficha.

Não é muita coisa, mas o sistema parece garantir algum ganho — afinal, em algum momento, com certeza, vai dar vermelho, não é? Então, por que os jogadores não apostam nos cassinos com essa estratégia? Um dos problemas é que você precisaria de recursos infinitos para garantir um ganho, uma vez que há uma possibilidade teórica de dar preto a noite toda. E mesmo que tivesse uma pilha enorme de ficha, a duplicação repetida da aposta pode esgotar depressa seu estoque (como acontece com os grãos de arroz). Além de tudo, a maioria dos cassinos tem um limite máximo de apostas precisamente para impedir alguns jogadores de explorar a estratégia. Por exemplo, com uma aposta máxima de mil fichas, sua estratégia vai falhar após nove rodadas, porque na décima você precisaria de $2^{10} = 1.024$, quantidade já maior que o máximo permitido.

Mesmo com uma aposta máxima, a falácia do jogador é acreditar que, se saíram oito pretos seguidos, a probabilidade de dar vermelho na rodada seguinte deve ser alta. Claro que a chance de ver oito pretos em seguida é incrivelmente pequena, na verdade 1 em 256. Mas isso não aumenta as chances de dar vermelho na próxima: continua a ser meio a meio. Da mesma forma que a moeda lançada, a roleta não tem memória.

Se você quiser jogar na roleta, tenha em mente o que diz a matemática da probabilidade: a longo prazo, a casa sempre ganha — embora, como veremos no Capítulo 5, talvez haja um modo de usar alguma matemática para ajudar você a ganhar seus milhões. Se não gosta de pôquer nem roleta, então a mesa de dados talvez lhe sirva. Como veremos agora, o jogo de dados tem uma história muito longa.

Quantas faces tinha o primeiro dado do mundo?

Muitos dos jogos que jogamos dependem da sorte. Banco Imobiliário, gamão, jogos de percurso em tabuleiro — quem chega antes ganha — e muitos outros dependem de um lance de dados para determinar quantas casas mover a peça. Os primeiríssimos dados foram lançados pelos babilônios e egípcios antigos, que utilizavam os ossinhos das articulações — o "tornozelo" de animais como o carneiro, por exemplo — como dados.

Os ossos caíam naturalmente sobre um dos quatro lados, mas os antigos jogadores logo perceberam que, dada a natureza desigual dos ossos, alguns lados eram favorecidos em relação aos outros, e então começaram a aperfeiçoá-los para deixar o jogo mais justo. Logo que passaram a fazer isso, viram-se explorando a variedade de formas tridimensionais, a fim de que cada face tivesse igual probabilidade de cair para cima.

Como os primeiros dados evoluíram a partir de ossos de articulações, não é surpresa que alguns dos primeiros dados simétricos tivessem a forma de tetraedros, com quatro faces triangulares. Um dos primeiros jogos de tabuleiro que conhecemos usa esses dados de formato piramidal.

Chamado de jogo real de Ur, diversas versões do tabuleiro e de seus dados tetraédricos foram descobertas na década de 1920 pelo arqueólogo britânico sir Leonard Woolley enquanto escavava tumbas na antiga cidade suméria de Ur, no sul do atual Iraque. As tumbas datam de 2600 a.C., e os tabuleiros eram colocados nas tumbas para divertir os ocupantes depois da morte. O mais belo exemplo está exposto no Museu Britânico, em Londres, e consiste em vinte quadrados que os competidores precisam percorrer conforme o lance de dados tetraédricos.

As regras do jogo só vieram à luz no começo dos anos 1980, quando Irving Finkel, do Museu Britânico, encontrou uma tábua cuneiforme de 177 a.C. no acervo do museu que tinha uma imagem do jogo gravada no verso. O jogo é um precursor do gamão; cada jogador tem certo número de pedras que precisa mover em torno do tabuleiro. Contudo, o mais interessante, do ponto de vista matemático, são os dados associados ao jogo.

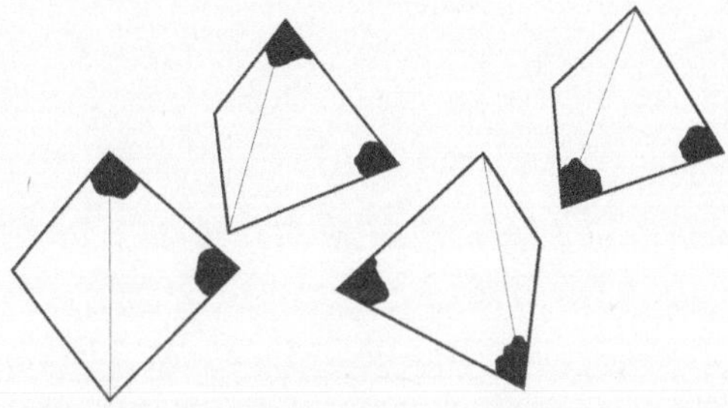

FIGURA 3.04: Dados tetraédricos do jogo real de Ur.

Um dos problemas dos dados tetraédricos é que, ao contrário dos dados em forma de cubo com os quais estamos familiarizados, eles caem com uma das pontas viradas para cima, não com uma face. Para lidar com isso, dois dos quatro cantos de cada dado eram marcados com pontos brancos. Os jogadores lançavam um número de pirâmides, e a contagem correspondia ao número de pontos mais altos. Jogar esses dados equivale, matematicamente, a lançar algumas moedas e contar o número de caras.

O jogo real de Ur depende de maneira significativa do resultado aleatório do lançamento dos dados. Em contraste, o gamão, seu sucessor, oferece aos jogadores mais oportunidade de demonstrar habilidades e estratégias, em vez de depender unicamente da sorte nos dados. Mas o jogo não morreu. Recentemente soube-se que os judeus de Cochin, no sul da Índia, ainda disputam uma versão do jogo real de Ur 5 mil anos depois de ele ter sido jogado na Suméria.

Teria o jogo Dungeons and Dragons descoberto todos os dados?

Uma das novidades do Dungeons and Dragons, o RPG (de *Role Playing Game*, em inglês) dos anos 1970, era seu intrigante sortimento de dados. Mas teriam os inventores do jogo descoberto todos os dados possíveis? Quando olhamos para as formas que resultam em bons dados, deparamos com uma pergunta que fizemos no Capítulo 2. Se todas as faces de um dado têm o mesmo formato simétrico, e se todas as faces estão arrumadas

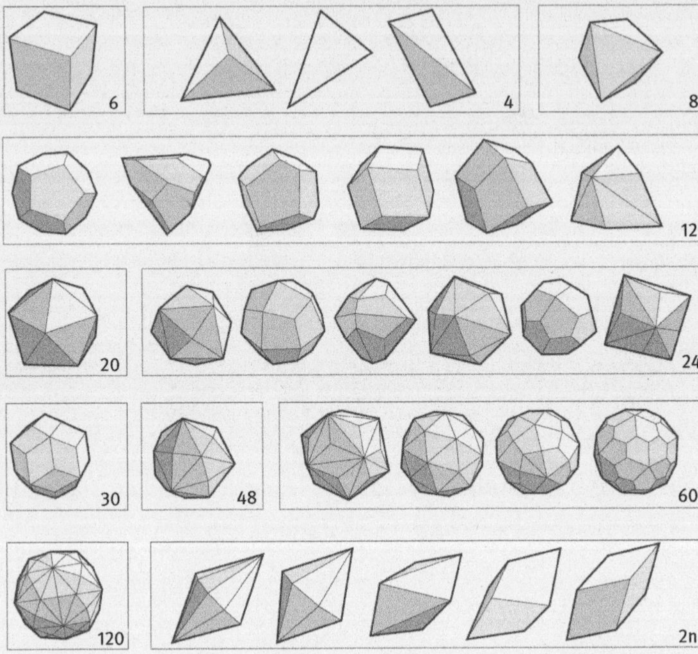

FIGURA 3.05: Formas simétricas que resultam em bons dados.

de tal maneira que todos os vértices e arestas pareçam iguais, então há cinco dados desse tipo: tetraedro, cubo, octaedro, dodecaedro e icosaedro — os sólidos platônicos (ver p.71). Você achará todos esses dados na caixa de Dungeons and Dragons (e num pdf que poderá baixar no site Num8er My5teries), mas uma porção deles tem herança muito mais antiga.

Por exemplo, um dado de vinte faces, feito de vidro, datando do tempo dos romanos antigos, foi vendido pela Christie's em 2003. Suas faces são entalhadas de estranhos símbolos, sugerindo que foi usado em rituais de vidência, e não em jogos. O icosaedro está no coração dos mais badalados recursos de vidência hoje: a Bola do 8 mágico. Dentro da bola, flutuando num líquido, há um icosaedro com resposta para os problemas escritos nas faces. Você faz uma pergunta, sacode a bola, e o icosaedro flutua para o topo, revelando a resposta em uma das faces. As respostas variam de "Sem dúvida alguma" a "Não conte com isso".

Se você quer simplesmente um dado honesto, não precisa ser rigoroso quanto ao arranjo das faces. Por exemplo, Dungeons and Dragons usava um dado feito da fusão de duas pirâmides de base pentagonal grudadas pelas bases. Esse dado tem a probabilidade de 1 em 10 de cair com qualquer uma das faces triangulares virada para cima. Não é um sólido platônico porque o vértice na ponta de cada pirâmide é diferente, possível de ser distinguido de todos os outros vértices: ali se juntam cinco triângulos, enquanto cada um dos outros vértices onde as duas bases se encontram é uma conjunção de quatro triângulos. Mas ainda assim é um dado honesto: ele tem a mesma probabilidade de cair sobre cada uma das dez faces.

Os matemáticos vêm investigando que outros tipos de formas resultam em dados honestos. Recentemente provou-se que, se os dados ainda tiverem alguma simetria, há outros vinte a se adicionar aos dados platônicos, juntamente com cinco famílias infinitas que produzem dados honestos.

Dos vinte dados extras, treze estão relacionados às formas que dão boas bolas de futebol, os sólidos de Arquimedes, do Capítulo 2, que têm cinco faces simétricas, mas não necessariamente todas com o mesmo formato. Esses formatos podem produzir boas bolas de futebol, mas não são tão certas assim para os dados. A bola de futebol clássica tem 32 faces compostas de doze pentágonos e vinte hexágonos. Poderíamos fazer um dado honesto escrevendo números de 1 a 32 sobre essas faces? O problema é que cada pentágono tem, aproximadamente, 1,98% de chance de ser escolhido, enquanto cada hexágono tem 3,81%. Então, não seria um dado honesto. Foi só na última década que os matemáticos produziram uma fórmula precisa para a probabilidade de que os dados "futebolísticos" caíssem com um pentágono para cima. Uma parcela impressionante de geometria produziu a seguinte e assustadora resposta:

$$12 \times \frac{-3+30r\left[1-\left(\frac{2}{\pi}\right)sen^{-1}\left(\frac{1}{2r}\sqrt{3}\right)\right]}{-116+360r}$$

onde $r=\frac{1}{2}\left[2+sen^{2}\left(\frac{\pi}{5}\right)\right]^{\frac{-1}{2}}$

Os sólidos de Arquimedes em si não são dados honestos, mas podem ser usados para construir formas diferentes que dão toda uma nova série de dados a serem usados em jogos. A chave é perceber que, embora as faces possam variar em torno do sólido de Arquimedes, os vértices são todos iguais, e o truque é empregar uma ideia chamada dualidade, que transforma as pontas em faces, e vice-versa. Para ver qual teria de ser o formato da face, é preciso pensar numa folha de cartolina colocada em cada ponta e então ver como todas essas cartolinas se secionam e se cortam mutuamente. Cada cartolina precisa estar num ângulo tal que fique perpendicular à linha que corre do centro da forma até o vértice. Por exemplo, se você substituir os vértices de um dodecaedro por faces, obtém um icosaedro (Figura 3.06).

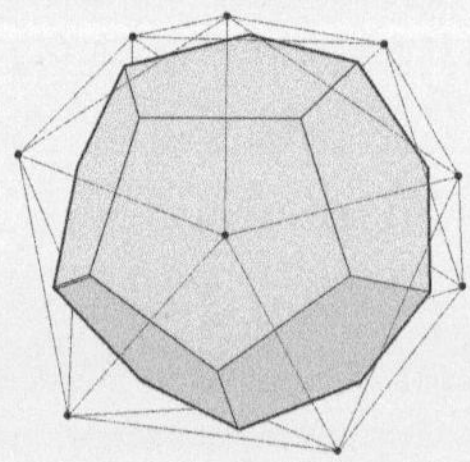

FIGURA 3.06

Usando esse truque com sólidos de Arquimedes, o procedimento resulta em treze novos dados. A bola de futebol clássica tem sessenta vértices, e o dado que emerge dela quando substituímos cada vértice por uma nova face é composto de sessenta triângulos, que não são equiláteros, mas isósceles (isto é, apenas dois dos três lados são iguais). Embora esse dual da bola de futebol clássica não seja um sólido platônico, ainda assim é uma forma em que cada uma das faces tem chance de 1 em 60 de cair para cima, de modo que é um dado honesto para ser jogado. Seu nome técnico é dodecaedro pentakis (Figura 3.07).

Cada sólido de Arquimedes pode ser usado para criar um novo dado como esse. Talvez o mais impressionante seja o icosaedro hexakis. Surpreendentemente, mesmo com 120 faces irregulares com formato de triângulos retângulos, essa forma dá outro dado honesto.

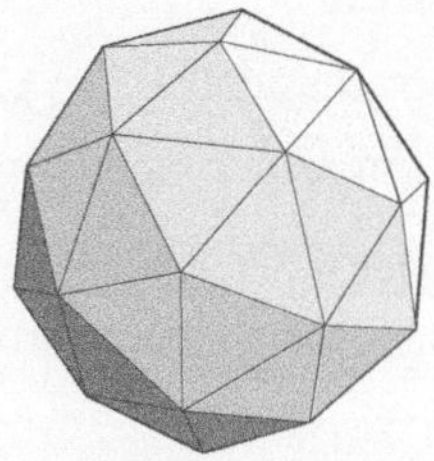

FIGURA 3.07

As infinitas famílias de dados provêm da generalização da ideia de juntar duas pirâmides pela base, e a base pode ter qualquer número de arestas. Embora os matemáticos tenham selecionado a gama de dados honestos que têm simetria, ainda há um mistério acerca das formas mais irregulares que compõem dados honestos. Por exemplo, se pegarmos o octaedro e cortarmos um pedacinho de um vértice e do vértice oposto, surgem duas novas faces. Se eu lançar um dado com esse formato, é improvável que ele caia sobre uma dessas novas faces, mas se eu cortar pedaços maiores, essas duas faces novas terão mais chance de cair para cima que as oito restantes. Deve haver algum ponto intermediário no qual eu corte os dois vértices de tal maneira que as duas faces novas e as oito faces originais sejam igualmente prováveis, criando um dado honesto de dez faces.

Essa forma não tem nada da bela simetria dos novos dados que fizemos a partir das bolas listadas por Arquimedes, mas também daria um dado honesto. Como prova de que a matemática não tem todas as respostas, ainda procuramos um modo de classificar todas as formas possíveis de se inventar dessa maneira e que produzem dados honestos.

Como a matemática pode lhe ajudar a ganhar no Banco Imobiliário?

O Banco Imobiliário parece um jogo com boa dose de acaso. Você lança dois dados e corre pelo tabuleiro com seu carro, ou se pavoneia com sua cartola, comprando propriedades aqui, construindo hotéis ali. De vez em quando você fica em segundo lugar num concurso de beleza graças a uma carta de "Fundo Comunitário", ou tem de morrer em £ 20 por "dirigir embriagado". Cada vez que você passa pela casa "Início", lá se vão mais £ 200 para seus cofres. Como é possível a matemática lhe dar alguma vantagem nesse jogo?

No decorrer do jogo, qual a casa do tabuleiro mais visitada? É a casa "Partida", onde se começa o jogo, "Estacionamento grátis", na diagonal oposta, ou talvez "Oxford Street" ou "Mayfair", na edição londrina do jogo?* A resposta, na verdade, é a casa "Cadeia". Por quê? Bem, você pode lançar os dados e se descobrir "Apenas de visita", ou que os dados o levam a uma casa na diagonal oposta, onde um policial lhe manda "Ir para a cadeia". Você pode ter tido o azar de pegar uma das cartas de "Sorte ou revés" ou "Fundo Comunitário", que mandam você direto para a "Cadeia". E como se ainda não houvesse maneiras suficientes de ferrar com você, se você tirar uma dupla, pode jogar duas vezes, mas se tirar três duplas seguidas, em vez de ser recompensado pela impressionante façanha nos dados, é punido com uma sentença de três rodadas sem jogar, na "Cadeia".

Por conseguinte, em média, os jogadores visitam a "Cadeia" com frequência cerca de três vezes maior que a maioria das outras casas do tabuleiro. Isso não nos serve de muita coisa no momento, porque não se pode comprar a "Cadeia". Mas é aí que entra a matemática: qual o lugar mais provável de os jogadores irem depois da "Cadeia"? A resposta depende do lance de dados mais provável ao deixar essa casa.

Cada dado tem a mesma chance de cair em cada face. Com dois dados, temos $6 \times 6 = 36$ lançamentos diferentes possíveis, cada qual igualmente provável. Mas quando se analisam essas possibilidades, descobre-se que um resultado de 2 ou 12 é muito improvável, porque há apenas um jeito de fazer qualquer uma dessas duas combinações, enquanto há seis maneiras de obter o valor 7 (Figura 3.08).

---

* Há inúmeras versões do Banco Imobiliário no Brasil, inclusive para jogar on-line. De acordo com a versão jogada, variam não apenas os nomes das casas, mas também sua posição no tabuleiro. Contudo, o raciocínio desenvolvido pelo autor não fica prejudicado pelas mudanças, porque todas as versões possuem uma casa chamada "Cadeia", seguindo as mesmas regras. (N.T.)

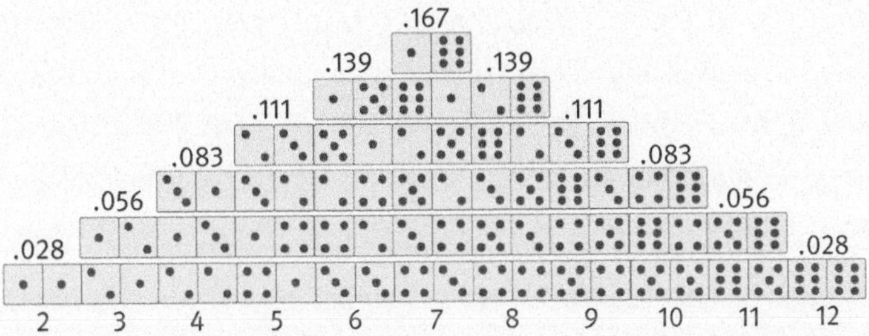

FIGURA 3.08

Então, há uma chance de 6 em 36, ou 1 em 6, de se obter 7, e, depois disso, os resultados 6 e 8 são os mais prováveis. Uma jogada de 7 após a "Cadeia" leva você ao "Fundo Comunitário", que não se pode comprar, mas as duas propriedades alaranjadas vizinhas, uma de cada lado ("Bow Street" e "Marlborough Street", na versão londrina), são as paradas mais prováveis depois do "Fundo Comunitário".

Se você tiver a sorte de cair na região de propriedades alaranjadas, essas são as que valem a pena comprar e encher de hotéis, enquanto você se recosta para cobrar o aluguel que todos os seus adversários terão de pagar quando os dados os tirarem da "Cadeia", direto para o seu covil.

O jogo do Num8er My5teries

Esse é um jogo para dois. Pegue vinte envelopes e numere-os de 1 a 20. A jogadora A anota vinte diferentes quantias de dinheiro em pedaços de papel e coloca um pedaço em cada envelope. O jogador B então escolhe um envelope, e lhe é oferecida a quantia anotada lá dentro. Ele pode aceitar o dinheiro ou escolher outro envelope. Se escolher outro envelope, não pode recuar e reivindicar o prêmio anterior.

O jogador B pode continuar trocando de envelope até ficar contente com o prêmio que tem. A jogadora A então revela todos os prêmios. O jogador B ganha 20 pontos se tiver recebido o maior prêmio possível. Ganha 19 pontos se somar o segundo melhor prêmio, e assim por diante.

Todos os envelopes estão agora vazios, e o jogador B anota vinte quantias de dinheiro diferentes em pedaços de papel, e põe um em cada envelope. A jogadora A precisa agora tentar ganhar o melhor prêmio possível. Uma vez escolhido seu envelope, seus pontos são atribuídos da mesma maneira que na jogada anterior. Ganha quem tiver obtido a contagem mais alta. Isso não significa a maior quantia em dinheiro, mas o maior número de pontos.

O aspecto intrigante desse jogo é que você não conhece a grandeza dos prêmios: o mais alto pode ser de £ 1 ou de £ 1 milhão. A questão é saber se há alguma estratégia matemática que o ajude a aumentar suas chances de ganhar. Bem, existe, e ela está numa fórmula secreta que depende de *e* — não o *e* do tipo psicodélico, ecstasy, mas o *e* do tipo matemático. O número $e = 2{,}71828\ldots$ é provavelmente um dos mais famosos de toda a matemática, perdendo apenas para o enigmático π, e aparece sempre que o conceito de crescimento é importante. Por exemplo, ele está intimamente relacionado com a maneira como os juros se acumulam em sua conta bancária.

Imagine que você tem £ 1 para investir e está examinando os diferentes pacotes de taxas de juros que os bancos oferecem. Um deles paga juros de 100% após um ano, o que faria seu investimento crescer para £ 2. Nada mau, mas o outro banco lhe oferece pagar 50% a cada meio ano. Depois de seis meses isso lhe daria £ 1,50, e após um ano, £ 1,50 + £ 0,75 = £ 2,25 — melhor negócio que o primeiro banco. O terceiro banco lhe oferece 33,3% a cada quadrimestre, o que perfaz £ $(1{,}333)^3$ = £ 2,37 após doze meses. À medida que você vai cortando o ano em fatias cada vez menores, essa composição de juros trabalha a seu favor.

Nesse ponto, o matemático dentro de você já percebeu que o seu objetivo é realmente o Banco do Infinito, que divide o ano em unidades infinitamente pequenas, pois isso lhe dará o máximo rendimento possível. Embora o rendimento cresça à medida que você divide o ano, ele não se torna infinito, mas tende a esse número mágico, $e = 2{,}71828\ldots$ Assim como π, *e* tem uma extensão decimal infinita (indicada por "…"), que nunca se repete. Ele acaba se revelando a chave para ajudar você a vencer no jogo do Num8er My5teries.

A análise matemática desse jogo implica que você deve primeiro calcular $1/e$, que é aproximadamente 0,37. Você deve começar abrindo 37% dos envelopes, ou mais ou menos sete deles. Continue a trocar de envelope, mas pare naquele cujo conteúdo seja mais alto que todos os outros que abriu até agora. A matemática afirma que, uma a cada três vezes, isso lhe assegura o prêmio mais alto. A estratégia não é útil somente para jogar Num8er My5teries. Na verdade, muitas decisões que tomamos na vida diária se revelam acertadas ao se adotar essa tática.

Você se lembra da primeira namorada ou namorado que teve? Provavelmente achou que ela(e) era o máximo. Talvez tenha romanticamente sonhado em passar a vida juntos, mas aí aparecia aquela sensaçãozinha impertinente de que poderia ser melhor. O problema é que se você põe fim ao namoro atual geralmente não há volta. Então, em que altura você deveria cortar suas perdas e se contentar com o que tem? A busca de um apartamento é outro exemplo clássico. Quantas vezes você vê um apartamento fantástico na primeira visita, mas aí sente necessidade de ver outros antes de se comprometer, apenas para perder o primeiro e excelente apartamento?

De modo surpreendente, a mesma matemática que ajuda você a ganhar no jogo do Num8er My5teries pode lhe dar as maiores chances de conseguir o melhor namoro ou o melhor apartamento. Digamos que você comece a namorar aos dezesseis anos, e resolve que pretende achar o amor da sua vida, no máximo, até os cinquenta. E vamos admitir que você troca de namorada(o) num ritmo constante. A matemática diz que você deveria examinar o cenário durante os primeiros 37% do tempo que deu a si mesmo, o que o leva até os 28 anos. Aí, você precisa escolher a(o) parceira(o) seguinte que seja a(o) melhor que todas(os) as(os) outras(os) que você teve até então. Para uma em cada três pessoas, isso garante que vai acabar com (a) melhor das(os) companheiras(os). Só não revele o método para o amor de sua vida!

Como ganhar na roleta de chocolate-malagueta

Mesmo conhecendo matemática, jogos como Banco Imobiliário ou o do Num8er My5teries ainda revelam uma dependência da sorte. Eis aqui um jogo simples para dois participantes que ilustra como a matemática sempre lhe garante a vitória. Pegue treze barras de chocolate e uma pimentinha malagueta e coloque-as num monte, no centro da mesa. Cada jogador, na sua vez, pega um, dois ou três artigos do monte. O objetivo é forçar seu oponente a pegar a malagueta.

FIGURA 3.09: A roleta chocolate-malagueta.

Se você for o primeiro a jogar, há uma estratégia que fará com que seu adversário sempre acabe com a pimenta. Por mais barras de chocolate que seu oponente pegue, você sempre retira a quantidade de barras que faz com que o total retirado durante a rodada seja quatro. Por exemplo, se o oponente tira três barras de chocolate, você tira uma, completando quatro no total. Se o oponente tira duas, você também pega duas.

O truque é visualizar a arrumação das barras de chocolate em fileiras de quatro (faça isso mentalmente, senão você entrega o ouro). No começo há treze barras, então, são três fileiras de quatro, com uma barra sobrando (além da malagueta, claro), de modo que sua jogada de abertura é pegar a barra de chocolate que sobrou. Depois disso, você prossegue como se descreveu: em resposta à jogada do adversário, você pega uma quantidade que some quatro. Dessa maneira, a combinação da jogada de seu oponente com a sua remove uma das fileiras de quatro chocolates cada vez. Após três rodadas, seu oponente é obrigado a ficar com a pimentinha que restou sobre a mesa.

FIGURA 3.10: Como arrumar os chocolates para garantir a vitória.

A estratégia depende de quem começa o jogo. Se o seu adversário jogar primeiro, basta um deslize, e você volta à posição vencedora. Por exemplo, se tirar mais que uma barra de chocolate como jogada inicial, ele já avançou na primeira fila de quatro chocolates, então você pega o resto da fila, como antes.

Você pode ampliar o jogo começando com um número diferente de barras de chocolate ou variando o número máximo de barras permitidas por jogada. A mesma matemática de dividir as barras em grupos lhe possibilitará planejar uma estratégia vencedora.

Há outra variação desse jogo, chamada Nim, que usa análise matemática ligeiramente mais sofisticada para garantir a vitória. Dessa vez há quatro montes. Um deles tem cinco barras de chocolate, o segundo tem quatro, o terceiro tem três, e o monte final tem apenas a malagueta. Agora você está autorizado a tirar quantas barras de chocolate quiser, mas elas só podem ser tiradas do mesmo monte. Por exemplo, você pode tirar todas as cinco barras do primeiro monte, ou apenas uma barra do terceiro. Mais uma vez, você perde se a única opção é pegar a malagueta.

A maneira de ganhar esse jogo é saber como escrever números em sistema binário, em vez de decimal. Nós contamos na base 10 porque temos dez dedos. Tendo contado até nove, você abre uma coluna nova e escreve dez para indicar um grupo de dez e nenhuma unidade. Mas os computadores gostam de contar com base 2, o que chamamos de binário. Cada dígito representa uma potência de 2, em vez de uma potência de 10. Por exemplo, 101 representa um monte de $2^2 = 4$, nenhum 2 e uma unidade. Assim, 101 é o número $4 + 1 = 5$ em binário. A tabela abaixo mostra os primeiros números escritos em binário.

Decimal	*Binário*
0	0
1	1
2	10
3	11
4	100
5	101
6	110
7	111
8	1000

TABELA 3.02: Números binários.

Para ganhar o Nim, você precisa converter a quantidade de barras de chocolate de cada monte em números binários. O primeiro monte tem 101 barras, o segundo, 100 barras, o terceiro, 11 barras. Escrevendo este último número como 011, e colocando os três números em cima um do outro, temos

1 0 1
1 0 0
0 1 1

Note que a primeira coluna tem uma quantidade par de algarismos 1, a segunda, uma quantidade ímpar, e a terceira, uma quantidade par. A jogada vencedora, a cada vez, é remover barras de chocolate de um monte de tal maneira que cada coluna termine com uma quantidade par de algarismos 1. Então, nesse caso, remova duas barras do terceiro monte de três barras, para reduzir a quantidade de barras a 001.

Por que isso ajuda você a ganhar? Bem, a cada rodada seu oponente será obrigado a deixar pelo menos uma das colunas com uma quantidade ímpar de algarismos 1. Sua próxima jogada é pegar barras de chocolate de maneira que a quantidade de novo seja par. Como o total de barras de chocolate está sempre diminuindo, em algum ponto você removerá barras para que os montes fiquem com 000, 000 e 000. Quem faz isso? Seu adversário sempre deixa um número ímpar de algarismos 1 em pelo menos um dos três montes, então deve ser você quem faz essa jogada. Seu adversário fica com a pimenta.

A estratégia funcionará com qualquer quantidade de barras de chocolate colocadas em cada monte. Você pode inclusive aumentar a quantidade de montes.

Por que os quadrados mágicos são a chave para ajudar no nascimento de crianças, evitar enchentes e ganhar jogos?

Conseguir desenvolver o pensamento lateral é conveniente quando se trata de matemática. Olhando as coisas de um ângulo diferente, a resposta para enigmas difíceis de súbito pode se tornar óbvia. A habilidade reside em achar o jeito certo de encarar o problema. Para ilustrar isso, eis um jogo que à primeira vista é difícil de acompanhar, mas se torna muito mais fácil quando o abordamos a partir de outra direção. Para jogar, você pode visitar o site Num8er My5teries para baixar e recortar os elementos de que necessita.

Cada competidor tem uma embalagem de bolo onde cabem quinze fatias. Ganha o jogo o primeiro a preencher a embalagem com exatamente três pedaços de bolo escolhidos entre nove pedaços de diferentes tamanhos, sendo que o menor consiste precisamente em uma fatia, e o maior é composto de nove fatias. Os competidores se revezam para escolher um dos pedaços de cada vez.

FIGURA 3.11: Escolha três pedaços de bolo para encher a embalagem antes de seus adversários.

O objetivo é obter três números de 1 a 9 que somem 15, ao mesmo tempo controlando o que o adversário está fazendo e boicotando suas tentativas. Então, se o seu adversário escolheu pedaços com três e oito fatias, você precisa impedi-lo de completar quinze pegando o pedaço de quatro fatias. Se o pedaço que você quer já foi pego, terá de achar um jeito diferente de chegar a quinze usando os pedaços que já pegou e os que restaram. Mas você precisa sempre usar exatamente três pedaços para encher a embalagem — enchê-la com dois pedaços de nove e seis fatias não é uma jogada vencedora, tampouco encher com quatro pedaços de uma, duas, quatro e oito fatias.

Depois que começa o jogo, logo fica bastante difícil controlar todas as maneiras diferentes que você e seu adversário têm de encher a embalagem. O jogo fica muito mais fácil quando você percebe que aquilo que está jogando é, na verdade, outro jogo clássico disfarçado: o jogo da velha. Em vez da grade habitual de 3 × 3, onde se colocam cruzes e círculos, tentando alocar três na mesma fileira antes que o oponente, este jogo se dá num quadrado mágico:

2	9	4
7	5	3
6	1	8

TABELA 3.03

O quadrado mágico mais básico é uma forma de arranjar os números de 1 a 9 numa grade 3 × 3, de modo que os números nas colunas, linhas e diagonais somem sempre 15. Esse arranjo fornece todos os jeitos possíveis de se obter 15 somando três números distintos escolhidos de 1 a 9. Se jogarmos o jogo da velha no quadrado mágico, qualquer um que consiga completar uma coluna terá três números que somam 15 antes de seu oponente.

Segundo uma lenda, o primeiro quadrado mágico surgiu em 2000 a.C., inscrito sobre um casco de tartaruga que se arrastava saindo do rio Lo, na China. O rio tinha provocado uma séria enchente, e o imperador Yu ordenou que se fizessem alguns sacrifícios para apaziguar o deus do rio. Em resposta, o deus do rio enviou a tartaruga, cujo padrão de números destinava-se a ajudar o imperador a controlar o rio. Uma vez descoberto o arranjo dos números, os matemáticos chineses começaram a construir quadrados maiores que funcionassem da mesma maneira. Esses quadrados eram considerados detentores de grandes propriedades mágicas e tornaram-se amplamente usados em rituais de adivinhação. A maior conquista dos matemáticos chineses foi um quadrado mágico de 9 × 9.

Há evidências de que os quadrados foram levados para a Índia por mercadores chineses que lidavam não só com especiarias, mas também com ideias matemáticas. A forma como os números se entrelaçavam, entrando e saindo dos quadrados, tinha uma forte ressonância nas crenças hindus de renascimento. Na Índia, esses quadrados eram usados para qualquer coisa, desde elaboração de receitas de perfumes até como auxiliar no nascimento das crianças. Os quadrados mágicos também eram populares na cultura islâmica medieval. Sua abordagem extremamente sistemática da matemática levou a formas inteligentes de gerar quadrados mágicos, culminando na descoberta, no século XIII, de um impressionante quadrado mágico de 15 × 15.

16	3	2	13
5	10	11	8
9	6	7	12
4	15	14	1

FIGURA 3.12: O quadrado mágico de Albrecht Dürer.

Uma das primeiras exibições de quadrados mágicos na Europa é o quadrado que aparece na gravura *Melancholia*, de Albrecht Dürer. Ali, os números de 1 a 16 estão dispostos de modo que linhas, colunas e diagonais somem, todas, 34. Além disso, cada um dos quatro quadrantes — os quatro quadrados 2 × 2 nos quais o quadrado grande pode ser dividido — e o quadrado 2 × 2 no centro também somam 34. Dürer chegou a dispor os dois números centrais da linha de baixo para registrar o ano da gravura: 1514.

Quadrados mágicos de diferentes tamanhos eram tradicionalmente associados a planetas do sistema solar. O quadrado clássico 3 × 3 era associado a Saturno, o quadrado 4 × 4, em *Melancholia*, a Júpiter, enquanto o maior, 9 × 9, era atribuído à Lua. Uma sugestão para o uso que Dürer fez do quadrado é que este refletia a crença mística de que o espírito alegre de Júpiter podia se contrapor ao senso de melancolia presente na gravura.

Outro quadrado mágico famoso pode ser encontrado na entrada da extravagante Sagrada Família, a ainda inacabada catedral de Barcelona projetada por Antoni Gaudí. O número mágico para este quadrado 4 × 4 é 33, a idade de Cristo ao ser crucificado. O quadrado não é tão perfeito quanto o de Dürer porque os números 14 e 10 aparecem duas vezes, enquanto 12 e 16 estão ausentes.

Quadrados mágicos são parte das curiosidades matemáticas, mas há um problema neles que os matemáticos têm sido incapazes de desvendar. Existe, essencialmente, apenas um quadrado mágico 3 × 3. (O advérbio "essencialmente" significa que aquilo que se obtém girando ou espelhando o quadrado mágico não conta como diferente.) Em 1693, o francês Bernard Frénicle de Bessey listou todos os 880 quadrados mágicos possíveis 4 × 4, e em 1973 Richard Schroeppel usou um programa de computador para calcular que há 275.305.224 quadrados mágicos 5 × 5. Além daí, temos apenas estimativas para o número de possíveis quadrados mágicos 6 × 6 e mais. Os matemáticos ainda estão à procura de uma fórmula que dê os números exatos.

Quem inventou o sudoku?

O espírito do sudoku pode ser encontrado num quebra-cabeça que se desenvolveu a partir do fascínio dos matemáticos pelos quadrados mágicos. Pegue as cartas nobres (reis, damas e valetes) e os ases de um baralho comum e tente arrumá-las numa grade de 4 × 4 de modo que nenhuma linha ou coluna tenha uma carta da mesma figura nem do mesmo naipe. O problema foi formulado pela primeira vez em 1694, pelo matemático francês Jacques Ozanam, que pode ser considerado o inventor do sudoku.

Outro matemático que certamente pegou essa comichão foi Leonhard Euler. Em 1779, poucos anos antes de morrer, Euler surgiu com uma diferente versão do problema. Pegue seis regimentos, com seis soldados em cada regimento. Cada regimento tem uniforme de uma cor: pode ser vermelho, azul, amarelo, verde, laranja e roxo. Os soldados de cada regimento têm diferentes escalões: digamos, um coronel, um major, um capitão, um tenente, um cabo e um soldado raso. O problema é distribuir os soldados numa grade 6 × 6 de modo que em cada coluna (ou cada linha) não se veja outro soldado do mesmo escalão ou do mesmo regimento. Euler apresentou a questão para uma grade 6 × 6 porque acreditava ser impossível arranjar satisfatoriamente os 36 soldados. Foi só em 1901 que o matemático amador francês Gaston Tarry provou que Euler estava certo.

Euler também acreditava que o quebra-cabeça era impossível de se resolver para grades 10 × 10, 14 × 14 e 18 × 18, e assim por diante, somando 4 a cada vez. Mas não era, conforme se descobriu. Em 1960, com o auxílio de um computador, três matemáticos mostraram que, na verdade, era possível distribuir dez escalões de soldados de dez regimentos diferentes numa grade 10 × 10, de uma forma que Euler julgava impossível. Eles foram adiante, negando totalmente o palpite de Euler, e mostrando que a grade 6 × 6 é a única em que tal distribuição é impossível.

Se você quiser tentar a versão 5 × 5 da charada de Euler, baixe o arquivo apropriado no site Num8er My5teries, recorte os cinco escalões em cinco regimentos e veja se consegue arranjá-los numa grade 5 × 5 de modo que em cada linha e em cada coluna não se veja um soldado do mesmo escalão nem do mesmo regimento. Esses quadrados mágicos às vezes são chamados de quadrados greco-latinos. Pegue as n primeiras letras do alfabeto grego e latino e escreva todos os $n \times n$ pares de letras latinas e gregas. Agora distribua esses pares numa grade $n \times n$, de modo que cada linha ou cada coluna não contenha a mesma letra grega ou latina.

Vivendo pelo quadrado

Um dos quadrados greco-latinos 10 × 10 foi usado pelo romancista francês Georges Perec para estruturar seu livro de 1978, *A vida: Modo de usar.* A obra tem 99 capítulos, cada um correspondendo a um quarto num prédio de Paris que tem dez andares com dez apartamentos por andar (um quarto, o 66º, não é visitado). Cada quarto corresponde a uma posição num quadrado greco-latino 10 × 10. Mas, no quadrado de Perec, em vez de dez letras gregas e dez latinas, ele usa, por exemplo, vinte autores divididos em duas listas de dez.

Quando escrevia o capítulo para um quarto específico, olhava para ver quais eram os dois autores designados para esse quarto, assegurando-se de citar trechos de ambos os autores durante o capítulo. Para o Capítulo 50, por exemplo, o quadrado greco-latino de Perec lhe dizia para citar Gustave Flaubert e Italo Calvino. Mas não são apenas autores que figuram nesse esquema. Perec usou um total de 21 quadrados greco-latinos diferentes, cada um preenchido com dois jogos de itens que variavam de peças, mobílias, estilo artístico e período histórico até posições corporais adotadas pelos ocupantes de cada quarto.

O sudoku funciona de modo ligeiramente diferente da charada de Euler. Na forma clássica, é preciso distribuir nove grupos de números de 1 a 9 numa grade 9 × 9 de modo que o mesmo número não apareça mais de uma vez em cada linha, em cada coluna e em cada quadrante 3 × 3. Já há alguns números colocados na grade, e você precisa preencher o resto. Não acredite em ninguém que diga que não é preciso matemática nenhuma para resolver esses quebra-cabeças. Quem diz isso acha que não há aritmética envolvida — o sudoku é uma charada lógica. O tipo de raciocínio lógico que leva você a decidir que o 3 precisa entrar no canto inferior direito é exatamente aquele envolvido na matemática.

Há algumas questões matemáticas interessantes relativas ao sudoku. Uma delas é a seguinte: quantas maneiras diferentes há para arranjar os números numa grade 9 × 9 de modo a satisfazer as regras do sudoku? (Mais uma vez, estamos falando de maneiras "essencialmente" diferentes: consideramos dois arranjos como um só quando há alguma simetria, como inverter o lugar das colunas, o que transforma uma na outra.) A resposta foi calculada em 2006 por Ed Russell e Frazer Jarvis, e resultou em 5.472.730.538 maneiras — o suficiente para dar material para a seção de passatempos dos jornais ainda por um longo período.

Outro problema matemático que surge a partir desses quebra-cabeças ainda não foi totalmente resolvido. Qual o número mínimo de quadradinhos que já precisam vir com um número no começo para que haja apenas uma só maneira de preencher os outros quadrados? Claro que se você tem muito poucos — digamos, três — números na grade, haverá muitas maneiras de completá-la, porque simplesmente não há informação suficiente para forçar uma solução única. Acredita-se que você necessite de pelo menos dezessete números para assegurar que haja apenas uma forma de completar a grade. Essas questões são mais que charadas de recreação. A matemática subjacente ao sudoku tem importantes implicações para os códigos de correção de erros que iremos ver no próximo capítulo.

Como a matemática pode ajudar você a entrar no *Guinness* dos recordes?

Há muitos jeitos malucos de você entrar para o *Guinness*. Um contador italiano, Michele Santelia, entrou por datilografar 64 livros de trás para a frente (3.361.851 palavras, 19.549.382 caracteres) em seus idiomas originais. Os livros incluíam *A Odisseia*, *Macbeth*, a vulgata da Bíblia e o *Guinness World Records* de 2002. Ken Edwards, de Glossop, Derbyshire, detém o recorde mundial de comer mais baratas em um minuto — 36 baratas —, e o americano Ashrita Furman levou doze horas e 27 minutos a fim de abrir caminho para o livro dos recordes saltando com um *pogostick* uma distância recorde de 37,18 quilômetros. Ele detém também o recorde de bater o maior número de recordes! Mas será que a matemática pode ajudar você a conquistar um lugar no Hall da Fama Guinness dos Recordes?

Um dos desafios que vem sendo acompanhado pelo *Guinness* desde 1961 é visitar todas as estações do sistema de metrô de Londres no menor tempo possível. O desafio chama-se Tube Challenge — o Desafio do Tube, apelido do metrô londrino. O recorde, batido no fim de 2009, é de 6h44min16seg, e coube a Martin Hazel, Steve Wilson e Andi James, em 14 de dezembro. Alguns podem considerar que essa é uma busca trabalhosa, mas se você quiser tentar bater o recorde, então uma análise matemática do mapa metroviário poderia lhe dar alguma vantagem, servindo-lhe de ajuda para divisar a menor rota, garantindo que você passe por todas as estações ao menos uma vez.

O Tube Challenge não é o primeiro desse tipo. Ele é a versão mais complicada de uma brincadeira que costumava ser feita no século XVIII, na cidade prussiana de Königsberg. O rio Pregel tem dois braços que correm em torno da ilha central da cidade antes de se juntar, seguindo para oeste, e desaguar no Báltico. Durante o século XVIII, havia sete pontes sobre o Pregel, e virou passatempo de domingo entre os moradores da cidade ver se conseguiam achar um jeito de cruzar todas as pontes uma vez, e somente uma vez. Ao contrário do Tube Challenge, a questão não era velocidade, mas se havia a possibilidade de completar o roteiro. Todavia, por mais que tentassem, sempre descobriam que havia alguma ponte pela qual não passavam. Aquela seria, de fato, uma missão impossível. Ou haveria alguma rota que os moradores ainda não tinham percorrido e segundo a qual passariam pelas sete pontes?

A questão afinal foi resolvida por Leonhard Euler, o matemático suíço que havia apresentado o problema dos quadrados greco-latinos, na época em que lecionava na Academia de São Petersburgo, cerca de 800 quilômetros a nordeste de Königsberg. Euler deu um importante salto conceitual. Percebeu que as efetivas dimensões físicas da cidade eram irrelevantes: o que importava era como as pontes estão interligadas (o mesmo princípio se aplica ao mapa topológico do metrô de Londres). As quatro regiões de terreno ligadas pelas pontes de Königsberg podem ser condensadas, cada uma, em um ponto, e as pontes são as linhas que conectam os pontos. Isso dá um mapa das pontes de Königsberg que é como um mapa do metrô de Londres muito mais simples (Figura 3.13).

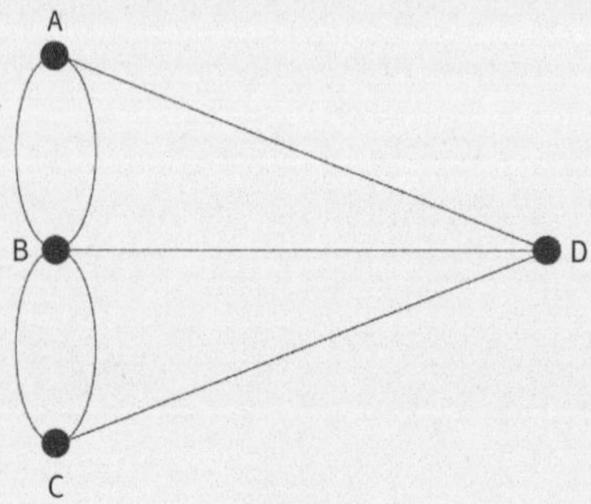

FIGURA 3.13

O problema de saber se existe uma rota que passe por todas as pontes resume-se, então, a perguntar se é possível fazer um traço sobre o mapa sem levantar a caneta do papel e sem passar duas vezes pela mesma linha. Da nova perspectiva matemática de Euler, ele viu que, de fato, era impossível cruzar todas as sete pontes uma vez, e somente uma vez.

Então, por que é impossível? Quando se desenha o mapa, cada ponto visitado durante a viagem deve ter uma linha chegando nele e outra linha saindo dele. Se você visitar esse ponto outra vez, terá atravessado outra "ponte" para chegar e atravessará outra "ponte" para sair. Então, deve haver um número par de linhas ligadas a cada ponto, exceto no início e no fim da viagem.

Se olharmos a planta das sete pontes de Königsberg, veremos que em cada um dos quatro pontos há um número ímpar de pontes se encontrando — e isso nos diz que não há rota pela cidade que atravesse cada uma das pontes apenas uma vez. Euler levou sua análise adiante. Se o mapa tiver precisamente dois pontos com um número ímpar de linhas saindo dele, então é possível fazer o traçado sem tirar a caneta do papel e sem passar duas vezes em cima da mesma linha. Para fazer isso, é preciso começar em um dos pontos com número ímpar de linhas saindo e ter como objetivo terminar no outro ponto com número ímpar de linhas.

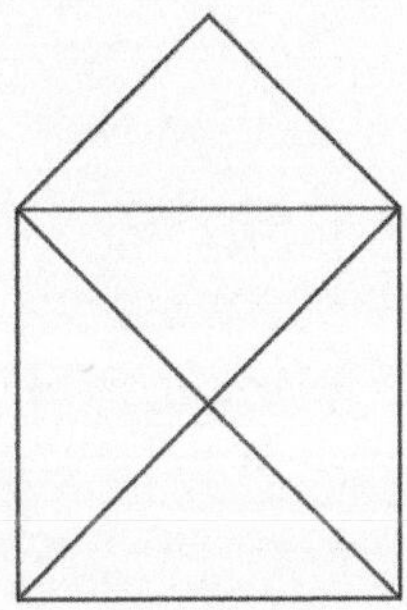

FIGURA 3.14: O teorema de Euler implica que é possível desenhar este mapa sem tirar a caneta do papel e sem passar duas vezes sobre a mesma linha.

Existe outro tipo de mapa no qual é possível seguir o que os matemáticos agora chamam de trajeto euleriano, aquele em que cada ponto tem um número par de linhas saindo dele. Num mapa desse tipo você pode começar onde bem entender, porque o trajeto precisa começar e terminar no mesmo ponto, formando um ciclo fechado. Mesmo que você tenha dificuldade de identificar o trajeto, o teorema de Euler afirma que, se o mapa é de um dos dois tipos que descrevi, deve haver um trajeto euleriano. Esse é o poder da matemática: muitas vezes ela pode lhe dizer que algo deve existir sem que você tenha de construí-lo.

Para provar que o trajeto existe, lançamos mão de uma arma clássica no arsenal matemático: a indução. É o que eu faço para superar meu medo de altura quando subo em escadas altas ou faço rapel em cachoeiras: dar um passo de cada vez.

Comecemos imaginando que sabemos como desenhar todos os mapas com certo número de traços sem levantar a caneta do papel. Mas agora deparamos com um mapa que tem um traço a mais que aqueles encontrados até agora. Como saber se ainda é possível desenhar esse novo mapa?

Digamos que o mapa tenha dois pontos com número ímpar de traços saindo deles, e chamemos esses pontos de A e B. O truque é remover um dos traços de um desses dois pontos. Então vamos remover um traço que vai de B para outro ponto C. Este novo mapa, com um traço removido, ainda tem só dois pontos com número ímpar de traços saindo: A e C. (B agora tem um número par de traços, porque acabamos de remover um; C agora tem um número ímpar, porque removemos o traço que o ligava a B.) O novo mapa agora é pequeno o bastante para ser desenhado, com um trajeto que sai de A e acaba em C. O mapa maior agora também é simples de desenhar: basta unir C a B, adicionando o traço que removemos antes. Bingo!

Há algumas variações que precisamos analisar. Por exemplo, e se há apenas uma linha que sai de B e o liga a A, de modo que A e C sejam o mesmo ponto? Mas podemos ver que na essência da prova de Euler está a bela ideia de elaborar, passo a passo, por que um trajeto euleriano é possível. Assim como ao subir uma escada, degrau por degrau, posso usar esse truque para achar meu caminho, por maior que seja o mapa que tenha pela frente.

Para constatar o poder do teorema de Euler, desafie um amigo a desenhar o mapa mais complicado que quiser. Então, simplesmente contando os pontos onde um número ímpar de linhas se encontram, graças ao teorema de Euler, você pode dizer, imediatamente, se é possível desenhar o mapa sem tirar a caneta do papel e sem passar duas vezes sobre a mesma linha.

Recentemente fiz uma peregrinação a Königsberg, que foi rebatizada de Kaliningrado após a Segunda Guerra Mundial. A cidade ficou irreconhecível em relação aos tempos de Euler — foi devastada pelos bombardeios dos Aliados. Mas três das pontes pré-guerra ainda estavam no lugar: a ponte da Madeira (Holzbrücke), a do Mel (Honigbrücke) e a Alta (Hühe Brücke). Duas das pontes haviam desaparecido completamente: a ponte das Vísceras (Küttelbrücke) e a dos Ferreiros (Schmiedebrücke). As pontes restantes — a ponte Verde (Grüne Brücke) e a dos Mercadores (Krämerbrücke) —, embora destruídas durante a guerra, foram reconstruídas para sustentar um enorme elevado de pista dupla que passa por cima da cidade.

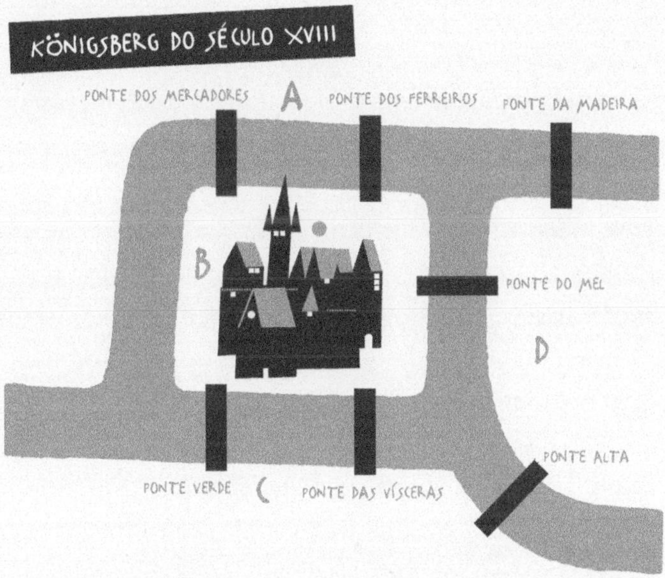

FIGURA 3.15: As pontes de Königsberg no século XVIII.

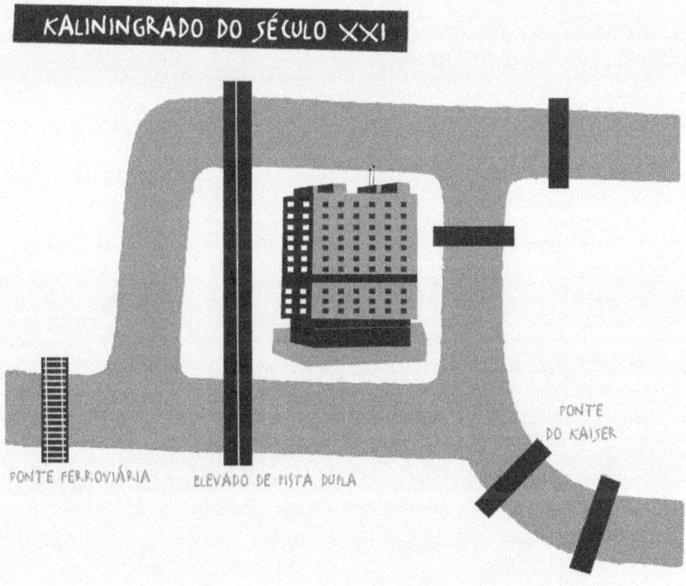

FIGURA 3.16: As pontes de Kaliningrado no século XXI.

Uma nova ponte ferroviária, que pode ser usada também por pedestres, agora une as duas margens do Pregel a oeste da cidade, e uma nova ponte, exclusiva para pedestres, chamada ponte do Kaiser, permitiu-me fazer a mesma travessia que se fazia na antiga ponte Alta. Sempre matemático, meu pensamento imediato foi se eu podia fazer a viagem pelas pontes de hoje com o espírito do desafio do século XVIII.

A análise matemática de Euler me disse que, se houvesse exatamente dois lugares com número ímpar de pontes saindo, haveria um trajeto euleriano: começaria em um dos pontos de número ímpar e terminaria no outro. Verificando a planta das pontes atuais de Kaliningrado, descobri que a viagem é de fato possível.

A história das pontes de Königsberg é importante porque deu aos matemáticos um novo modo de encarar a geometria e o espaço. Em vez de se interessar por distâncias e ângulos, a nova perspectiva concentrava-se em como as formas são interligadas. Foi o nascimento da topologia, um dos ramos da matemática mais influentes dos últimos cem anos, e que foi explorado no Capítulo 2. O problema das pontes de Königsberg deu origem à matemática que hoje faz funcionar os modernos mecanismos de busca na internet, como o Google, que procura maximizar a forma de se navegar nas redes. E é útil até para planejar o jeito mais eficaz de navegar pelas estações do metrô de Londres, se você ficar tentado a encarar o Tube Challenge.

Como a 1ª divisão do futebol pode fazer você ganhar um milhão matemático?

No meio do campeonato, seu time está oscilando na metade inferior da tabela de classificação, e você quer saber se ainda há alguma possibilidade matemática de ganhar o título. De maneira intrigante, a matemática por trás da tentativa de responder a essa pergunta está diretamente ligada ao problema de US$ 1 milhão deste capítulo.

Para descobrir se é matematicamente possível, você começa por assumir que o seu time vai vencer todos os jogos restantes, ganhando três pontos por jogo. O problema aparece quando você começa a encarar como distribuir todos os outros pontos pela tabela. É preciso que os times que estão acima do seu percam jogos suficientes para que seu time passe na frente. Mas você não pode fazer todo mundo que está em cima perder, porque esses times jogarão entre si. Isso significa que você precisa achar algum modo de distribuir esses pontos entre os resultados restantes, esperando que uma das combinações leve seu time ao topo da tabela. Decerto há um jeito mais inteligente de verificar se existe essa combinação vencedora.

O que você está procurando é um truque esperto como o de Euler para desenhar mapas sem ter de percorrer todos os cenários possíveis. Infelizmente, até o momento não sabemos se esse truque existe. O milhão de dólares está aí para a primeira pessoa que descobri-lo ou que provar que o problema tem uma complexidade essencial, tornando a busca exaustiva a única maneira de resolvê-lo.

Curiosamente, antes de 1981 havia um programa eficiente que se podia usar no meio da temporada para verificar se seu time ainda tinha chance de ganhar a Premier League — a 1ª divisão do Campeonato Inglês. Antes de 1981, o time ganhava apenas dois pontos por vitória, e esses dois pontos eram divididos, caso a partida terminasse empatada. Matematicamente isso era significativo, porque queria dizer que o número total de pontos jogados em cada temporada era fixo. Por exemplo, numa liga com vinte times, como a Premier League, cada time fazia 38 jogos (em casa e fora, contra os dezenove outros times da liga). Assim, havia 20 × 38 jogos, só que contamos cada jogo duas vezes. Os jogos do Arsenal contra o Manchester United, por exemplo, são os mesmos que os do Manchester United contra o Arsenal. Então temos 10 × 38 = 380 jogos no total. O sistema de pontos pré-1981 significava que o número total de pontos jogados no fim do campeonato seria 2 × 380 = 760 pontos, divididos entre vinte times. Essa era a chave para o programa eficiente usado para conferir, no meio do campeonato, se seu time ainda tinha chance de ser campeão.

Tudo mudou matematicamente em 1981. Com três pontos por vitória e apenas dois pontos (um para cada time) por empate, não se podia saber com antecedência qual o total de pontos disputados até o fim da temporada. Se todo jogo fosse empate, o total seria novamente 760. Mas se não houvesse nenhum empate, o número total seria de 1.140 pontos, e foi essa variação que contribuiu para que o problema da Premier League ficasse tão difícil de solucionar.

Há muitas versões diferentes do problema da Premier League e que você pode abordar se não for fã de futebol. O caso clássico é chamado de problema do caixeiro-viajante. Um exemplo é o seguinte desafio: você é um vendedor que precisa visitar onze clientes, cada um numa cidade diferente. As cidades são ligadas por estradas, como mostra o mapa da Figura 3.17 — mas você só tem combustível para uma viagem de 238 quilômetros:

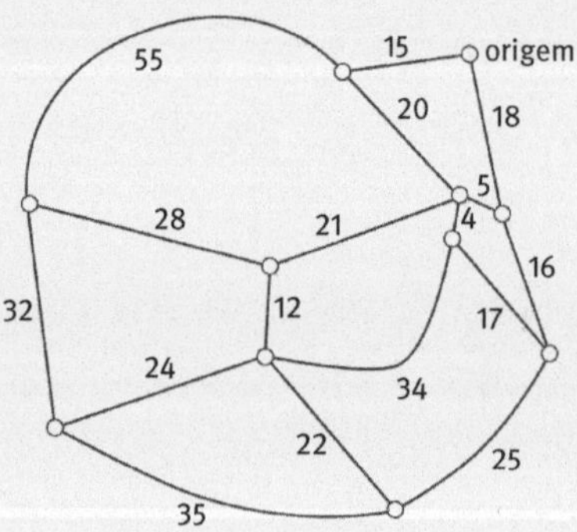

FIGURA 3.17: Um exemplo do problema do caixeiro-viajante. Você consegue achar um trajeto de 238 quilômetros que visite todos os pontos do mapa e volte ao ponto de origem?

A distância entre as cidades é dada pelo número na estrada que as liga. Você consegue achar um trajeto que permita visitar todos os onze clientes e retornar para casa sem faltar combustível? (A solução está no fim do capítulo.) Nessa versão do problema, o milhão de dólares está em oferta para um algoritmo genérico ou programa de computador que produza o menor trajeto para qualquer mapa que alimentar o programa e que seja significativamente mais rápido que fazer o computador realizar uma busca exaustiva. O número de trajetos possíveis cresce exponencialmente à medida que se aumenta o número de cidades, de modo que a busca exaustiva em pouco tempo se torna praticamente impossível. Ou será que você pode provar que esse programa não é possível?

A sensação geral entre os matemáticos é que problemas desse tipo têm uma complexidade inerente, e isso significa que não há modo inteligente de encontrar a solução. Gosto de chamá-los de problemas do tipo "agulha no palheiro", porque há um vasto número de soluções possíveis. E você está tentando achar uma em particular. O nome técnico para eles é problemas NP-completos.

Uma das características básicas desses quebra-cabeças é que uma vez encontrada a agulha, é fácil verificar que ela faz o serviço. Por exemplo, você sabe imediatamente, assim que encontra um trajeto no mapa que tenha menos de 238 quilômetros. De maneira similar, se você achar a combinação certa de resultados para o resto do campeonato de futebol, fica sabendo imediatamente se ainda é matematicamente possível seu time ser campeão. Um problema-P é aquele em que existe um programa eficiente para achar a solução. A questão de US$ 1 milhão pode ser formulada assim: será que problemas NP-completos são na verdade problemas-P? Os matemáticos se referem a isso como NP vs. P.

Há outra propriedade curiosa ligando todos esses problemas NP-completos. Se você acha um programa eficiente que funciona para um problema, isso quer dizer que haverá um programa desses para todos os outros problemas. Por exemplo, se você achar um programa inteligente que lhe diga qual o menor trajeto do caixeiro-viajante, ele será transformado num programa eficiente para verificar se seu time pode ganhar o título. Para dar um exemplo de como isso funciona, eis mais duas "agulhas no palheiro", ou problemas NP-completos, que parecem muito diferentes.

O problema da festa diplomática

Você quer convidar seus amigos para uma festa, mas alguns não se suportam mutuamente — e você não quer dois inimigos na mesma sala. Então você resolve dar três festas e convidar pessoas diferentes para cada uma delas. Você consegue mandar os convites de tal modo que dois inimigos não venham à mesma festa?

O problema do mapa de três cores

No Capítulo 2, vimos como sempre se pode colorir um mapa com no máximo quatro cores. Mas será que existe um meio eficiente de saber se é possível usar apenas três cores em qualquer mapa?

Como será que o problema do mapa de três cores pode ajudar você no problema da festa diplomática? Digamos que você escreveu os nomes dos seus amigos e amigas, e fez um traço entre pares de pessoas que se *odeiam*.

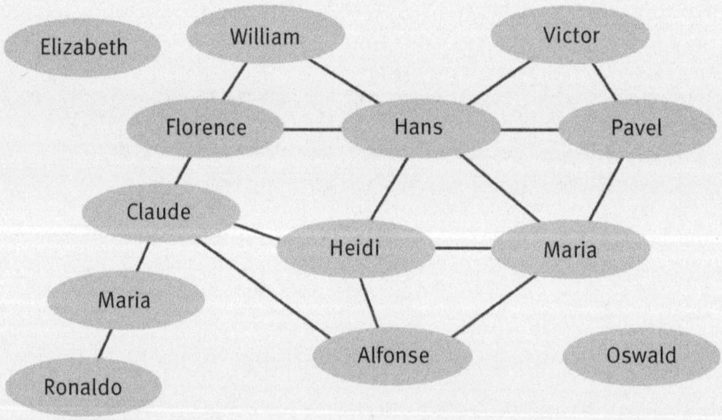

FIGURA 3.18: Um traço une duas pessoas que não podem ser convidadas para a mesma festa.

Para convidar cada amigo a uma das três festas, você poderia começar colorindo as molduras usando três cores, cada cor correspondendo a uma festa distinta. Decidir que amigo convidar para qual festa é o mesmo que descobrir um jeito de colorir a Figura 3.18 de modo que não haja dois amigos interligados com a mesma cor. Mas veja o que acontece quando você substitui os nomes dos amigos por outra coisa (ver Figura 3.19).

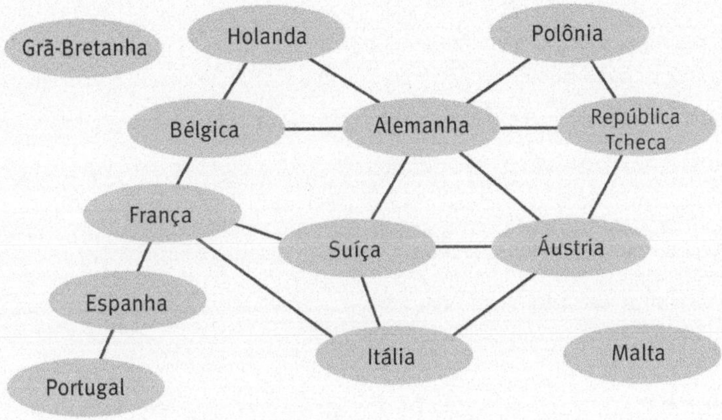

FIGURA 3.19: Um traço une dois países que tenham uma fronteira comum.

Amigos seus que não se suportam mutuamente viraram países europeus, e os traços de ligação agora são fronteiras comuns entre os dois países. O problema de escolher para qual das três festas convidar seus amigos transformou-se no problema de escolher qual das três cores usar para os países no mapa da Europa.

A questão da festa diplomática e o problema do mapa de três cores são versões do mesmo problema; se você achar um jeito de resolver um problema NP-completo, acaba resolvendo todos! Eis uma seleção de questões diferentes nas quais tentar sua habilidade para ganhar US$ 1 milhão.

Varredura de minas

Este é um jogo de computador para uma só pessoa, que vem num pacote com todo exemplar de sistema operacional da Microsoft. O objetivo do jogo é limpar uma área de minas em forma de grade. Se você clica numa casa da grade e não é uma mina, o jogo mostra quantas das casas em volta contêm minas. Se clica numa mina, você perde. Mas o desafio de US$ 1 milhão da varredura de minas lhe pede para fazer algo ligeiramente diferente. A Figura 3.20 não é de um jogo real, pois nenhum arranjo de minas daria esses números. O 1 quer dizer que apenas uma das casas descobertas contém uma mina, enquanto o 2 implica que ambas contêm minas.

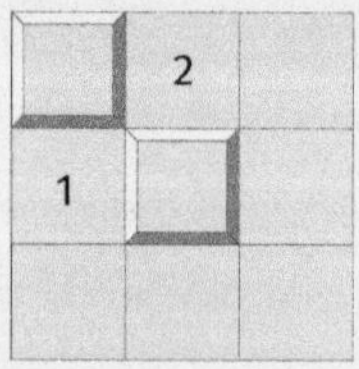

FIGURA 3.20

E quanto à Figura 3.21, ela pode ser de um jogo de verdade?

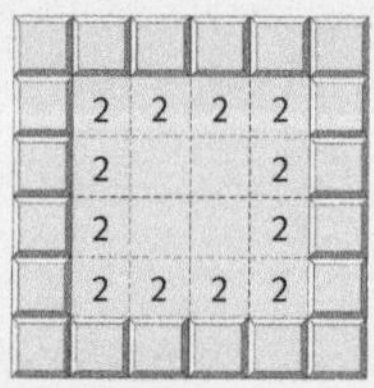

FIGURA 3.21

Existe algum jeito de colocar as minas de modo que os números sejam consistentes? Ou será que não há como essa figura ser de um jogo real porque não há arranjo de minas que possa dar origem aos números mostrados? Sua tarefa é bolar um programa eficiente que descubra a resposta, qualquer que seja o jogo apresentado.

Sudoku

Achar um programa eficiente para resolver sudokus tão grandes quanto se queira é um problema NP-completo. Às vezes, com os sudokus realmente difíceis, você precisa dar alguns chutes, e depois ir seguindo as implicações lógicas dos chutes; parece não haver um jeito inteligente de preencher os quadrados, a não ser tentar um após outro, até que um conjunto leve você a uma resposta consistente.

Problema do carregamento

Você dirige uma empresa de mudanças. Todos os seus caixotes têm altura e a largura iguais, exatamente as mesmas que as medidas internas do caminhão (bem, um pouquinho menos, para você poder encaixá-los direito). Mas os caixotes têm comprimentos diferentes. O caminhão mede 3,75 metros de comprimento, e os caixotes disponíveis para embalagens têm os seguintes comprimentos: 40, 65, 90, 105, 130, 145, 165 e 235 centímetros.

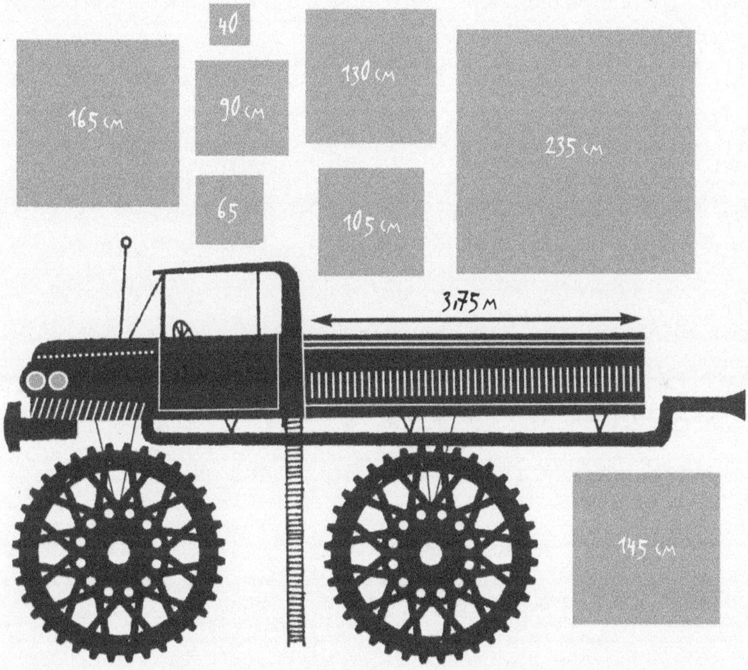

FIGURA 3.22: O carregamento de caixas é um problema matematicamente complexo.

Será que você consegue achar uma combinação de caixas que preencha o caminhão da maneira mais eficiente? Você precisa descobrir um algoritmo que decida, dado qualquer número N e um conjunto de números menores $n_1, n_2, \ldots, n_r$, se existe alguma escolha dos números menores cuja soma resulte no número maior.

Esse tipo de problema não é brincadeira: exemplos dele aparecem nos negócios e na indústria quando as empresas enfrentam o desafio de encontrar a solução mais eficiente para uma questão prática. Espaço desperdiçado ou combustível em excesso custa dinheiro para a empresa, e os gerentes muitas vezes precisam resolver um dos problemas NP-completos. Há mesmo alguns códigos usados na indústria das telecomunicações que dependem de se descobrir a agulha no palheiro para quebrá-los. Assim, não são apenas os matemáticos e os jogadores compulsivos que estão interessados em resolver o problema de US$ 1 milhão.

Quer se trate de analisar matematicamente ligas de futebol ou organizar festas, colorir mapas ou varrer minas, o problema de US$ 1 milhão deste capítulo tem tantos aspectos diferentes que alguma versão deve servir. Mas esteja avisado: o problema pode parecer jogo e diversão, mas é um dos mais difíceis de todos os problemas de US$ 1 milhão. Os matemáticos acreditam que há alguma complexidade essencial nessas questões, o que significa que não haverá um programa eficiente para resolvê-las. O obstáculo é que é sempre mais difícil mostrar por que algo *não* existe, e não por que existe. Mas ao menos você se divertirá tentando ganhar o milhão deste capítulo.

SOLUÇÕES

Loteria da Num8er My5teries

Os números vencedores eram 2, 3, 5, 7, 17 e 42.

Problema do caixeiro-viajante

Eis uma rota que cobre 238 quilômetros:

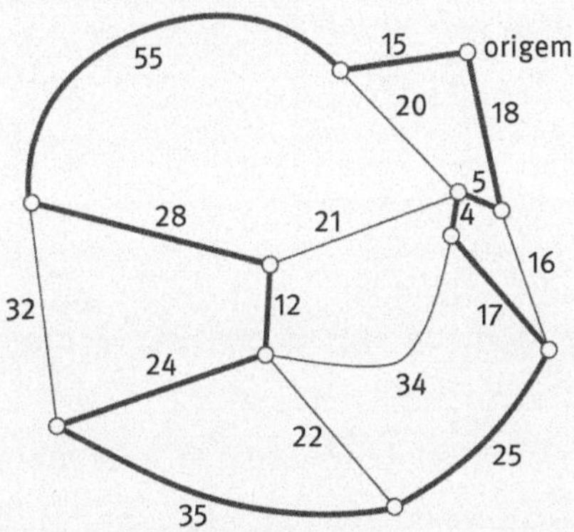

FIGURA 3.23

$$15 + 55 + 28 + 12 + 24 + 35 + 25 + 17 + 4 + 5 + 18 = 238$$

4. O caso do código impossível de ser quebrado

Desde que as pessoas aprenderam a se comunicar, elas encontram as maneiras mais diabólicas de ocultar mensagens dos inimigos. Talvez você tenha usado um código particular para escrever seu diário, a fim de que seu irmão ou irmã não o lessem, como fez Leonardo da Vinci. Mas códigos não servem apenas para manter as coisas em segredo: eles também garantem que a informação seja comunicada sem erros. E nós podemos usar a matemática para criar meios engenhosos de assegurar que a mensagem recebida seja a mesma que foi enviada — o que é de importância vital nessa era de transações eletrônicas.

Um código é simplesmente uma maneira sistemática de ordenar um conjunto de símbolos de modo a transportar um significado específico. Assim que você começa a procurá-los, descobre que há códigos por todo lado ao nosso redor. Há códigos de barras em tudo que compramos; os códigos nos permitem armazenar músicas no MP3; permitem que naveguemos pela internet. Até este livro é escrito em código — o inglês é simplesmente um código formado pelas 26 letras do alfabeto, e as nossas "palavras codificadas aceitáveis" estão armazenadas no *Oxford English Dictionary*. Até nosso corpo contém códigos — o DNA é um código para reproduzir uma criatura viva composto de quatro substâncias químicas orgânicas chamadas bases: adenina, guanina, citosina e timina, ou, abreviando, A, G, C e T.

Neste capítulo, vou mostrar como a matemática tem sido usada para criar e quebrar alguns dos mais hábeis códigos, e como ela nos permite transmitir informação com segurança, de modo eficiente e secreto, além de nos possibilitar tudo, desde fotografar planetas a partir de uma nave espacial até fazer compras no eBay. No final do capítulo explicarei como decifrar um dos problemas de US$ 1 milhão pode ajudar você também a deslindar códigos.

Como usar um ovo para enviar uma mensagem secreta

Na Itália do século XVI, Giovanni Porta descobriu que era possível escrever uma mensagem oculta num ovo cozido, com uma tinta feita dissolvendo-se uma onça (cerca de 30 gramas) de alume em meio litro de vinagre. A tinta penetra na casca e marca o branco do ovo cozido no interior, ao mesmo tempo que desaparece da casca. Perfeito para enviar mensagens secretas — para quebrar o código, quebra-se o ovo! Esta é apenas uma das muitas maneiras malucas que as pessoas inventam para ocultar mensagens secretas.

Em 499 a.C., um tirano de nome Histeu queria mandar uma mensagem secreta a seu sobrinho Aristágoras, encorajando-o a rebelar-se contra o rei persa. Histeu estava em Susa, no atual Irã, e seu sobrinho estava em casa, em Mileto, hoje parte da Turquia. Como poderia fazer chegar uma mensagem ao sobrinho sem que as autoridades persas a interceptassem? Ele elaborou um plano astucioso. Raspou a cabeça de seu fiel servo e tatuou a mensagem em sua cabeça calva. Depois que o cabelo voltou a crescer, Histeu despachou o servo para encontrar o sobrinho. Ao chegar a Mileto, o sobrinho raspou a cabeça do servo, leu a mensagem e deu início a uma rebelião contra o rei persa.

Nesse caso, o sobrinho precisou apenas raspar a cabeça do mensageiro para recuperar a mensagem; temos pena, porém, dos destinatários de mensagens enviadas pelo antigo método chinês. A mensagem era escrita num pedaço de seda, que então era enrolado numa bola bem apertada. A bola de seda era coberta de cera e entregue a um mensageiro, para engolir. Recuperar a mensagem quando ela reaparecia não era tarefa das mais agradáveis.

Um dos modos mais sofisticados de esconder uma mensagem foi desenvolvido pelos espartanos em 500 a.C. Eles usavam um cilindro de madeira especial chamado cítala, em torno do qual enrolavam uma fina tira de pergaminho em espiral. A mensagem secreta era então escrita sobre o papel, no sentido longitudinal da cítala; quando o papel era desenrolado, a mensagem era ininteligível. Apenas enrolando a tira de papel em volta de outra cítala exatamente do mesmo tamanho todas as letras voltavam a se alinhar corretamente.

Esses métodos para enviar mensagens secretas são exemplos de esteganografia — a arte de ocultar —, e não de codificação. Por mais sinistra que fosse, uma vez descoberta a mensagem, o segredo estava revelado. Assim, as pessoas começaram a pensar em ocultar o sentido da mensagem, mesmo que ela fosse descoberta.

Como quebrar os códigos do *Kama Sutra* apenas contando

B OBDSOBDLNB, NMOM B QLCDGVB MG B QMSELB, S GOB NVLBTMVB TS QBTVMSE.

ES SEDSE QBTVMSE EBM OBLE QSVOBCSCDSE, S QMVPGS EBM HSLDME TS LTSLBE. ME QBTVMSE TB OBDSOBDLNB, NMOM ME TB QLCDGVB MG TB QMSELB, QVSNLEBO ESV ASIME; BE LTSLE, NMOM BE NMVSE MG QBIBRVBE, TSRSO ES SCNBLWBV TS OBCSLVB FBVOMCLNB. ASISYB S M QVLOSLVM DSEDS: CBM FB IGUBV QSVOBCSCDS CM OGCTM QBVB GOB OBDSOBDLNB HSLB.*

Isso parece absolutamente sem sentido, mas é uma mensagem escrita usando um dos códigos mais populares já criados. Chamada cifra de substituição, funciona substituindo-se cada letra do alfabeto por outra: o a pode virar P, o t pode virar C, e assim por diante. (Usei as minúsculas para as letras na mensagem não cifrada, o texto limpo original, como é chamado, e letras maiúsculas para o texto cifrado.) Contanto que remetente e destinatário tenham entrado antecipadamente em acordo quanto à substituição,

* O texto original foi traduzido, mas o critério de codificação permanece idêntico ao do original. Toda a análise de frequência das letras foi adaptada para o português. Para detalhes a esse respeito, ver próxima nota de tradução. (N.T.)

o destinatário será capaz de decifrar as mensagens, que, para os demais, será uma fileira de letras sem sentido.

A versão mais simples desses códigos é chamada de trocas de César — em homenagem a Júlio César, que os utilizou para se comunicar com seus generais durante as Guerras Gálicas. Eles funcionam trocando cada letra por outra, pulando o mesmo número de posições. Assim, numa troca de três, o a se torna D, o b se torna E, e assim por diante. No site Num8er My5teries você pode baixar e formar sua própria roda cifrada para criar essas simples trocas de César.

Trocar cada letra pulando o mesmo número de posições só fornece 25 cifras possíveis; então, uma vez identificada a forma como a mensagem foi codificada, é bastante fácil descobri-la. Há uma maneira melhor de codificar uma mensagem: em vez de simplesmente trocar todas as letras juntas, podemos misturar as coisas e deixar que cada letra seja substituída por qualquer outra. Esse método de criptografar mensagens foi, na verdade, sugerido alguns séculos antes de Júlio César, e, surpreendentemente, não figurava num manual militar, mas no *Kama Sutra*. Embora esse antigo texto em sânscrito seja, em geral, associado a uma descrição de prazeres físicos, ele engloba uma gama de outras artes nas quais o autor acreditava que a mulher devia ser versada, desde conjuras e xadrez até encadernação e carpintaria. O Capítulo 45 é todo dedicado à arte da escrita secreta, e ali a cifra de substituição é explicada como modo perfeito de ocultar mensagens detalhando ligações entre amantes.

Se existem apenas 25 trocas de César, na hora em que nos permitimos substituir qualquer letra por qualquer outra, o número de cifras é ligeiramente maior. Temos 26 opções para a substituta da letra a, e para cada uma dessas possibilidades há 25 opções para substituir b (uma letra já foi usada para encriptar a letra a), então já temos 26 × 25 maneiras diferentes de misturar as letras a e b. Se seguirmos adiante, escolhendo letras diferentes para o resto do alfabeto, descobrimos que existem

$$26 \times 25 \times 24 \times 23 \times 22 \times 21 \times 20 \times 19 \times 18 \times 17 \times 16 \times 15 \times 14 \times 13 \times 12 \times 11 \times 10 \times 9 \times 8 \times 7 \times 6 \times 5 \times 4 \times 3 \times 2 \times 1$$

códigos diferentes no *Kama Sutra*. Como vimos na página 50, podemos escrever esse número como 26!. Devemos lembrar também de subtrair 1 desse número, porque uma das opções terá sido substituir a por A, b por B até z por Z, o que não significa um grande código. Quando fazemos a multiplicação de 26! e subtraímos 1, chegamos ao grandioso total de

403.291.461.126.605.635.583.999.999

cifras diferentes — mais de 400 milhões de bilhões de bilhões de possibilidades.

O trecho no início desta seção está criptografado com um desses códigos. Para dar uma ideia de quantas permutações existem, se eu escrevesse o mesmo trecho usando todos os códigos possíveis, a folha de papel se estenderia daqui até bem mais longe que os confins da Via Láctea. Um computador que checasse um código por segundo desde o big bang, ou seja, 13 bilhões de anos atrás, teria checado apenas uma fração de todos os códigos — na verdade, uma fração bastante pequena.

Assim, o código parece virtualmente impossível de se quebrar. Como, aqui na Terra (ou lá longe), seria possível descobrir qual desse vasto número de códigos possíveis eu usei para encriptar a mensagem? Espantosamente, a maneira de fazer isso é com matemática simples: a contagem.

	a	b	c	d	e	f	g	h	i	j	k	l	m
%	15	1	4	5	13	1	1	1	6	0	0	3	5
	n	**o**	**p**	**q**	**r**	**s**	**t**	**u**	**v**	**w**	**x**	**y**	**z**
%	5	11	3	1	7	8	5	5	2	0	0	0	0

TABELA 4.01: A frequência da distribuição das letras em português, com aproximação de 1%. Com essa informação, podemos começar a quebrar os códigos elaborados com a cifra de substituição.*

* A fonte de referência para a distribuição da frequência das letras em português foi a Wikipedia. No entanto, para permanecer fiel ao texto original, conservamos na listagem o *k*, o *w* e o *y*. O til (*ã* e *õ*) e o *ç* foram considerados, respectivamente, *a*, *o* e *c*, como,

Foram os árabes, na época da dinastia abássida, os primeiros a desenvolver a criptoanálise, como é conhecida a ciência de quebra de códigos. O polímata Ya'qub al-Kindi, no século IX, reconheceu que num pedaço de texto escrito algumas letras sobressaem de forma repetida, enquanto outras são usadas raramente, como se mostra na Tabela 4.01. Isso é algo que jogadores de palavras cruzadas de tabuleiro — conhecido originalmente como Scrabble — sabem muito bem: a letra A vale apenas 1 ponto, pois é a mais comum num texto em português; o Z, por outro lado, vale 10 pontos. Em textos escritos, toda letra tem sua "personalidade" distinta — a frequência com que aparece, em combinações com outras letras —, mas a chave para a análise de Al-Kindi é perceber que a personalidade de uma letra não muda quando é representada por outro símbolo.

Então, comecemos a decifrar o código usado para criptografar o texto no início desta seção. A tabela 4.02 mostra um levantamento da frequência de cada letra usada no texto criptografado.

	A	B	C	D	E	F	G	H	I	J	K	L	M
%	0	17	4	5	8	0	3	0	1	0	0	7	10
	N	**O**	**P**	**Q**	**R**	**S**	**T**	**U**	**V**	**W**	**X**	**Y**	**Z**
%	4	7	0	5	0	14	5	0	7	0	0	0	0

TABELA 4.02: Distribuição da frequência das letras no texto criptografado.*

Na Tabela 4.02 podemos ver que a letra B ocorre com uma frequência de 17%, mais que qualquer outra letra no texto cifrado, de modo que há boa chance de que essa letra seja aquela usada para codificar a letra *a*. (Claro que se espera que não seja um texto literário específico; por exemplo,

aliás, já nos habituamos em nossas mensagens de texto via celular. Ressaltamos também que, embora haja, obviamente, palavras com *j*, *x* e *z*, estatisticamente sua frequência é desprezível em relação ao total, daí ser considerada 0. (N.T.)

* O leitor perceberá que a soma não perfaz 100%. Isso, é claro, se deve aos arredondamentos para menos, graças ao critério de aproximação; na verdade, a maioria das letras em que aparece 0% apresenta porcentagens ligeiramente inferiores a 0,5%, não relevantes para esse estudo. (N.T.)

há um trecho do romance de Georges Perec, *Vazio*, todo escrito sem se utilizar a letra *e*.) A letra mais comum a seguir no texto cifrado é o S, com uma frequência de 14%. A segunda letra mais comum em português é o *e*, de modo que seria uma boa escolha para o S. A terceira letra em ordem de frequência na mensagem cifrada é o M, usado 10% das vezes, então, há uma forte possibilidade de que ele corresponda à terceira letra mais comum em português, a letra *o*.

Vamos substituir essas três letras no texto e ver no que dá:

> a OaDeOaDLNa, NoOo a QLCDGVa oG a QoeELa, e GOa NVLaToVA Te QaTVoeE.
>
> Ee eEDeE QaTVoeE Eao OaLE QeVOaCeCDeE, e QoVPGe Eao HeLDoE Te LTeLaE. oE QaTVoeE Ta OaDEOaDLNa, NoOo oE Ta QLCDGVa oG Ta QoeELa, QVeNLEaO EeV AeIoE; aE LTeLE, NoOo aE NoVeE oG QaIaRVaE, TeReO Ee eCNaLWaV Te OaCeLVa FaVOoCLNa. AeIeYa e o QVLOeLVo DeEDe: Cao Fa IGUaV QEVOaCeCDe Co OGCTo QaVa GOa OaDeOa-DLNa HeLa.

Você poderá dizer que isso ainda é incompreensível, mas o fato de você ver a letra *a* sozinha várias vezes nos diz que provavelmente decodificou essa letra corretamente, uma vez que ela pode ser o artigo "a". (É óbvio que B poderia corresponder a *e*, e nesse caso dependeríamos da descoberta do sentido mais adiante.* E podemos ver também que há muitas palavras de duas letras começando por T: Ta e Te, de maneira que existe uma grande chance de o T corresponder ao *d*, formando a preposição "de" e sua contração com o artigo feminino, "da". De fato, vemos que a letra T aparece 5% das vezes no texto cifrado, a mesma porcentagem que a letra *d* costuma ter num texto em português.

* Sob esse aspecto, a decodificação em português é um pouco mais difícil, pois, enquanto em inglês fazem sentido o *a* isolado (artigo indefinido *a*) e o *i* solado (convencionalmente maiúsculo, o pronome pessoal *I*, "eu"), em português há três alternativas: os artigos definidos "a"e "o", e a conjunção "e".

Além disso, podemos ver que muitas palavras do texto codificado terminam com a letra E, inclusive precedida das já decodificadas *a* e *e*. Há uma boa chance de que sejam palavras no plural, portanto, o E no texto cifrado corresponderia ao *s*. Se compararmos as respectivas frequências, veremos que o *s* em português costuma aparecer com 8%, mesma frequência do E no texto cifrado. Ainda que as porcentagens não coincidissem exatamente, mas fossem próximas, a tentativa valeria a pena, pois isso não é uma ciência exata: quanto mais longo o texto, mais as frequências coincidirão, mas é preciso ser flexível ao empregar a técnica.

Vamos introduzir nossas novas decodificações:

a OaDeOaDLNa, NoOo a QLCDGVa oG a QoesLa, e GOa NVLadoVA de QadVoes.

se esDes QadVoes sao OaLs QeVOaCeCDes, e QoVPGe sao HeLDos de LdeLas. os QadVoes da OaDEOaDLNa, NoOo os da QLCDGVa oG da QoesLa, QVeNLsaO seV AeIos; as LdeLs, NoOo as NoVes oG QaIaRVas, deReO se eCNaLWaV de OaCeLVa FaVOoCLNa. AeIeYa e o QVLOeLVo DesDe: Cao Fa IGUaV QEVOaCeCDe Co OGCdo QaVa GOa OaDeOaDLNa HeLa.

Gradualmente a mensagem começa a emergir. Deixarei a você a tarefa de desvendar o resto; o texto decodificado está no final do capítulo, se quiser verificar.* Vou dar uma dica: é um par de minhas passagens favoritas de *A Mathematician's Apology*, do matemático G.H. Hardy, de Cambridge. Li esse livro quando estava no colégio, e foi uma das coisas que me fizeram decidir pela matemática.

Esse recurso simples de contar letras significa que qualquer mensagem dissimulada com uma cifra de substituição não é secreta — conforme descobriu a rainha Maria Stuart da Escócia, com irreparável custo. Ela escreveu mensagens para seu colega conspirador, Anthony Babington, acerca

* Ao leitor brasileiro, lembramos que, por conveniência, não codificamos *ã*, *õ* e *ç*, tendo sido utilizadas cifras normais para *a*, *o* e *c*.

de seus planos de assassinar a rainha Elisabeth I, e usou um código que substituía as letras por símbolos estranhos (Figura 4.01).

FIGURA 4.01: O código de Babington.

À primeira vista, as mensagens enviadas por Maria pareciam impenetráveis, mas Elisabeth tinha em sua corte um dos mestres decifradores de códigos da Europa, Thomas Phelippes. Ele não era um homem bonito, como deixa claro a seguinte descrição a seu respeito: "De baixa estatura, magro de todo lado, cabelo amarelo-escuro e barba amarelo-clara, face totalmente tomada pelas marcas de varíola, míope." Muita gente acreditava que Phelippes devia estar em conluio com o diabo para ler os hieróglifos, mas sua artimanha foi aplicar o mesmo princípio da análise de frequência. Ele quebrou o código, e Maria foi presa e levada a julgamento. As letras decodificadas foram a evidência que, em última instância, fizeram com que ela fosse executada por conspiração.

Se você deparar com a decifração do código do *Kama Sutra*, a seguinte página da web é útil para analisar a frequência de diferentes letras no texto criptografado: **http://bit.ly/Blackchamber.** Você pode acessá-la com seu smartphone escaneando o código.

Como os matemáticos ajudaram a vencer a Segunda Guerra Mundial

Sabendo que os códigos de substituição tinham essa fraqueza inerente, os criptógrafos começaram a conceber meios mais engenhosos de frustrar ataques baseados em contagem de letras. Uma ideia foi variar a cifra de substituição. Em vez de usar apenas uma cifra de substituição para codificar o texto todo, podiam-se alternar duas cifras diferentes. Assim, se você estivesse codificando, por exemplo, a palavra "ferro", a letra *r* poderia ser codificada de maneira diferente a cada vez, pois a primeira seria codificada usando uma cifra e a segunda, outra cifra. Assim, "ferro" poderia ser codificada como PLUMA. Quanto mais segura você quer que a mensagem seja, mais cifras você deve alternar.

Claro que existe um equilíbrio a ser atingido em criptografia, entre tornar as coisas muito seguras e ter um código inutilizável. O tipo de cifra mais segura, chamada de bloco de uso único, utiliza uma cifra de substituição diferente para cada letra do texto. É um código praticamente impossível de ser quebrado porque não há absolutamente nada para ajudar sequer a começar a lidar com o texto criptografado. É também de manejo extremamente difícil, porque é preciso usar uma cifra de substituição diferente para cada letra da mensagem.

O diplomata francês Blaise de Vigenère, no século XVI, acreditava que, para impedir qualquer análise de frequência, bastava alternar num ciclo apenas algumas cifras de substituição. Embora o código Vigenère, como veio a ser conhecido, fosse uma forma de encriptação muito mais poderosa, não era impossível de se quebrar, e o matemático britânico Charles Babbage acabou encontrando um meio de decifrá-lo. Babbage é visto como o avô da era do computador, por sua crença de que máquinas poderiam ser usadas para automatizar cálculos, e uma reconstrução da sua máquina de calcular por "mecanismo de diferença" pode ser vista no Museu de Ciências de Londres. Foi sua abordagem sistemática do problema que, em 1854, lhe deu a ideia para quebrar o código de Vigenère.

O método de Babbage depende de uma das grandes habilidades do matemático — reconhecimento de padrões. A primeira coisa que se precisa detectar é quantas cifras de substituição diferentes estão sendo ciclicamente alternadas. Por exemplo, em inglês a palavra "the" [o, as, os, as] aparece com frequência em qualquer texto original, e a detecção de repetições da mesma sequência de três letras pode ser a chave para revelar quantas cifras estão sendo usadas.* Assim, por exemplo, pode-se detectar o grupo AVR aparecendo com frequência, sempre no intervalo de um múltiplo de quatro letras entre as ocorrências. Seria um bom indício de que houve quatro cifras empregadas.

Uma vez de posse dessa informação, pode-se dividir o texto cifrado em quatro grupos. O primeiro consiste na primeira letra, quinta letra, nona letra, e assim por diante. O segundo consiste na segunda, sexta, décima letras, e assim por diante. A mesma cifra de substituição terá sido usada para codificar as letras em qualquer um desses quatro grupos, de modo que se pode usar a análise de frequência em um grupo de cada vez, e o código estará quebrado.

Tão logo o código de Vigenére foi quebrado, iniciou-se a busca de um novo meio de codificar mensagens com segurança. Quando a máquina Enigma foi desenvolvida na Alemanha, na década de 1920, muita gente acreditou que fora criado o código supremo, impossível de ser quebrado.

A máquina Enigma funciona com o princípio da mudança da cifra de substituição cada vez que a letra é codificada. Se eu quero codificar a sequência aaaaaa (para indicar, talvez, que eu esteja sentindo dores), então cada *a* será codificado de maneira diferente. A beleza da máquina Enigma era que ela mecanizava a mudança de uma substituição para outra com extrema eficiência. A mensagem é datilografada num teclado. Há uma segunda camada de letras — o "quadro de luz" acima do teclado, e quando uma tecla é pressionada, uma das letras acima se acende para indicar a letra codificada. Mas o teclado não é ligado diretamente ao quadro de luz: as conexões são feitas por três discos que contêm um labirinto de cabos e que podem ser girados.

* Em português poderíamos utilizar a palavra "que", uma das mais frequentes em nosso idioma. (N.T.)

Um modo de perceber como funciona a máquina Enigma é imaginar um largo cilindro constituído de três tambores giratórios. No topo do cilindro há 26 orifícios em torno do disco, rotulados com as letras do alfabeto. Para codificar a letra, você deixa cair uma bola no orifício correspondente àquela letra. A bola cai pelo primeiro tambor, que tem 26 orifícios no disco superior e 26 no disco inferior. Tubos conectam os furos superiores e inferiores — mas não conectam simples e diretamente os furos de cima com os de baixo. Em vez disso, os tubos correm e se retorcem, de forma que a bola que entrar no alto do tambor sairá num furo da base em local totalmente diferente. Os tambores do meio e inferior são semelhantes, mas seus tubos de conexão ligam os furos do alto com os de baixo de maneiras diferentes. Quando uma bola sai pela base do terceiro tambor, penetra numa última peça do mecanismo e surge em um dos orifícios do cilindro, mais uma vez com o rótulo de uma das letras do alfabeto.

Agora, se a engenhoca simplesmente ficasse parada no lugar, nada mais seria que uma maneira complicada de reproduzir uma cifra de substituição. Mas aí está a genialidade da máquina Enigma: toda vez que uma bola desce pelo cilindro, o primeiro tambor gira $1/26$ de volta. Assim, quando a próxima bola cair, o primeiro tambor a mandará por uma rota completamente distinta. Por exemplo, enquanto a letra *a* poderá ser inicialmente codificada como C, quando o primeiro tambor se move, outra bola lançada na letra *a* sairá por um orifício totalmente diferente na base. E assim era a máquina Enigma: depois de a

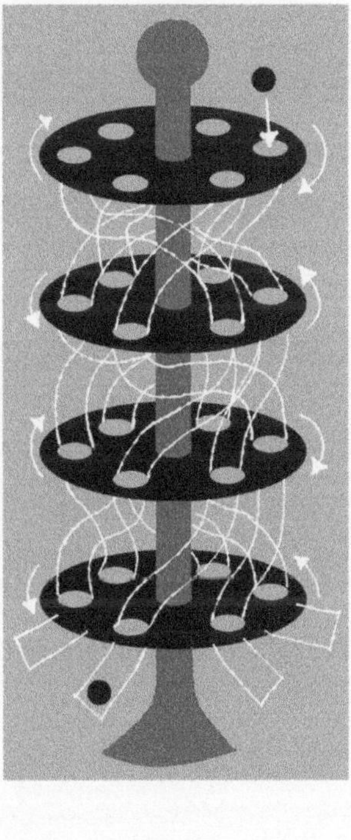

FIGURA 4.02: O princípio da máquina Enigma: deixe cair uma bola pelos tubos para codificar uma letra. Os cilindros giram um atrás do outro, após cada codificação, de modo que as letras se misturam, cada vez, de uma outra maneira.

primeira letra ter sido codificada, o primeiro disco giratório assumia uma posição adiante.

Os discos giratórios funcionam como um hodômetro, um marcador de quilometragem; quando o primeiro disco tiver completado uma volta em torno de todas as 26 posições, ao retornar para a posição inicial, ele faz com que o segundo disco se mova $\frac{1}{26}$ de volta. Assim, ao todo há $26 \times 26 \times 26$ maneiras diferentes de misturar as letras. Não só isso, mas o operador do Enigma podia também alterar a ordem dos discos multiplicando o número de cifras de substituição possíveis pelo fator 6 (correspondente a 3! maneiras diferentes de associar os três discos).

Cada operador tinha um manual do código que lhes dizia como, no começo de cada dia, os três discos estariam arrumados para codificar mensagens. O receptor decodificava a mensagem com o mesmo arranjo extraído do manual. Outras complexidades foram sendo introduzidas no modo de construção da máquina Enigma; em última análise, havia mais de 158 milhões de milhões de milhões de maneiras diferentes de configurar a máquina.

Em 1931, o governo francês descobriu os planos para a máquina alemã e ficou horrorizado. Parecia não haver modo viável de descobrir, a partir de uma mensagem interceptada, como os discos estavam configurados para a codificação de um dia específico — o que era crucial para a decodificação da mensagem. Mas eles tinham um pacto com os poloneses para trocar qualquer informação conseguida, e a ameaça da invasão alemã teve o efeito de concentrar as mentes pensantes polonesas.

Para uma simulação on-line da máquina Enigma, consulte **http://bit.ly/BletchleyPark,** que você pode acessar diretamente escaneando o código ao lado com seu smartphone. No site Num8er My5teries você pode baixar um pdf com instruções para construir sua própria máquina Enigma.

Matemáticos na Polônia perceberam que cada configuração dos discos tinha características particulares, e que era possível explorar padrões para auxiliar um trabalho de trás para a frente e decifrar as mensagens criptografadas. Se, por exemplo, um operador escrevesse um *a*, este seria codificado de acordo com a configuração momentânea dos discos, digamos, como D. O primeiro disco então avança uma casa. Se, quando outro *a* for teclado, ele for codificado como Z, então, em algum sentido, D está relacionado a Z pela maneira como os discos foram configurados.

Poderíamos investigar isso usando a nossa própria engenhoca. Reconfigurando os tambores e deixando cair bolas duas vezes em cada letra por vez, construiríamos um conjunto completo de relações que poderiam ter o seguinte aspecto (Tabela 4.03):

Letra a codificar	a	b	c	d	e	f	g	h	i	j
Primeira bola	D	T	E	R	F	A	Q	Y	S	I
Segunda bola	Z	S	B	Q	X	G	L	V	K	A
Letra a codificar	k	l	m	n	o	p	q	r	s	t
Primeira bola	P	B	N	C	G	Z	J	H	M	U
Segunda bola	J	D	Y	H	C	W	E	O	I	M
Letra a codificar	u	v	w	x	y	z				
Primeira bola	X	K	O	W	L	V				
Segunda bola	T	P	F	N	R	U				

TABELA 4.03

Cada letra aparece uma, e apenas uma vez, em cada linha, porque cada linha corresponde a uma única cifra de substituição.

Como os poloneses usaram essas relações? Em qualquer dia determinado, todos os operadores alemães do Enigma estariam usando a mesma configuração para as rodas, e essa configuração seria encontrada no manual do código. Escolheriam então sua própria configuração, que seria enviada usando a configuração original do manual. Por segurança, eram incentivados a repetir a escolha teclando-a duas vezes. Longe de ser segura, essa atitude revelou-se um erro fatal. Ela deu aos poloneses uma pista de como as rodas conectavam as letras — uma pista de como a máquina Enigma estava configurada para aquele dia.

Um grupo de matemáticos instalados numa casa de campo em Bletchley Park, a meio caminho entre Oxford e Cambridge, estudou os padrões que os matemáticos poloneses haviam detectado e descobriu um modo de automatizar a busca da configuração usando uma máquina que construíram e que ficou conhecida como uma bomba. Costuma-se dizer que esses matemáticos abreviaram a Segunda Guerra Mundial em dois anos, salvando incontáveis vidas. As máquinas que construíram, em última instância, deram origem aos computadores que hoje tanto nos ajudam.

Transmissão da mensagem

Quer sua mensagem esteja codificada, quer não, você ainda precisa achar um jeito de transmiti-la de um lugar a outro. Muitas culturas antigas, dos chineses aos nativos americanos, usavam sinais de fumaça como meio de se comunicar a grandes distâncias. Diz-se que as fogueiras acesas na Grande Muralha da China podiam emitir uma mensagem por cerca de 500 quilômetros ao longo da muralha em questão de horas.

Códigos visuais baseados em bandeiras datam de 1684, quando Robert Hooke, um dos mais famosos cientistas do século XVII, sugeriu a ideia à Royal Society de Londres. A invenção do telescópio possibilitava comunicar sinais visuais a grandes distâncias, mas Hooke foi induzido por algo que provocou muitos avanços tecnológicos: a guerra. No ano anterior, a cidade de Viena quase fora capturada pelo exército turco sem que o restante da Europa soubesse. De repente, tornou-se questão de urgência descobrir algum modo de enviar mensagens céleres e a grandes distâncias.

Hooke propôs montar um sistema de torres pela Europa. Se uma torre mandasse uma mensagem, esta seria repetida por todas as outras dentro do campo visual — uma versão bidimensional da maneira como as mensagens eram transmitidas ao longo da Grande Muralha da China.

O método de emitir as mensagens não era muito sofisticado: caracteres enormes eram içados por cordas. A proposta de Hooke acabou não sendo implantada, e passaram-se mais cem anos até que uma ideia parecida fosse posta em prática.

Em 1791, os irmãos Claude e Ignace Chappe construíram um sistema de torres para acelerar os comunicados do governo revolucionário francês (embora uma torre tenha sido atacada pelas turbas, pensando que transmitia mensagens monarquistas). A ideia proveio de um sistema que os irmãos haviam usado para enviar informações entre alojamentos no rígido internato que haviam frequentado quando crianças. Eles experimentaram uma porção de modos diferentes de mandar mensagens visuais, e por fim optaram por barras de madeira colocadas em diferentes ângulos, que o olho humano podia discernir com facilidade.

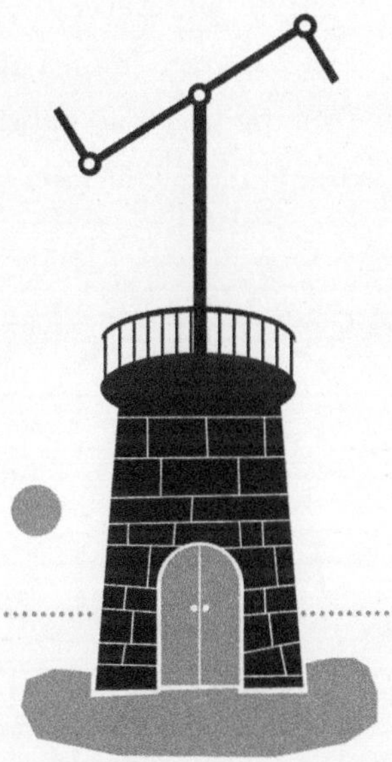

FIGURA 4.03: O código dos irmãos Chappe era transmitido via braços de madeira articulados.

Os irmãos desenvolveram um código baseado num sistema móvel de braços de madeira articulados representando diferentes letras ou palavras comuns. O braço transversal principal podia ser colocado em quatro ângulos distintos, enquanto dois braços menores, presos às extremidades do transversal, tinham sete posições diversas, possibilitando comunicar um total de 7 × 7 × 4 = 196 símbolos diferentes. Embora parte do código fosse usada para comunicação pública, 92 dos símbolos, combinados em pares, eram empregados pelos irmãos para um código secreto, representando 92 × 92 = 8.464 diferentes palavras ou frases.

No primeiro teste, em 2 de março de 1791, os irmãos Chappe enviaram com êxito a mensagem "Se você tiver êxito, em breve desfrutará a glória" a uma distância de 15 quilômetros. O governo ficou suficientemente impressionado com a proposta dos irmãos, a ponto de, em quatro anos, construir-se um sistema de torres e bandeiras que se estendia por toda a França. Em 1794, uma linha de torres, cobrindo uma distância de quase 230 quilômetros, comunicou com êxito a notícia de que a França havia capturado a cidade de Condé-sur-l'Escault dos austríacos menos de uma hora depois da vitória. Infelizmente, o êxito não conduziu à glória que a primeira mensagem predissera. Claude Chappe ficou tão deprimido ao ser acusado de plagiar antigos projetos de telégrafo que acabou se afogando num poço.

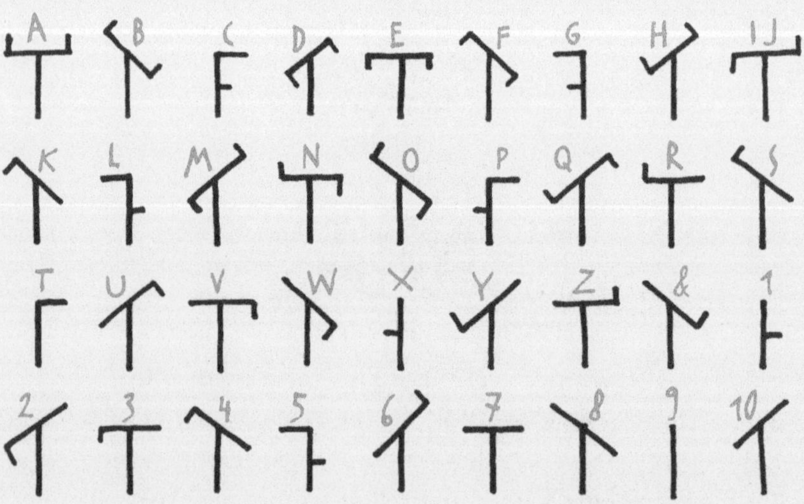

FIGURA 4.04: Letras e números tais como foram transmitidos pelo sistema de comunicação dos irmãos Chappe.

Não demorou muito para que bandeiras começassem a substituir os braços de madeira no alto das torres, e também foram adotadas por marinheiros para comunicar-se no mar. Pois tudo que precisavam fazer era agitá-las numa posição visível aos outros navios. Talvez a mensagem em código mais famosa enviada entre navios por bandeiras tenha sido a da Figura 4.05, enviada às 11h45 de 2 de outubro de 1805.

Foi a mensagem que Horatio Nelson içou em sua nau capitânia HMS *Victory* momentos antes de a Marinha britânica engajar-se no choque decisivo que levou à vitória na Batalha de Trafalgar. A Marinha usava um código secreto desenvolvido por outro almirante, sir Home Popham. Manuais do código foram distribuídos a cada um dos navios da Marinha, e eram amarrados a chumbo, de modo que, se o navio fosse tomado, o manual podia ser lançado ao mar para impedir que o inimigo capturasse a cifra secreta.

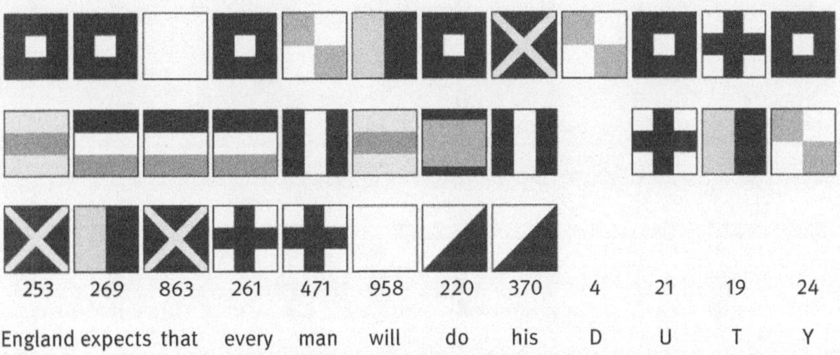

FIGURA 4.05: A famosa mensagem do almirante Nelson.

O código funcionava usando combinações de dez diferentes bandeiras, em que cada bandeira representava um numeral diferente de 0 a 9. As bandeiras seriam hasteadas no mastro de um navio, três de cada vez, indicando um número de 000 a 999. O receptor da mensagem consultaria então o manual do código para ver que palavra estava codificada por aquele número. "England" — Inglaterra — estava codificada pelo número 253, e a palavra "man" — homem —, pela 471. Algumas palavras, como "duty" — dever —, não estavam no manual, e precisaram ser soletradas pelas bandeiras reservadas para letras individuais. Originalmente, Nelson quis mandar a mensagem "A Inglaterra *acredita* que cada homem cumprirá o seu dever", no sentido de que a Inglaterra tinha confiança, mas o oficial encarregado da sinalização, tenente John Pasco, não conseguiu achar a palavra "acredita" no manual. Em vez de soletrá-la, educadamente sugeriu a Nelson que "espera" (que estava no manual) era melhor.

O uso de bandeiras foi sobrepujado pela evolução das telecomunicações, mas o sistema moderno, segurando uma bandeira em cada mão, é aprendido até hoje pelos marinheiros, sendo conhecido como semáfora. Há oito posições diferentes para cada braço, formando $8 \times 8 = 64$ diferentes símbolos possíveis.

FIGURA 4.06: Semáfora.

Para ver como uma mensagem é traduzida em semáfora, confira **http://bit.ly/Scoutsemaphore** ou escaneie o código com seu smartphone.

NUJV!

Na capa do álbum *Help!*, os Beatles aparentemente usam a semáfora para anunciar o título. Porém, apesar de fazerem sinais de semáfora, quando se decodifica a mensagem ela não significa HELP, e sim NUJV. Robert Freeman, que teve a ideia de usar a semáfora na capa, explicou: "Quando fomos tirar a foto, o arranjo dos braços com aquelas letras não tinha uma composição visual muito boa. Então resolvemos improvisar, e adotamos o melhor posicionamento gráfico dos braços." Eles deveriam estar fazendo isso:

FIGURA 4.07

FIGURA 4.08

Os Beatles não foram a única banda a usar códigos incorretamente numa capa de disco, como veremos adiante.

FIGURA 4.09: Você sabia que o símbolo da paz usado pela Campanha do Desarmamento Nuclear é, na verdade, uma semáfora? Ele representa as letras N e D combinadas num único símbolo.

Qual é a mensagem em código na *Quinta sinfonia* de Beethoven?

A *Quinta sinfonia* de Beethoven começa com uma das mais famosas aberturas na história da música — três acordes curtos seguidos de uma nota longa. Mas por que, durante a Segunda Guerra Mundial, a BBC começava toda transmissão de noticiário com a famosa abertura de Beethoven? A resposta é que ela contém uma mensagem em código. Esse código novo explorava a tecnologia que enviava sinais através de cabos numa série de impulsos eletromagnéticos.

Um dos primeiros a fazer experimentos com essa forma de comunicação foi Carl Friedrich Gauss, cuja dedicação ao trabalho com números primos vimos no Capítulo 1. Além da matemática, Gauss se interessava também pela física, inclusive no então emergente campo do eletromagnetismo. Ele e o físico Wilhelm Weber estenderam um fio de 1 quilômetro de comprimento ligando o laboratório de Weber, em Göttingen, ao observatório onde Gauss morava, utilizando-o para enviar mensagens entre si.

Para fazer isso precisaram desenvolver um código. Em cada ponta do fio montaram uma agulha presa a um ímã em torno do qual o fio se enrolava. Mudando o sentido da corrente, podia-se fazer o ímã girar para a esquerda ou para a direita. Gauss e Weber criaram um código que transformava letras em combinações de oscilações para a esquerda e para a direita (Tabela 4.04).

r = a	rrr = c, k	lrl = m	lrrr = w	llrr = 4
l = e	rrl = d	rll = n	rrll = z	lllr = 5
rr = i	rlr = f, v	rrrr = p	rlrl = o	llrl = 6
rl = o	lrr = g	rrrl = r	rllr = 1	lrll = 7
lr = u	lll = h	rrlr = s	lrrl = 2	rlll = 8
ll = b	llr = l	rlrr = t	lrlr = 3	llll = 9

TABELA 4.04

Weber ficou tão empolgado com o potencial da descoberta que declarou profeticamente:

> Quando o mundo estiver coberto por uma rede de ferrovias e cabos de telégrafo, essa rede prestará serviços comparáveis àqueles do sistema nervoso no corpo humano, em parte como meio de transporte, em parte como meio de propagação de ideias e sensações, com a velocidade da luz.

Muitos códigos diferentes foram sugeridos para realizar esse potencial do eletromagnetismo de comunicar mensagens, mas o código desenvolvido pelo americano Samuel Morse, em 1838, teve tanto sucesso que tirou todos os outros da jogada. Ele era similar ao esquema de Gauss e Weber, convertendo cada letra numa combinação de pulsos longos e curtos de eletricidade: traços e pontos.

FIGURA 4.10: Código Morse.

A lógica na qual Morse baseou seu código é algo parecido com a análise de frequência usada pelos decifradores de códigos para quebrar a cifra de substituição. As letras mais comuns no alfabeto inglês são "e" e "t", de modo que faz sentido utilizar a sequência mais curta possível para codificá-las. Assim, o "e" é representado por um ponto, um pulso breve, e o "t" é representado por um traço, um pulso longo. As letras menos comuns demandam sequências mais longas; assim, o "z", por exemplo, é traço-traço-ponto-ponto.

Com o auxílio do código Morse, podemos agora decifrar a mensagem oculta na *Quinta Sinfonia* de Beethoven. Se interpretarmos a abertura dramática da peça como código Morse, então ponto-ponto-ponto-traço é a letra "v" em Morse, que a BBC usava para simbolizar a vitória.

Embora Beethoven não tenha tido intenção de ocultar mensagens em código Morse na sua música, pois morreu antes de este ser inventado, outros compositores usaram o ritmo deliberadamente para adicionar uma camada extra ao significado de sua obra. A música para a famosa série televisiva *Inspector Morse* começa, com muita propriedade, com um ritmo que registra o nome do detetive em código Morse:

FIGURA 4.11: Código Morse.

Em alguns episódios, o compositor chegou a desfiar o nome do assassino da história em Morse durante a música incidental que acompanhava o seriado, embora às vezes a partitura mostrasse pistas falsas.

Embora o código Morse tenha sido empregado extensivamente, não só por compositores, mas também por operadores de telégrafo mundo afora, há nele um problema inerente: se você recebe um ponto seguido de um traço, como decodificar? É a letra "a" em Morse, mas também é a letra "e" seguida da "t". Por isso, os matemáticos descobriram que um tipo diferente de código, usando zeros e uns, é muito mais apropriado para ser compreendido pelas máquinas.

Qual é o nome do terceiro álbum da banda Coldplay?

Quando os fãs saíram correndo atrás do terceiro álbum do Coldplay, lançado em 2005, havia muita empolgação sobre o significado dos desenhos gráficos na capa, que retratavam vários blocos coloridos dispostos numa grade. Qual o sentido da figura? Acabou que era o título do álbum escrito num dos primeiríssimos códigos binários do mundo, proposto em 1870 por um engenheiro francês, Émile Baudot. As cores eram irrelevantes: o que importava era que cada bloco representava 1, e cada espaço em branco devia ser lido como 0.

O matemático alemão Gottfried Leibniz, no século XVII, foi um dos primeiros a perceber o poder dos algarismos 0 e 1 como meio efetivo de codificar informação. Ele tirou a ideia do livro chinês *I Ching: o livro das transformações*, que explora o equilíbrio dinâmico entre opostos. Ele contém um conjunto de 64 arranjos em linha conhecidos como hexagramas, destinados a representar diferentes estados ou processos, e foram eles que inspiraram Leibniz a criar a matemática binária (com a qual travamos conhecimento no último capítulo, quando vimos como ganhar o Nim). Os símbolos consistem em um grupo de seis linhas horizontais, nos quais cada linha é contínua ou quebrada. O *I Ching* explica como esses símbolos podem ser usados em vidência lançando-se varetas ou moedas para determinar a estrutura do hexagrama.

Por exemplo, se o vidente tira o hexagrama da Figura 4.12, isso indica "conflito".

Mas se as linhas saírem em outra sequência, como na Figura 4.13, isso indica "inteligência oculta".

FIGURA 4.12

FIGURA 4.13

Leibniz estava mais interessado no fato de Shao Yong, um erudito chinês do século XI, ter ressaltado que cada símbolo podia ser associado a um número. Quando se escreve 0 para uma linha dividida e 1 para uma linha inteira, a leitura do primeiro hexagrama, de cima para baixo, fica 111010. Em números decimais, cada número corresponde a uma potência de 10, e o número nessa posição diz quantas potências de 10 pegar. Assim, 234 é: 4 unidades, 3 dezenas e 2 centenas.

Leibniz e Shao Yong, contudo, não trabalhavam com decimais, e sim com binários, e o número 111010 representa nenhuma unidade, um grupo de 2, nenhum grupo de 4, um grupo de 8, um grupo de 16 e um grupo de 32. Somando tudo isso, o total é $2 + 8 + 16 + 32 = 58$. A beleza do binário é que demandam apenas dois símbolos, em vez dos dez, do decimal, para representar qualquer número. Dois grupos de 16 (decimal) viram um grupo da potência seguinte de 2, que é 32.

Leibniz percebeu que esse modo de representar números era muito poderoso caso se quisesse mecanizar os cálculos. Há regras muito simples para somar números binários. Em cada posição, $0 + 1 = 1$, $1 + 0 = 1$ e $0 + 0 = 0$. A quarta possibilidade é $1 + 1 = 0$, como efeito coligado de que o 1 é transposto e somado à posição seguinte, à esquerda. Ao somarmos 1000 com 111010, por exemplo, temos um efeito dominó, à medida que o 1 adquire um efeito em cascata no número

$$1000 + 111010 = 10000 + 110010 = 100000 + 100010 =$$
$$1000000 + 000010 = 1000010$$

Leibniz projetou belíssimas calculadoras mecânicas. Uma delas usava rolamentos de esferas para representar 1 e ausência de esferas para representar 0, transformando o processo de adição numa fantástica máquina mecânica de *pinball*. Leibniz acreditava que era "indigno de homens excelentes perder horas como escravos na tarefa de calcular, que seria relegada com segurança a qualquer outra pessoa caso se usassem máquinas". Acho que a maioria dos matemáticos concordaria com isso.

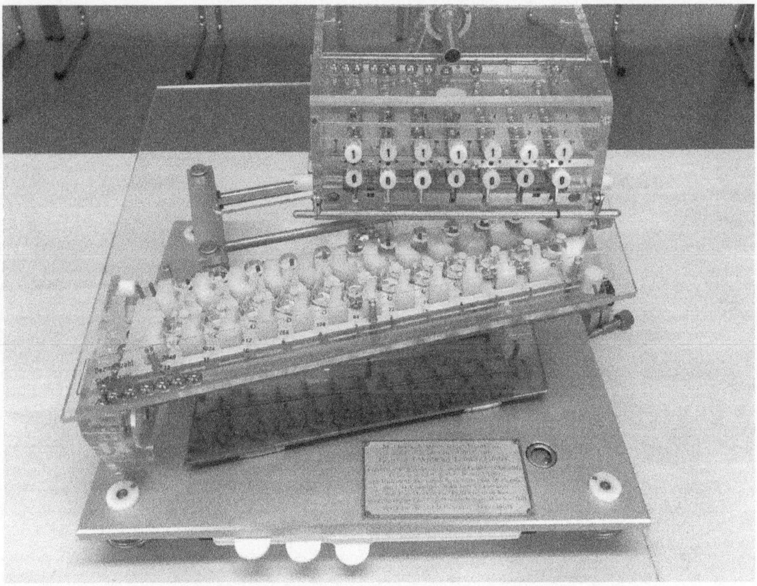

FIGURA 4.14: Reconstrução da calculadora binária de Leibniz.

Não foram somente os números que as pessoas começaram a representar como sequências de 1 e 0, mas também letras. Embora os seres humanos considerassem o código Morse uma ferramenta poderosa para se comunicar, as máquinas estavam menos aptas para captar diferenças sutis entre pontos e traços simbolizando letras, além de não saber quando terminava uma letra e começava outra.

Em 1874, Émile Baudot propôs codificar cada letra do alfabeto como uma sequência de cinco algarismos 0 e 1. Fazendo toda letra do mesmo tamanho, ficava evidente que uma terminava e a seguinte começava. O uso de cinco 0 e 1 permitiu a Baudot representar um total de $2 \times 2 \times 2 \times 2 \times 2 = 32$ caracteres diferentes. Por exemplo, a letra X era representada pela sequência 10111, enquanto Y era 10101. Esse foi um avanço enorme, porque então as mensagens podiam ser codificadas numa fita de papel onde se faziam furos para representar 1, e a ausência de furos servia para representar 0. Uma máquina era capaz de ler uma fita dessas, enviar um sinal por um fio em alta velocidade, e uma impressora, na outra ponta, automaticamente imprimia a mensagem.

O código Baudot foi desde então suplantado por toda uma hoste de outros códigos explorando a mesma ideia de usar 0 e 1 para representar tudo, de texto a ondas sonoras, de arquivos de imagens jpg a arquivos de filmes. Toda vez que você acessa o iTunes e baixa uma música, seu computador recebe uma tremenda carga de algarismos 0 e 1, que seu MP3 sabe como decodificar. Contidas nos números estão as mensagens para dizer ao alto-falante ou fone de ouvido como vibrar para que você ouça as músicas melosas de Chris Martin. Talvez tenha sido o fato de que, em nossa era digital, a música seja simplesmente uma sequência de 0 e 1 que inspirou a capa do terceiro álbum da banda Coldplay.

O código original de Baudot é a chave para desvendar a mensagem secreta embutida no desenho da capa. O padrão pode ser dividido em quatro colunas com cinco blocos em cada coluna. Os blocos coloridos devem ser interpretados como 1, e os incolores, como 0. Como às vezes é difícil saber que lado fica para cima, a máquina picota uma fina linha dividindo os dois blocos de cima dos três de baixo. Por isso há uma linha separando os blocos no desenho da capa.

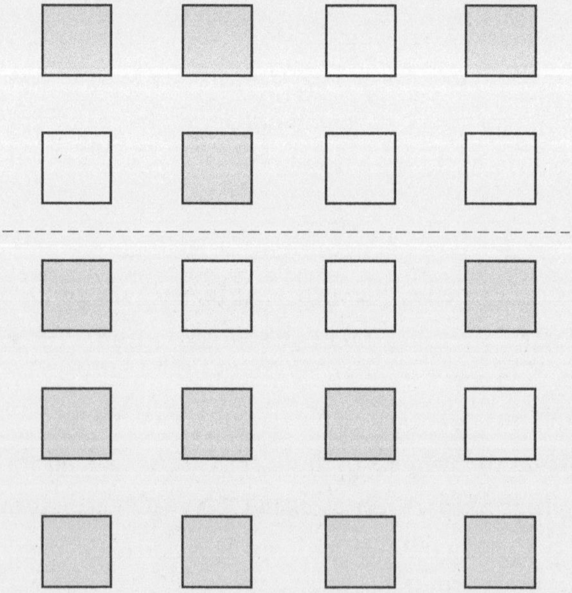

FIGURA 4.15: A capa do terceiro álbum da banda Coldplay usou o código de Baudot.

A primeira coluna da capa mostra cor-branco-cor-cor-cor, o que se traduz como 10111, código de Baudot para a letra X. A última coluna é o código de Baudot para Y. As duas colunas do meio são ligeiramente mais interessantes. Cinco 0 e 1 dão a possibilidade de 32 símbolos, mas frequentemente queremos mais que isso, pois há números, sinais de pontuação e outros símbolos que queremos comunicar. Para atender a essas exigências, Baudot inventou um modo astuto de expandir a gama de alternativas. Da mesma maneira que um teclado usa a tecla SHIFT para dar acesso a toda uma gama de outros símbolos utilizando as mesmas teclas, Baudot usou uma das sequências de 1 e 0 como equivalente da tecla SHIFT. Assim, se você deparar com 11011, saberá que a sequência seguinte pertencerá ao conjunto maiúsculo de caracteres.

Este website lhe permite criar sua própria capa de álbum do Coldplay: **http://bit.ly/Coldcode.** Ou use o smartphone para escanear o código.

A segunda coluna da capa é a tecla SHIFT de Baudot. Para decodificar o branco-branco-branco-cor-cor da terceira coluna, precisamos consultar o conjunto ampliado de caracteres, mostrado na Figura 4.16. Tenho certeza de que a maioria espera encontrar o símbolo para &. Mas 00011 não representa o &, mas o numeral 9. Então, o verdadeiro título do terceiro álbum do Coldplay, tal como encriptado no código de Baudot, é X9Y, e não X&Y. Será que o Coldplay nos pregou uma peça? Provavelmente não. Há apenas um bloco de diferença entre os códigos de Baudot para 9 e &, então é possível que tenha ocorrido um engano. Mas isso ilustra perfeitamente o problema de muitos desses códigos: quando se comete um erro, fica difícil saber. É detectando erros como esse que a matemática dos códigos realmente passa a ser muito útil.

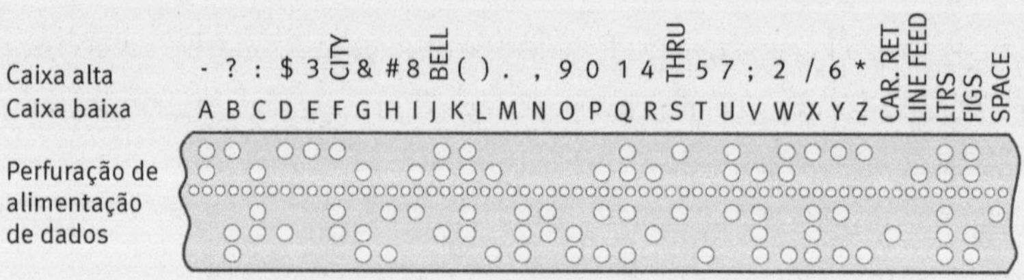

FIGURA 4.16: O código Baudot.

Qual desses números é o código de um livro: 0521447712 ou 0521095788?

Tenho certeza de que você já viu o ISBN (International Standard Book Number, em inglês, que significa "Número Padrão Internacional do Livro") na contracapa de todo livro. Em seus dez dígitos, o ISBN identifica especificamente o livro, conta seu país de origem e a editora. Mas isso não é tudo que o código faz. O ISBN tem um pouco de magia embutida nele.

Digamos que eu queira encomendar um livro e conheça seu ISBN. Digito o número, mas estou com pressa e cometo um erro. Você acha que eu ia receber o livro errado, mas isso não acontece, porque o ISBN tem uma propriedade espantosa: ele é capaz, por si só, de detectar os erros. Vamos mostrar como.

Eis aqui alguns ISBN de verdade, de alguns de meus livros prediletos:

Dígito do ISBN	0	5	2	1	4	2	7	0	6	1	Total
Quando multiplicado	0	10	6	4	20	12	49	0	54	10	165
Dígito do ISBN	1	8	6	2	3	0	7	3	6	9	Total
Quando multiplicado	1	16	18	8	15	0	49	24	54	90	275
Dígito do ISBN	0	4	8	6	2	5	6	6	4	2	Total
Quando multiplicado	0	8	24	24	10	30	42	28	36	20	242

TABELA 4.05

Debaixo de cada dígito, eu o multipliquei por sua posição no código. Assim, no primeiro ISBN, 0 é multiplicado por 1, 5 por 2, 2 por 3, e assim por diante. Então somei todos esses novos números e escrevi o total no fim da linha. Está notando alguma coisa em relação a esses números provenientes do ISBN? Eis mais alguns números que você obtém fazendo esse cálculo com ISBN reais: 264, 99, 253.

Conseguiu discernir o padrão? O cálculo sempre dá um número divisível por 11. Não se trata de uma impressionante coincidência, mas de um exemplo de sagaz planejamento matemático. São apenas os primeiros nove dígitos que contêm informação sobre o livro. O décimo dígito é incluído simplesmente para tornar esse número total extraído do ISBN divisível por 11. Você deve ter notado que alguns livros têm um X, em vez de um algarismo na posição do décimo dígito. Por exemplo, outro dos meus livros favoritos tem ISBN 080501246X. O X, na verdade, representa 10 (pense em algarismos romanos). Nesse caso, você precisa somar um múltiplo de 10 para terminar o ISBN de modo a fazer com que o número extraído das multiplicações somadas seja divisível por 11.

Se eu errar um dígito ao escrever o ISBN, o cálculo dará um número que não é divisível por 11, e o computador saberá que eu cometi um erro e me pedirá que escreva novamente. Mesmo se eu trocar dois dígitos de lugar, o que acontece com frequência quando as pessoas digitam um número grande, ele também irá detectar o erro e, em vez de me mandar o livro errado, me pedirá que corrija o ISBN. Uma grande sacada. Então, agora você pode conferir qual dos dois números no título desta seção é realmente o ISBN de um livro e qual é o impostor.

Com tantos livros continuamente publicados, os números de ISBN estavam começando a se esgotar. Decidiu-se então que, a partir de 1º de janeiro de 2007, o ISBN passaria a ter treze dígitos. Mais uma vez, os doze primeiros identificariam o livro, a editora e o país de publicação, e o décimo terceiro manteria o controle de algum eventual erro que pudesse surgir. Mas a chave do ISBN de treze dígitos agora usada pelas editoras é a divisibilidade por 10, e não por 11. O ISBN deste livro, na contracapa, tem treze dígitos: 9788537810644. Some o 2º, 4º, 6º, 8º 10º e 12º dígitos e multiplique a soma por 3. Agora some os outros seis dígitos. O total será divisível por 10. Se você cometer algum erro ao anotar o ISBN, o cálculo lhe dará um número indivisível por 10.

Como usar códigos para ler mentes

Você precisará de 36 moedas para fazer esse truque. Dê a seu amigo, que não desconfia de nada, 25 das moedas e peça-lhe que as arrume numa grade de 5 × 5, com caras e coroas distribuídas ao acaso. O arranjo poderá ser, por exemplo, o seguinte, com K representando "cara" e C representando "coroa":

K	K	C	C	C
C	C	K	C	C
K	K	K	C	K
C	K	K	C	C
C	C	C	C	C

TABELA 4.06

Então você diz: "Em um minuto vou lhe pedir que vire uma dessas moedas, uma cara ou uma coroa. Aí vou ler sua mente e dizer qual das moedas você virou. Como eu poderia ser capaz de lembrar a ordem das 25 moedas, então vamos dificultar mais as coisas para mim e aumentar a grade."

Em seguida, você acrescenta mais moedas, aparentemente ao acaso, criando uma linha e uma coluna adicionais, formando uma grade de 6 × 6 = 36, só que você não está absolutamente adicionando as moedas extras ao acaso. O que você faz é contar quantas coroas há em cada linha e em cada coluna, a começar da primeira coluna. Se houver um número ímpar de coroas nessa primeira coluna, coloque a moeda extra na base dela mostrando coroa. Se houver um número par de coroas (0 conta como número par, para esse propósito), coloque a moeda extra na base da coluna mostrando cara.

Faça a mesma coisa para cada coluna, e então adicione uma moeda no fim de cada linha usando o mesmo critério. Agora haverá um espaço no canto inferior direito para completar o quadrado. Coloque cara ou coroa conforme a coluna acima tenha uma quantidade par ou ímpar de coroas. É interessante notar que essa posição também coincide com a paridade (isto é, se é par ou ímpar) do número de coroas na linha inferior. Você consegue provar que isso é sempre verdade? A jogada consiste em perceber que esse número lhe diz se há uma quantidade par ou ímpar de coroas na grade 5 × 5.

Em todo caso, a grade agora tem o seguinte aspecto:

K	K	C	C	C	C
C	C	K	C	C	K
K	K	K	C	K	C
C	K	K	C	C	C
C	C	C	C	C	C
C	K	K	C	K	K

TABELA 4.07

E você está pronto para fazer o truque. Vire de costas e peça a seu amigo para virar uma moeda a fim de que ela mude de cara para coroa, e vice-versa. Ao fazer isso, vire-se de novo para ele. Concentre-se na grade e anuncie que você vai ler a mente dele e identificar a moeda virada.

Claro que você não está lendo a mente do seu amigo. Você volta ao bloco de números original 5 × 5 e conta as caras e as coroas em cada coluna e em cada linha. Registra quando houver número ímpar de coroas e confere com as caras e coroas adicionadas, pois elas indicam a paridade de coroas em cada coluna. Agora que seu amigo virou uma das moedas na grade 5 × 5, haverá uma linha e uma coluna em que as moedas acrescentadas darão uma leitura falsa. Procure a interseção dessa linha com essa coluna, e aí estará a moeda virada.

Você agora deverá ser capaz de identificar a moeda da grade que foi virada:

K	K	C	C	C	C
K	C	K	C	C	K
K	K	K	C	K	C
C	K	K	C	C	C
C	C	C	C	C	C
C	K	K	C	K	K

TABELA 4.08

A primeira coluna na grade 5 × 5 tem um número par de coroas, mas a moeda adicionada na base dessa coluna era uma coroa, indicando que originalmente havia um número ímpar de coroas. Então a moeda virada está localizada na primeira coluna.

Agora vamos às linhas. É na segunda linha que as coisas não batem: há um número ímpar de coroas, mas o seu "dígito de verificação" indica que deveria haver um número par. Agora você pode ler a mente de seu amigo: "Você virou a moeda na primeira coluna, segunda linha." Uma salva de palmas da plateia impressionada.

O que acontece se seu amigo virar uma das moedas que você colocou? Não há problema. Agora é a casa direita inferior que não vai indicar a paridade ou da última linha ou da última coluna. Se ele não se encaixar com a última linha, você saberá que uma das posições na última linha foi mudada, e aí verifica cada uma das colunas para ver qual delas não está batendo. Se você descobrir que é a sexta coluna, então foi a moeda no canto inferior direito a virada.

Eis a grade novamente, mas com uma das suas moedas virada. Você consegue identificar qual?

K	K	C	C	C	K
C	C	K	C	C	K
K	K	K	C	K	C
C	K	K	C	C	C
C	C	C	C	C	C
C	K	K	C	K	K

TABELA 4.09

É a moeda no canto superior direito. A cara no canto inferior direito nos diz que deveria haver um número par de coroas acima dela na última coluna — mas há um número ímpar. Agora verifique as linhas. A primeira não bate porque a cara no fim dela diz que deveria haver um número par de coroas à esquerda. Mas há um número ímpar. Isso significa que a moeda do canto superior direito foi virada.

Essa é a base do que se chama código de correção de erros, usado por computadores para corrigir erros em mensagens que possam ter penetrado seu computador durante a transmissão. Mude as caras e coroas para 0 e 1, e de repente a grade torna-se uma mensagem digital. Por exemplo, cada coluna na grade 5 × 5 colocada no início da jogada poderia representar uma letra no código Baudot, e a grade no truque acima seria então uma mensagem de cinco caracteres. As colunas e linhas adicionais são acrescentadas pelo computador para manter o controle dos erros.

Então, se quiséssemos mandar uma mensagem em código na capa do terceiro álbum do Coldplay, poderíamos usar truque similar aplicado a uma grade 5 × 4 para detectar quando algum erro tivesse ocorrido. Eis a capa do disco como deveria ser, com os blocos coloridos transformados em 1 e os vazios em 0:

1	1	0	1
0	1	1	0
1	0	0	1
1	1	1	0
1	1	1	1

TABELA 4.10

Agora acrescentemos uma coluna e uma linha extras de 0 e 1 para indicar se cada coluna ou linha têm um número par ou ímpar de algarismos 1:

1	1	0	1	1
0	1	1	0	0
1	0	0	1	0
1	1	1	0	1
1	1	1	1	0
0	0	1	1	0

TABELA 4.11

Agora, imaginemos que tenha havido um erro durante a transmissão, e um dos números foi trocado, e o encarregado da produção gráfica tenha recebido a seguinte mensagem:

1	1	0	1	1
0	1	0	0	0
1	0	0	1	0
1	1	1	0	1
1	1	1	1	0
0	0	1	1	0

TABELA 4.12

Usando o dígito de verificação na última coluna e na última linha, o produtor gráfico pode detectar o erro. A segunda linha e a terceira coluna não batem.

Códigos de correção de erros como esse são usados em tudo, desde CDs até comunicações por satélite. Você conhece a experiência de falar com alguém por telefone e não entender tudo que é dito. Quando computadores conversam entre si, eles têm o mesmo problema, porém, com matemática inteligente, conseguimos conceber métodos de codificar os dados para nos livrar da interferência. Foi isso que a Nasa fez quando a espaçonave Voyager 2 enviou suas primeiras imagens de Saturno. Usando um sistema de correção de erros, foi possível transformar imagens borradas em figuras claras e cristalinas.

Como lançar, honestamente, uma moeda pela internet

Códigos de correção de erros ajudam a comunicar informação com clareza. Porém, muitas vezes queremos usar os nossos computadores para enviar alguma informação sigilosa. No passado, a rainha Maria da Escócia, Lord Nelson ou qualquer um que pretendesse trocar mensagens secretas precisava encontrar-se antes com seus agentes para chegar a um acordo quanto ao código que ambas as partes usariam. Na nossa moderna era do computador, com frequência precisamos mandar mensagens secretas. Quando fazemos compras on-line, enviamos detalhes do nosso cartão de crédito para pessoas que nunca vimos, em websites onde acabamos de entrar. Fazer negócios pela internet seria impossível com a velha criptografia, em que todo mundo precisava antes encontrar-se cara a cara. Felizmente, a matemática dá uma solução para isso.

Para explicar a ideia, comecemos com um cenário simples. Quero jogar xadrez com alguém pela internet. Moro em Londres e meu adversário está em Tóquio. Queremos lançar uma moeda para ver quem joga primeiro. "Cara ou coroa?", pergunto ao adversário por e-mail. Ele responde dizendo que quer cara. Eu lanço a moeda. "Coroa", informo, sempre por e-mail. "Eu começo." Será que há algum jeito de assegurar que eu não tenha trapaceado?

Espantosamente, é possível lançar, honestamente, uma moeda pela internet, e quem torna isso possível é a matemática dos números primos. Todos os primos são ímpares, exceto o 2 (que é o primo par, porque é o único par). Se dividirmos um desses primos ímpares por 4, a divisão deixa resto de 1 ou 3. Por exemplo, 17 dividido por 4 deixa resto 1, e 23 dividido por 4 deixa resto 3.

Como vimos no Capítulo 1, os gregos antigos provaram há 2 mil anos que há infinitos números primos. Mas será que existem infinitos que deixam resto 1 numa divisão por 4, ou infinitos que deixam resto 3? Essa foi uma das questões com as quais Pierre de Fermat desafiou os matemáticos 350 anos atrás, embora a resposta tivesse de esperar, até o século XIX, pelo matemático alemão Gustav Lejeune Dirichlet. Ele apresentou uma matemática extraordinariamente complicada para mostrar que metade dos primos deixa resto 1 e metade dos primos deixa resto 3 — não há resto favorecido em relação ao outro. Agora, o que os matemáticos querem dizer com "metade" quando falam de infinito é algo complicado. Essencialmente, isso significa que, quando se examinam os primos menores que um número específico, metade deles deixa resto 1 numa divisão por 4.

Então, se um número primo deixa resto 1 ou 3 numa divisão por 4, o viés não é maior que uma moeda honesta que dá cara ou coroa. Para o propósito do nosso problema de lançar a moeda, vamos associar cara com os primos que deixam resto 1 numa divisão por 4, e coroa com os primos que deixam resto 3. Agora vem o lance esperto da matemática. Se pegarmos dois números primos, digamos, 17 e 41, ambos da pilha de caras — os que deixam resto 1 — e os multiplicarmos entre si, o resultado também deixa resto 1 numa divisão por 4. Por exemplo, $41 \times 17 = 697 = 174 \times 4 + 1$. Se pegarmos dois primos, digamos, 23 e 43, ambos da pilha de coroas — os que deixam resto 3 numa divisão por 4... Bem, não é o que você está esperando. Quando os multiplicamos entre si, eles também dão um resultado que deixa resto 1 numa divisão por 4, nesse caso, $23 \times 43 = 989 = 247 \times 4 + 1$. Então, o produto dos primos não dá nenhuma pista acerca da pilha da qual foram retirados, se da pilha das caras ou das coroas. É isso que podemos explorar quando tiramos "cara ou coroa pela internet".

Se eu lançar uma moeda e ela der cara, escolho dois primos da pilha de caras e os multiplico entre si. Se der coroa, escolho dois primos da pilha de coroas e os multiplico entre si. Uma vez lançada a moeda e feitos os meus cálculos, mando a resposta ao meu adversário em Tóquio. Ela foi 6.497. Como a resposta sempre tem resto 1 numa divisão por 4, é impossível para ele, sem conhecer os primos, dizer se os dois escolhidos são da pilha de caras ou de coroas. Agora ele está em posição de pedir cara ou coroa.

Para ver se ele ganhou, basta eu lhe enviar os dois primos escolhidos. Nesse caso, foram 89 e 73, dois primos da pilha de caras. Já que não há outro par de primos que, multiplicados, deem 6.497, preciso lhe dar informação suficiente com o número 6.497 para provar que não trapaceei, mas não informação suficiente para que ele possa trapacear.

Um desafio fácil

Lancei uma moeda. Peguei dois primos da pilha de caras ou da pilha de coroas e multipliquei-os entre si. O número obtido foi 13.068.221. A moeda deu cara ou coroa? Tente responder sem a ajuda do computador. (A resposta está no fim do capítulo.)

Um desafio difícil

E se o número for

5.759.602.149.240.247.876.857.994.004.081.295.363.338.
151.725.852.938.901.132.472.828.171.992.873.665.524.
051.005.072.817.707.778.665.601.229.693?

Dessa vez você pode usar o computador.

Na verdade, isso não vale estritamente. Ele pode decompor 6.497 em 89 × 73, e aí saberá que deve pedir cara, mas enquanto eu escolher primos suficientemente grandes (muito, muito maiores que números de dois dígitos), é quase impossível, com nosso atual poder computacional, decompor o produto em fatores primos. Princípio similar é usado nos códigos que protegem números de cartões de crédito enviados pela internet.

Por que quebrar números equivale a quebrar códigos

Bob dirige um site na Inglaterra que vende camisas de futebol. Alice mora em Sydney, deseja comprar uma camisa no site e quer mandar detalhes de seu cartão de crédito sem que ninguém possa vê-los. Bob publica um número de código especial no seu site, digamos, 126.619. Esse número de código funciona como uma chave que tranca a mensagem de Alice e a deixa segura. Então, quando Alice entra no site, recebe uma cópia da chave codificadora que Bob emitiu e a usa para "trancar" seu cartão de crédito.

O que de fato acontece é que o computador de Alice executa um cálculo matemático especial com esse número 126.619 e seu cartão de crédito. O número do cartão de crédito está agora codificado e pode ser enviado publicamente ao site de Bob pela internet. (Você pode ver os detalhes desse cálculo na próxima seção.)

Mas, espere, não há um problema aí? Afinal, se eu for um hacker, o que me impede de visitar o site de Bob, pegar outra cópia da chave e destrancar a mensagem? A coisa intrigante nesses códigos da internet é que você precisa de uma chave diferente para destrancar a porta, e essa chave é mantida em segurança na central de Bob.

A chave decodificadora são os dois primos que multiplicados entre si resultam em 126.619. O que Bob efetivamente faz é escolher os dois primos 127 e 997 e construir a chave codificadora; são esses dois primos que Bob tem de usar para desfazer o cálculo matemático realizado pelo computador de Alice para embaralhar seu número de cartão de crédito. Bob publicou a chave codificadora 126.619 no site, mas mantém os dois primos codificadores 127 e 997 em estrito sigilo.

Se eu puder descobrir os dois primos cujo produto é 126.619, posso invadir os números de cartões enviados para o site de Bob. Agora, 126.619 é pequeno o bastante para eu dividi-lo por uma sequência de primos e descobrir 127 e 997 sem muita demora. O método não poderia ser usado em sites de verdade, porque suas chaves se baseiam em números muito maiores — tão grandes que encontrar o par de primos por tentativa e erro seria praticamente impossível.

Os matemáticos que inventaram o código estavam tão confiantes que, durante muitos anos, ofereceram um prêmio de US$ 200 mil para quem conseguisse achar os dois fatores primos desse número de 617 dígitos:

25.195.908.475.657.893.494.027.183.240.048.398.571.429.282.126.204.032.027.
777.137.836.043.662.020.707.595.556.264.018.525.880.784.406.918.290.641.249.
515.082.189.298.559.149.176.184.502.808.489.120.072.844.992.687.392.807.287.
776.735.971.418.347.270.261.896.375.014.971.824.691.165.077.613.379.859.095.
700.097.330.459.748.808.428.401.797.429.100.642.458.691.817.195.118.746.121.
515.172.654.632.282.216.869.987.549.182.422.433.637.259.085.141.865.462.043.
576.798.423.387.184.774.447.920.739.934.236.584.823.824.281.198.163.815.010.
674.810.451.660.377.306.056.201.619.676.256.133.844.143.603.833.904.414.952.
634.432.190.114.657.544.454.178.424.020.924.616.515.723.350.778.707.749.817.
125.772.467.962.926.386.356.373.289.912.154.831.438.167.899.885.040.445.364.
023.527.381.951.378.636.564.391.212.010.397.122.822.120.720.357

Se você tentasse quebrar esse número de 617 dígitos experimentando um primo de cada vez, precisaria trabalhar com mais números que os átomos existentes no Universo antes de descobri-los. Não surpreende que o prêmio jamais tenha sido reivindicado, e em 2007 ele foi suspenso.

Assim como são virtualmente impossíveis de ser quebrados, esses códigos de números primos possuem outra característica bastante singular, responsável por resolver um problema que havia acompanhado insistentemente os códigos anteriores. Antes de ser inventado o código de números primos, os códigos convencionais eram como uma fechadura para a qual se usa a mesma chave para trancar e destrancar a porta. Esses códigos da internet são como um tipo novo de fechadura: uma chave serve para trancar, mas outra chave a destranca. Isso permite que um site distribua livremente chaves para trancar mensagens, enquanto mantém em segredo a outra chave que as destranca. Se você está se sentindo corajoso, eis os gloriosos detalhes de como realmente funciona esse código da internet. Comecemos apresentando uma calculadora curiosa.

O que é uma calculadora-relógio?

Os aprimoradíssimos códigos usados na rede dependem, na verdade, de uma invenção matemática concebida centenas de anos antes de alguém nem sequer sonhar com a internet: a calculadora-relógio. Na próxima seção veremos como as calculadoras-relógio são usadas nos códigos da internet, mas primeiro vamos dar uma olhada em como elas funcionam.

Comecemos com o relógio de 12 horas. Adições nesse tipo de relógio são algo com que já estamos familiarizados — sabemos que 4 horas depois das 9 será 1 hora. Isso é o mesmo que somar os números e descobrir o resto depois de dividir por 12, e escreve-se da seguinte maneira:

$$4 + 9 = 1 \text{ (módulo 12)}$$

Escrevemos "módulo 12", pois 12 é o módulo, o ponto a partir do qual os números recomeçam. Podemos fazer somas semelhantes com diferentes números de horas, em vez de nos atermos apenas ao 12. Por exemplo, num relógio de 10 horas:

$$4 + 9 = 3 \text{ (módulo 10)}$$

Como multiplicar numa calculadora-relógio? A multiplicação consiste em fazer a adição certo número de vezes. Por exemplo, 4×9 significa somar 4 números 9. Então, onde vai parar o ponteiro num relógio de 12 horas depois de somarmos 4 números 9? $9 + 9$ equivale a 6 horas. Cada vez que somamos um 9, o ponteiro do relógio recua 3 horas, até chegarmos a 12 horas. Como 0 é um número importante em matemática, nós denominamos essa posição de 0 hora numa calculadora-relógio. Assim, obtemos esse resultado de aparência esquisita:

$$4 \times 9 = 0 \text{ (módulo 12)}$$

E para elevar um número a alguma potência? Peguemos 9^4, que significa multiplicar 4 vezes o 9. Acabamos de aprender a fazer uma multiplicação modular, de maneira que deveríamos fazer isso com bastante facilidade. Como agora os números estão ficando muito grandes, será mais fácil pegar o resto depois de dividir por 12, em vez de ficar perseguindo números em volta do relógio. Comecemos por 9×9, que é 81. Qual o resto da divisão por 12 — em outras palavras, o que significa dizer que "são 81 horas"? Descobrimos que é, mais uma vez, 9. Por mais que multipliquemos 9 a outros 9, sempre acabaremos com 9:

$$9 \times 9 = 9 \times 9 \times 9 = 9 \times 9 \times 9 \times 9 = 9^4 = 9 \text{ (módulo 12)}$$

O resultado numa calculadora-relógio é obtido calculando-se o resultado numa calculadora normal e pegando o resto após a divisão do número de horas naquele relógio específico. Mas a magia da calculadora-relógio é que muitas vezes não é preciso primeiro fazer o cálculo na calculadora convencional. Você consegue adivinhar quanto é 7^{99} numa calculadora-relógio de 12 horas? Dica: faça primeiro 7×7, então multiplique o resultado de novo por 7. Você percebe algum padrão?

Fermat fez uma descoberta fundamental acerca de uma calculadora-relógio com número primo de horas, digamos, p. Ele descobriu que, se você pega um número nessa calculadora e o eleva à potência p, sempre obtém o número inicial. Agora isso é chamado de pequeno teorema de Fermat, para distingui-lo do famoso "último" teorema.

A Tabela 4.13 mostra alguns cálculos em relógios primos e não primos.

Potência de 2	2^1	2^2	2^3	2^4	2^5	2^6	2^7	2^8	2^9	2^{10}
Numa calculadora convencional	2	4	8	16	32	64	128	256	512	1.024
Numa calculadora-relógio de 5 horas	2	4	3	1	2	4	3	1	2	4
Numa calculadora-relógio de 6 horas	2	4	2	4	2	4	2	4	2	4

TABELA 4.13

À medida que o ponteiro vai mapeando as horas, emerge um padrão. Após $p - 1$ passos, temos a garantia de que no passo seguinte voltaremos ao ponto em que começamos, de modo que o padrão se repete a cada $p - 1$ passos. Às vezes o padrão se repete várias vezes durante $p - 1$ passos. Num relógio de 13 horas, eis o que veremos ao percorrer as diversas potências de 3, começando por 3^1, 3^2, e assim por diante, até 3^{13}:

$$3, 9, 1, 3, 9, 1, 3, 9, 1, 3, 9, 1, 3$$

O ponteiro não para em todas as horas do relógio, mas ainda há um padrão repetitivo que o traz de volta a 3 horas após multiplicar 13 vezes o 3.

Já vimos matemática semelhante em ação no Capítulo 3, nas embaralhadas perfeitas que podem ser usadas para trapacear no pôquer. Ali, variávamos o número de cartas no baralho e perguntávamos quantas embaralhadas perfeitas eram necessárias para fazer o baralho voltar à sequência original. Um baralho com $2n$ cartas pode às vezes exigir $2n - 2$

embaralhadas, mas às vezes podem ser menos. Para um baralho de 52 cartas, bastam oito embaralhadas perfeitas a fim de voltar à sequência original, enquanto um baralho de 54 cartas precisa ser embaralhado 52 vezes.

Fermat nunca explicou totalmente sua descoberta, deixando como desafio para as gerações futuras de matemáticos justificá-la e mostrar por que ela sempre dá certo com relógios de números primos. Foi Leonhard Euler quem acabou encontrando uma prova para o funcionamento da magia nesses tipos de relógio.

O pequeno teorema de Fermat

Aqui está uma explicação para o pequeno teorema de Fermat. O teorema afirma que, num relógio com um número primo p de horas,

$$A^p = A \text{ (módulo } p)$$

A prova é difícil, mas não técnica: basta se concentrar para acompanhá-la.

Comecemos com um caso fácil. Se $A = 0$, o teorema é verdadeiro, porque, por mais vezes que multipliquemos 0 por ele mesmo, sempre obtemos 0. Então, suponhamos que A não seja 0. Vamos nos propor a demonstrar que multiplicando A por si mesmo $p - 1$ vezes nesse relógio, chegamos a 1 hora. Isso bastará para provar o teorema, pois se multiplicarmos novamente por A isso nos trará de volta a A.

Primeiro, fazemos uma lista de todas as horas do relógio, excluindo 0. Elas são em número de $p - 1$:

$$1, 2, \ldots, p - 1$$

Agora multiplicamos cada número da lista por A na nossa calculadora-relógio, e obtemos:

$$A \times 1, A \times 2, \ldots, A \times (p - 1) \text{ (módulo } p)$$

Agora quero mostrar por que as horas nessa lista devem ser as mesmas que na lista original, 1, 2, ..., $p-1$, mas em ordem diferente. Se não fosse o caso, então, um dos resultados é 0, ou há dois resultados iguais. Não há lugar para acontecer nada diferente disso, porque o relógio tem apenas p horas.

Suponhamos que $A \times n$ e $A \times n$ marquem a mesma hora no relógio de p horas, onde n e m ficam entre 1 e $p-1$. (Vou mostrar por que isso significa que $n = m$.) Então $A \times n - A \times m = A \times (n - m) = 0$ na calculadora-relógio, ou seja, $A \times (n - m)$ na nossa calculadora comum é divisível por p.

A chave para o próximo passo da prova é usar o fato de p ser um número primo. Assim como uma molécula química, o número $A \times (n - m)$ é composto multiplicando-se os átomos de números primos que compõem A e os átomos de números primos que compõem $n - m$. Agora, p é primo — um dos átomos da aritmética que não pode ser decomposto. Como p divide $A \times (n - m)$ sem resto, precisa ser um dos átomos usados para compor $A \times (n - m)$, pois só existe um jeito de formar um número multiplicando primos. Mas p não divide A sem resto, então deve estar na lista de átomos usados para formar $n - m$. Em outras palavras, $n - m$ é divisível por p. Mas o que significa isso? Significa que n e m são a mesma hora no nosso relógio de p horas. Pode-se usar argumento similar para mostrar que $A \times n$ não pode ser 0 hora se nem A nem n são 0 hora.

Note que é muito importante que o relógio tenha um número primo de horas — já vimos que 4×9 é 0 num relógio de 12 horas, mesmo que nem 4 nem 9 sejam 0.

Temos agora duas listas: 1, 2, ..., $p-1$ e $A \times 1, A \times 2, ..., A \times (p-1)$. Ambas têm os mesmos números, mas em ordem diferente. Aqui podemos usar um belo truque, um truque que o próprio Fermat provavelmente descobriu. Se multiplicarmos entre si todos os números de cada lista, chegamos ao mesmo resultado, porque não importa a ordem de uma multiplicação. A primeira lista nos dá $1 \times 2 \times ... \times (p-1)$, que podemos escrever como $(p-1)!$ A segunda lista consiste em A multiplicado por si mesmo $p-1$ vezes, e novamente a multiplicação de 1 a $p-1$. Depois de arrumar um pouco as coisas, obtemos $(p-1)! \times A^{p-1}$. E isso nos dá o mesmo resultado na calculadora-relógio:

$$(p-1)! = (p-1)! \times A^{p-1} \text{ (módulo } p)$$

Isso quer dizer que $(p-1)! \times (1-A^{p-1})$ é divisível por p, e usamos o mesmo recurso que antes. Nenhum dos números 1, 2, ..., $p-1$ é divisível por p, logo $(p-1)!$ não pode ser divisível por p. A outra possibilidade é que $1-A^{p-1}$ seja divisível por p. E isso significa que o cálculo A^{p-1} na calculadora-relógio sempre dá resultado 1 — exatamente o que Fermat desafiou os matemáticos a provar.

Há diversos ingredientes interessantes nesse argumento. Com certeza é importante que, se $A \times B$ for divisível por um primo p, então A ou B precisa ser divisível por esse primo, algo que provém da propriedade especial dos primos. Mas o momento mais bonito para mim surge ao ver a mesma coisa, a lista de números 1, 2, ..., $p-1$, de duas maneiras diferentes. Isso é o pensamento paralelo na sua melhor forma.

Como usar um relógio para enviar mensagens secretas pela internet

Agora estamos quase prontos para mostrar como esses relógios são usados a fim de enviar mensagens secretas pela internet.

Quando você compra alguma coisa num website, o número de seu cartão de crédito é encriptado pelo seu computador usando a calculadora-relógio pública do site, portanto, o site precisa dizer a seu computador de quantas horas é o relógio. Este é o primeiro dos dois números que seu computador recebe. Chamemos esse número de *N*. No nosso exemplo do site Camisas de Futebol de Bob esse número é 126.619. Há também um segundo número codificador que seu computador precisa para fazer o cálculo, que chamaremos de *E*. O número do seu cartão de crédito *C* é codificado elevando-o à potência *E*, calculado pela calculadora-relógio de *N* horas. Desse modo obtém-se o número embaralhado C^E (módulo *N*), e é esse número que seu computador manda para o site de compras.

Mas como o site desembaralha o número? A chave é o número primo mágico de Fermat. Vamos supor que p seja um número primo de horas do relógio. (Veremos adiante que isso não é o bastante para um código seguro, mas nos ajudará a entender para onde estamos indo.) Se multiplicarmos o número C^E por si mesmo uma quantidade suficiente de vezes, então C reaparecerá magicamente. Mas quantas vezes (D) precisamos multiplicar C^E? Em outras palavras, quando $(C^E)^D$ é C no relógio com p horas?

Claro que se $E \times D = p$ isso funciona. Mas p é primo — então, não pode haver esse número D. Agora, se continuarmos multiplicando C por si mesmo, há outro ponto onde temos a garantia de obter novamente C como resultado. A próxima vez que o número do cartão de crédito aparece é quando o elevamos à potência $2(p - 1) + 1$. E volta a aparecer quando o elevamos à potência $3(p - 1) + 1$. Logo, para achar o número decodificador, precisamos encontrar um D tal que $E \times D = 1$ [módulo $(p - 1)$]. Essa equação é muito mais fácil de resolver. O problema é que como E e p são números públicos, também é fácil um hacker descobrir o decodificador D. Para tornarmos a operação segura, devemos usar uma descoberta feita por Euler acerca de relógios com um número $p \times q$ de horas, e não simplesmente p horas.

Se pegarmos uma hora C num relógio com $p \times q$ horas, quanto tempo leva para C, $C \times C$, $C \times C \times C$, … se repetir? Euler descobriu que o padrão se repete após $(p - 1) \times (q - 1)$ passos. Logo, para voltar à hora original, é preciso elevar C à potência $(p - 1) \times (q - 1) + 1$, ou $k \times (p - 1) \times (q - 1)$, onde k é o número de vezes que o padrão se repete.

Assim, agora sabemos que para decodificar uma mensagem C^E num relógio com $p \times q$ horas precisamos achar um número decodificador D tal que $E \times D = 1$ [módulo $(p - 1) \times (q - 1)$], e então temos de fazer os cálculos numa calculadora-relógio secreta, com $(p - 1) \times (q - 1)$ horas. Um hacker conhece apenas os números N e E, e se quiser descobrir o relógio secreto terá de achar os primos p e q. Portanto, quebrar um código na internet equivale a decompor um número N em seus blocos construtivos primos. E, como vimos na seção sobre tirar cara ou coroa pela internet, isso é virtualmente impossível quando o número é grande.

Vamos dar uma olhada num código de internet em ação, mas com p e q pequenos, para que possamos acompanhar o que se passa. Digamos que, para seu site Camisas de Futebol, Bob tenha escolhido os primos 3 e 11; então, a calculadora-relógio pública que os clientes devem usar para encriptar o número de seu cartão de crédito deve ter 33 horas. Bob mantém os primos 3 e 11 em sigilo, porque são a chave para decodificar mensagens, embora torne público o número 33, pois ele é o número de horas de sua calculadora-relógio pública. A segunda informação que o site de Bob divulga é o número codificador E — digamos, 7. Todo mundo que compra uma camisa de futebol on-line no site de Bob faz exatamente a mesma coisa: eleva o número do cartão de crédito à sétima potência numa calculadora-relógio de 33 horas.

O site Camisas de Futebol é visitado por um cliente que foi um dos primeiros proprietários de um cartão de crédito e tem o cartão número 2. Se elevarmos 2 à sétima potência numa calculadora-relógio de 33 horas, obtemos 29.

Eis um jeito esperto de calcular 2^7 numa calculadora-relógio de 33 horas. Começamos por multiplicar $2^2 = 4$, $2^3 = 8$, $2^4 = 16$, $2^5 = 32$. À medida que fazemos as multiplicações, o ponteiro vai dando a volta pela face do relógio, e ao fazermos a multiplicação por 2 pela sexta vez, o ponteiro completa mais que uma volta inteira. Aqui há um pequeno artifício que podemos usar, dando a impressão de que o relógio inverte seu sentido de rotação, em vez de girar para diante. Simplesmente dizemos que 32 horas no nosso relógio de 33 é −1 hora. Então, depois de chegarmos a $2^5 = 32$, mais duas multiplicações nos levam a −4, ou 29 horas. Assim evitamos calcular 2 à sétima potência, ou seja, 128, para depois descobrir o resto da divisão por 33. Para números muito grandes esse tipo de economia é valioso quando um computador tenta calcular as coisas depressa.

Como ter certeza de que o número encriptado pelo cliente — 29 — é seguro? Afinal, um hacker pode ver esse número viajando pelo ciberespaço e verificar facilmente a chave pública de Bob, que consiste numa calculadora-relógio de 33 horas com a instrução de elevar o número do cartão à potência 7. Para quebrar esse código, basta o hacker achar um

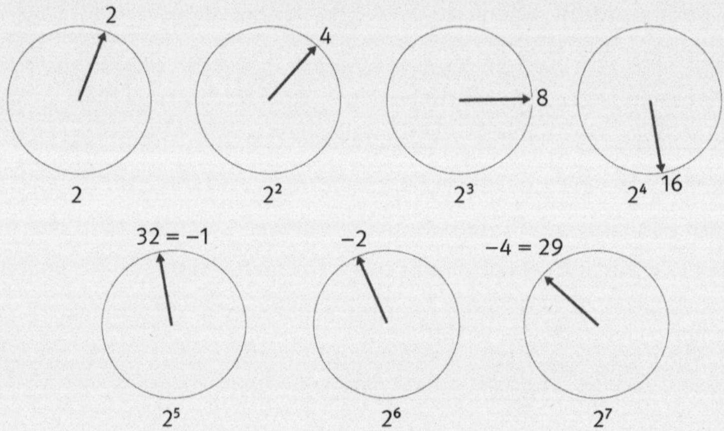

FIGURA 4.17: Calculando potências numa calculadora-relógio de 33 horas.

número que, multiplicado por si mesmo sete vezes numa calculadora-relógio de 33 horas, dê como resultado 29.

É desnecessário dizer que isso não é tão fácil assim. Mesmo com aritmética comum, elevar um número ao quadrado pode ser feito num pedaço de papel, mas é muito mais difícil desfazer o processo e buscar uma raiz quadrada. A sutileza extra vem do cálculo de potências numa calculadora-relógio. Rapidamente perde-se de vista o ponto de partida porque o tamanho do resultado não tem relação alguma com o lugar de onde se partiu.

No nosso exemplo, os números são pequenos o bastante para que o hacker seja capaz de experimentar cada variação até achar a resposta. Na prática, os websites usam número de horas acima de 100 dígitos, de modo que uma busca exaustiva é impossível. Você pode muito bem estar se perguntando como, se é tão difícil resolver o problema numa calculadora-relógio de 33 horas, uma companhia que faz negócios pela internet consegue recuperar o número do cartão de crédito de um cliente.

A versão mais genérica de Euler do pequeno teorema de Fermat garante a existência de um número decodificador mágico, *D*. Bob pode multiplicar o número do cartão encriptado *D* vezes para revelar o número original. Mas só conseguiremos descobrir quanto é *D* se soubermos os primos secretos *p* e *q*. O conhecimento desses dois primos torna-se a chave para desvendar os segredos desse código da internet, porque é necessário resolver o seguinte problema na calculadora-relógio secreta:

$$E \times D = 1 \text{ [módulo } (p - 1) \times (q - 1)]$$

Quando aplicamos isso aos nossos números, descobrimos que precisamos resolver a equação

$$7 \times D = 1 \text{ [módulo } (2 \times 10)]$$

Isso significa pedir que encontremos um número que, quando multiplicado por 7, resulta num número com resto 1 numa divisão por 10. $D = 3$ funciona porque $7 \times 3 = 21 = 1$ (módulo 20).

E se elevarmos o número encriptado do nosso cartão de crédito à potência 3, o número original reaparece:

$$29^3 = 2 \text{ (módulo 33)}$$

A capacidade de recuperar o número do cartão de crédito a partir da mensagem codificada depende do conhecimento dos primos secretos p e q; assim, qualquer um que queira invadir os códigos na internet necessita de um meio de pegar o número N e quebrá-lo em fatores primos. Toda vez que você compra um livro on-line ou baixa uma música, você está usando a magia dos números primos para manter seu cartão de crédito em segurança.

A pergunta de US$ 1 milhão

Os elaboradores de códigos vivem tentando manter-se à frente dos violadores de códigos. No caso de o código dos números primos vir a ser quebrado algum dia, os matemáticos estão constantemente inventando maneiras mais sagazes de enviar mensagens secretas. Um código novo chamado criptografia de curva elíptica, ou, abreviadamente, ECC (de Eliptic Curve Cryptography), já está sendo usado para proteger as rotas de voo de aviões, e o prêmio de US$ 1 milhão deste capítulo está relacionado à compreensão da matemática das curvas elípticas por trás desses novos códigos.

Há uma infinidade de diferentes curvas elípticas, mas todas elas têm equações do tipo $y^2 = x^3 + ax + b$. Cada curva corresponde a diferentes valores de a e b: por exemplo, $a = 0$ e $b = -2$ nos dá $y^2 = x^3 - 2$.

Essa equação define uma curva que eu posso desenhar num papel gráfico, como na Figura 4.18, achando uma sucessão de pontos (x, y). Dou um valor a x e então calculo a equação $x^3 - 2$ e tiro a raiz quadrada para obter o correspondente valor de y. Por exemplo, se $x = 3$, então $x^3 - 2 = 27 - 2 = 25$. Para obter y preciso tirar a raiz quadrada de 25, pois $y^2 = x^3 - 2$, então y é 5 ou -5 (porque menos vezes menos dá mais, de modo que há sempre duas raízes quadradas). O gráfico obtido é simétrico em relação ao eixo horizontal porque todas as raízes quadradas têm uma imagem espelhada que é negativa. Aqui, achamos os dois pontos (3,5) e (3,−5).

Esses pontos da curva elíptica são ótimos porque x e y são ambos números inteiros. Você consegue achar outros pontos desse tipo? Experimentemos fazer $x = 2$. Então $x^3 - 2 = 8 - 2 = 6$, logo $y = \sqrt{6}$ ou $-\sqrt{6}$. No primeiro exemplo, 25 tinha um número inteiro como raiz quadrada, mas a raiz quadrada de 6 não é tão certinha. Os gregos antigos provaram que não existe fração, muito menos número inteiro, que ao ser elevada ao quadrado dê 6. $\sqrt{6}$ escrita na forma de número decimal continua infinitamente, sem padrão algum:

$$\sqrt{6} = 2{,}449489742783178\ldots$$

A pergunta de US$ 1 milhão está relacionada a encontrar os pontos nessa curva onde tanto x como y sejam números inteiros ou frações. A maior parte das vezes não é, pois quando se dá um valor a x, o y não será inteiro, nem uma fração, porque a grande maioria dos números não tem raiz quadrada exata. Nós tivemos sorte de achar (3,5) e (3,–5) como pontos bonitinhos da curva, mas será que há outros?

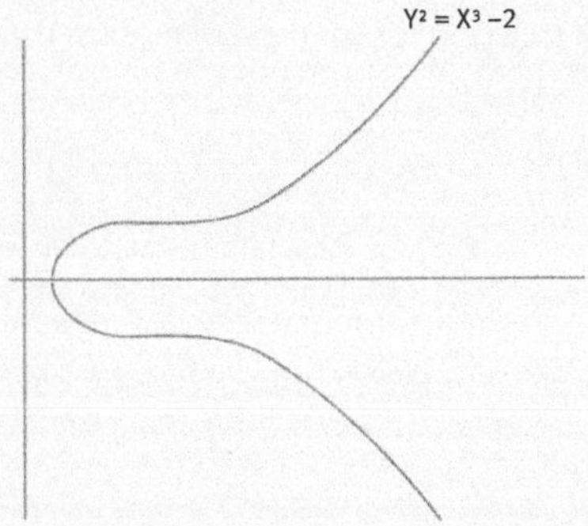

FIGURA 4.18: Gráfico de uma curva elíptica.

Os gregos antigos inventaram um belo recurso geométrico mostrando como obter mais pontos (x,y), com x e y ambos frações, uma vez tendo encontrado um ponto. Desenhe uma reta que toque o primeiro ponto encontrado — a reta não deve atravessar a curva, precisa estar no ângulo exato para encostar nela, como mostra a Figura 4.19. Chamamos essa reta de tangente à curva nesse ponto. Prolongando a reta, descobrimos que ela corta a curva em outro ponto. A descoberta estimulante é que as coordenadas desse novo ponto também serão frações.

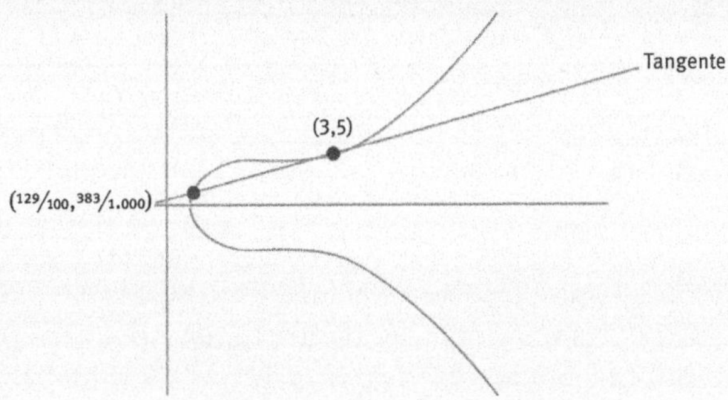

FIGURA 4.19: Como achar mais pontos na curva elíptica como coordenadas que sejam frações.

Por exemplo, se traçarmos a tangente no ponto $(x,y) = (3,5)$ à curva elíptica $y^2 = x^3 - 2$, descobriremos que ela cruza a curva num novo ponto, $(x,y) = (^{129}/_{100}, {}^{383}/_{1.000})$, onde ambas as coordenadas são frações. Com esse novo ponto repetimos o procedimento e obtemos um terceiro ponto, onde tanto x quanto y são frações:

$$\left(\frac{2.340.992.881}{45.427.600}, \frac{93.955.726.337.279}{306.182.024.000}\right)$$

Sem esse bocadinho de geometria, seria muito difícil descobrir que, entrando com a fração

$$x = \frac{2.340.992.881}{45.427.600}$$

obteríamos um y que é também fração.

Nesse exemplo, pode-se continuar repetindo esse recurso geométrico e obter infinitos pares de frações (x,y) que são pontos da curva. Para uma curva elíptica genérica $y^2 = x^3 + ax + b$, se você tiver um ponto (x_1,y_1) da curva, com x_1 e y_1 ambos frações, então estabelecer

$$x_2 = \frac{(3x_1^2 + a)^2 - 8x_1y_1^2}{4y_1^2}$$

e

$$y_2 = \frac{x_1^6 + 5ax_1^4 + 20bx_1^3 - 5a^2x_1^2 - 4abx_1 - a^3 - 8b^2}{8y_1^3}$$

nos dará outro ponto da curva onde x_2 e y_2 são frações.

Para a nossa curva $y^2 = x^3 - 2$, a fórmula gera infinitos pontos onde tanto x quanto y são frações, mas há curvas em que é impossível obter infinitos pontos. Por exemplo, tomemos a curva definida pela equação

$$y^2 = x^3 - 43x + 166$$

Nessa curva, descobrimos que há apenas um número finito de pontos onde x e y são números inteiros ou frações:

$$(x,y) = (3,8), (3,-8), (-5,16), (-5,-16), (11, 32), (11,-32)$$

De fato, todos têm coordenadas de números inteiros. Se tentarmos usar o truque geométrico ou a álgebra para obter mais pontos com frações, cairemos novamente em um desses sete pontos.

A questão de US$ 1 milhão, chamada conjectura de Birch e Swinnerton-Dyer, indaga se existe algum modo de saber que curvas elípticas terão infinitos pontos em que ambas as coordenadas sejam números inteiros ou frações.

Você poderia dizer: quem liga para isso? Bem, todos deveríamos ligar, porque a matemática das curvas elípticas hoje é usada em telefones celulares e cartões inteligentes para proteger nosso sigilo, bem como nos sistemas de tráfego aéreo, para garantir nossa segurança. Com esse novo código, o número do seu cartão de crédito, ou mensagem, se converte por meio de uma matemática sagaz num ponto dessa curva. Para encriptar a mensagem, a matemática move o ponto em torno de outro ponto usando a geometria que explicamos para gerar novos pontos. Para desfazer o procedimento geométrico é necessária uma matemática que ainda não podemos fazer. Mas se você decifrar o problema de US$ 1 milhão deste capítulo, isso poderia ser útil para ajudar a decifrar esses códigos, e nesse caso provavelmente você nem teria de se preocupar com o milhão, porque seria o hacker mais poderoso do planeta.

SOLUÇÕES

Cifra de substituição decodificada

A matemática, como a pintura ou a poesia, é uma criadora de padrões.

Se esses padrões são mais permanentes, é porque se compõem de ideias. Os padrões da matemática, como os da pintura ou da poesia, precisam ser belos; as ideias, como as cores ou as palavras, devem se encaixar de maneira harmoniosa. Beleza é o primeiro teste: não há lugar permanente no mundo para uma matemática feia.

A cifra é:

Texto original	a	b	c	d	e	f	g	h	i	j	k	l	m
Texto cifrado	B	A	N	T	S	H	U	F	L	K	X	I	O
Texto original	n	o	p	q	r	s	t	u	v	w	x	y	z
Texto cifrado	C	M	Q	P	V	E	D	G	R	Z	W	J	Y

TABELA 4.14

Um desafio fácil

Deu cara. 13.068.221 = 3.613 × 3.617. Tanto 3.613 quanto 3.617 são primos que deixam resto 1 na divisão por 4. Há um meio de fatorar esse número rapidamente, usando um método descoberto por Fermat. Se você elevar 3.615 ao quadrado obterá 13.068.225, cuja diferença em relação a 13.068.221 é de apenas 4 unidades, e 4 também é um quadrado perfeito. Agora, se você usar um pouquinho da álgebra que diz que $a^2 - b^2 = (a + b) \times (a - b)$, obtém

$$13.068.221 = 3.615^2 - 2^2 = (3.615 + 2) \times (3.615 - 2) = 3.613 \times 3.617$$

5. Em busca da predição do futuro

SE AS VIAGENS NO TEMPO fossem possíveis, seria fácil predizer o futuro. Bastaria eu voltar do ano que vem e contar a você o que está acontecendo. Por infortúnio, porém, ainda não sabemos como viajar pelo tempo, e muitos dos métodos que as pessoas empregam para prever o futuro, como bolas de cristal ou horóscopo, são uma completa baboseira. Se você realmente quer saber o que vai acontecer amanhã, no ano que vem ou no próximo milênio, o melhor é apostar na matemática.

A matemática pode predizer se a Terra será atingida por um asteroide e por quanto tempo o Sol continuará a arder. Mas há ainda outras coisas que mesmo a matemática tem dificuldade de prever. Temos, por exemplo, as equações para explicar o clima, o crescimento populacional e a turbulência por trás de uma bola que se move no ar, mas não sabemos como resolver algumas dessas equações. O prêmio de US$ 1 milhão deste capítulo vai para a pessoa que conseguir resolver as equações de turbulência e predizer o que acontecerá em seguida.

A capacidade da matemática para predizer o futuro tem dado àqueles que compreendem a linguagem dos números um imenso poder. Desde os astrônomos dos tempos antigos, capazes de prever os movimentos dos planetas no céu noturno, até os administradores de fundos de investimentos, que predizem movimentos de preços no mercado de ações, as pessoas têm usado a matemática para dar uma espiadela no futuro. O poder da matemática foi reconhecido por santo Agostinho, que advertiu: "Cuidado com os matemáticos e com todos aqueles que fazem profecias vazias. Já existe o perigo de que os matemáticos tenham feito uma aliança com o diabo para obscurecer o espírito e confinar o homem às amarras do inferno."

Se, por um lado, parte da matemática moderna é diabolicamente difícil, em lugar de nos manter nas trevas, seus praticantes estão constantemente à procura de novas ideias para lançar luz sobre eventos futuros.

Como a matemática salvou Tintim?

Na história em quadrinhos de Hergé *O Templo do Sol*, o jovem repórter belga Tintim é feito prisioneiro de uma tribo inca depois de se perder dentro do Templo do Deus Sol. Os incas condenam Tintim e seus amigos, capitão Haddock e professor Girassol, a serem queimados na fogueira. O fogo deve ser aceso por uma lente de aumento que concentra os raios de sol numa pilha de lenha. Tintim, no entanto, tem permissão de escolher a hora da morte. Mas poderá usar esse benefício para salvar a si mesmo e a seus amigos?

Tintim faz os cálculos matemáticos e descobre que um eclipse solar atingirá a área em alguns dias, então escolhe a hora da morte de modo a coincidir com o eclipse. (Na verdade, uma outra pessoa fez os cálculos; ele lera a previsão num recorte de jornal.) Pouco antes da hora marcada para o eclipse, Tintim proclama: "O Deus Sol não ouvirá vossas preces! Ó magnífico Sol, se é tua vontade que vivamos, dá-nos um sinal!" Exatamente como a matemática previra, o Sol desaparece, e a tribo, aterrorizada, liberta Tintim e seus amigos.

A matemática é a ciência de discernir padrões, e é assim que ela nos dá o poder de enxergar o futuro. Os primeiros astrônomos que observaram o céu noturno perceberam que os movimentos da Lua, do Sol e dos planetas se repetiam. Muitas culturas usam padrões celestes como meio de acompanhar a passagem do tempo. Diversos calendários diferentes são possíveis porque o Sol e a Lua dançam conforme um ritmo maluco, sincopado, ao percorrer seu caminho pelo céu; mas uma coisa que todos esses calendários têm em comum é o papel da matemática em dar sentido aos ciclos da Lua e do Sol para marcar o tempo. Curioso é o papel do número 19 para determinar a data em que são celebrados os feriados móveis, como a Páscoa.

A unidade básica de tempo comum a todos os calendários é o dia de 24 horas. Isso não corresponde ao tempo que a Terra leva para dar uma volta em torno de seu eixo, que, na verdade, é um pouco menos, 23 horas 56 minutos e 4 segundos. Se fôssemos usar esse período ligeiramente menor como duração do dia, nosso relógio e a Terra em rotação ficariam cada vez mais fora de sintonia, à medida que esses 3 minutos e 56 segundos fossem se acumulando, até o meio-dia no relógio ocorrer à meia-noite. Assim, para o propósito de medir o tempo, definimos um dia — ou, para usar o termo correto, um dia solar — como o tempo que o Sol leva para retornar à mesma posição no céu em um determinado ponto da superfície terrestre. Após uma rotação completa, a Terra terá se movido na sua órbita cerca de $1/365$ de uma revolução completa, de modo que são cerca de $1/365$ de rotação, ou $1/365$ de um dia — cerca de 3 minutos e 56 segundos — para o Sol voltar ao mesmo ponto no céu.

Para ser mais preciso, a Terra leva 365,2422 desses dias solares para dar uma volta em torno do Sol. O calendário gregoriano, adotado na maioria dos países, baseia-se numa aproximação bastante razoável desse ciclo. A fração 0,2422 é quase ¼, ou 0,25; então, somando um dia extra ao calendário a cada quatro anos, o calendário gregoriano mantém-se num compasso bastante bom com a Terra se movendo em torno do Sol. São necessários alguns ajustes, porque 0,2422 não é exatamente 0,25; a cada cem anos damos um salto e deixamos de ter o ano bissexto, e a cada quatrocentos anos abandonamos o salto e mantemos o ano bissexto.

O calendário islâmico usa o ciclo da Lua em vez do ciclo solar. Aqui a unidade básica é o mês lunar, e 12 desses meses formam um ano lunar. O mês lunar, cujo início é determinado pela visão da lua nova em Meca, tem mais ou menos 29,53 dias, tornando o ano lunar 11 dias mais curto que o ano solar. Divide-se 365 por 11, o que é aproximadamente 33, de modo que são precisos 33 anos para o mês do Ramadã dar a volta toda pelo ano solar, e é por isso que o Ramadã vai deslizando pelo ano estabelecido pelo calendário gregoriano.

Os calendários judaico e chinês fazem misturas e ajustes, usando o ciclo da órbita da Terra em torno do Sol e o ciclo da órbita da Lua em torno da Terra. Eles adicionam um mês bissexto, aproximadamente, em cada terceiro ano, e a chave para os cálculos é o número mágico 19. Dezenove anos solares (= 19.365,2422 dias) equivalem quase exatamente a 235 meses lunares (= 235 × 29,53 dias). O ano chinês tem sete anos bissextos a cada ciclo de dezenove anos para manter em sincronia os calendários lunar e solar.

O número 19 foi importante nos cálculos de Tintim porque a sequência de eclipses do Sol e da Lua também se repete a cada dezenove anos. O episódio de *O Templo do Sol* baseia-se num famoso momento histórico, quando o explorador Cristóvão Colombo usou um eclipse lunar, em vez de solar, para salvar sua tripulação quando encalharam na Jamaica, em 1503. Os habitantes locais foram amistosos no princípio, mas tornaram-se hostis e recusaram-se a abastecer Colombo e sua tripulação com provisões. Com o risco de morrer de fome, Colombo divisou um plano astucioso. Consultou seu almanaque — um livro com previsões de marés, ciclos lunares e posições de astros usado por marinheiros para navegação — e descobriu que havia um eclipse lunar previsto para 29 de fevereiro de 1504. Colombo convocou os habitantes locais três dias antes do eclipse e os ameaçou: se não lhe dessem mantimentos, ele faria a Lua desaparecer.

Os mantimentos não vieram — os habitantes locais não acreditaram que Colombo tivesse o poder de fazer a Lua desaparecer. Mas, na noite de 29 de fevereiro, quando a Lua se ergueu acima do horizonte, puderam ver que um pedacinho já havia sido mordido e arrancado. Segundo o filho de Colombo, Fernando, à medida que a Lua ia sumindo no céu noturno, os nativos foram ficando aterrorizados, e "com grandes uivos e lamentos vieram correndo de todas as direções para os navios, carregados de provisões, rogando ao almirante que intercedesse com seu deus em nome deles". Por meio de cálculos precisos, Colombo programou a hora de seu perdão aos nativos de modo a coincidir com o reaparecimento gradual da Lua. Esta talvez seja uma história apócrifa ou exagerada pelos espanhóis para comparar os espertos conquistadores europeus aos nativos ignorantes. Porém, em seu cerne, ela mostra o poder da matemática.

Quando será o próximo eclipse?

Se você souber a hora de um eclipse, poderá usar uma equação matemática para calcular a hora de outro. Os cálculos dependem de dois números importantes.

O primeiro é o mês sinódico (*S*) de 29,5306 dias. Ele é o tempo médio que a Lua leva para dar uma volta em torno da Terra e voltar à mesma posição relativa ao Sol, o tempo médio entre duas luas novas.

O outro é o mês draconiano (*D*) de 27,2122 dias. A órbita da Lua em torno da Terra é ligeiramente inclinada em relação à órbita da Terra em torno do Sol. As duas órbitas se cruzam em dois lugares, chamados nódulos da órbita lunar, como mostrado na Figura 5.01. O mês draconiano é o tempo médio que a Lua leva, a partir de um nódulo, para passar pelo nódulo oposto e retornar ao primeiro.

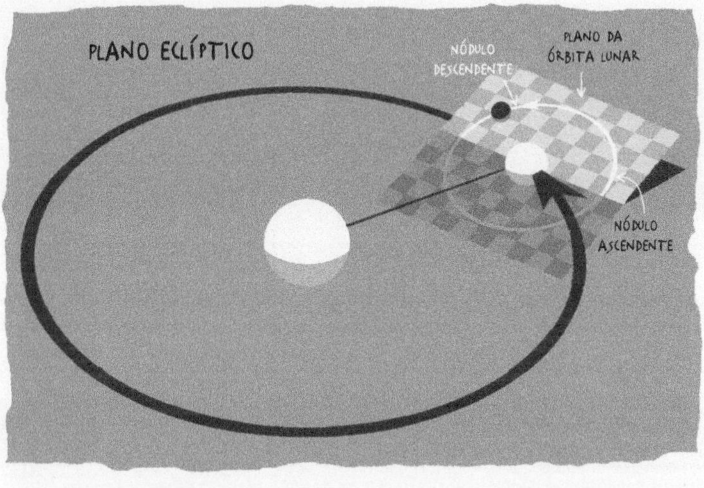

FIGURA 5.01: A órbita da Lua intercepta a órbita da Terra em dois lugares, chamados nódulo ascendente e nódulo descendente.

Para todo par de números inteiros *A* e *B*, você pode achar aqueles que tornam $A \times S$ muito próximo de $B \times D$, e terá a data de um eclipse $A \times S \approx B \times D$ dias após o último eclipse observado. E haverá outro eclipse após

$A \times S \approx B \times D$ dias. A sequência de eclipses continuará por algum tempo, mas, pelo fato de a equação não ser exata, os eclipses ficarão cada vez menos precisos, até que Sol, Lua e Terra não estejam mais alinhados. Este será o fim desse particular ciclo de eclipses.

Eis um exemplo:

$A = 223$ meses sinódicos é muito próximo de $B = 242$ meses draconianos, de modo que a cada $223 \times 29{,}5306 \approx 242 \times 27{,}2122$ dias após um eclipse haverá outro, quase idêntico. Esse é um período de aproximadamente 6.585 ⅓ dias, ou cerca de 18 anos, 11 dias e 8 horas. A variação de 8 horas significa que os próximos dois eclipses desses serão vistos de locais diferentes sobre a superfície da Terra. No entanto, o terceiro atingirá o mesmo ponto, de modo que a cada 3 vezes 18 anos 11 dias e 8 horas, ou aproximadamente 19.756 dias inteiros, haverá uma repetição do eclipse.

Por exemplo, um eclipse lunar total visível na América do Norte em 21 de dezembro de 2010 é uma repetição do eclipse de 9 de dezembro de 1992 vista na Europa. Ele foi visto pela última vez na América do Norte em 18 de novembro de 1956. Houve outros eclipses entre as datas, mas são parte de outros ciclos que correm paralelamente a este. A matemática ajuda você a calcular a data do próximo eclipse em cada ciclo.

O poder da matemática de predizer acontecimentos no céu noturno reside em identificar padrões que se repetem. Mas como podemos predizer algo novo? A história de como usar as equações da matemática para vasculhar o futuro começa com a predição do comportamento de objetos simples, como uma bola de futebol.

Se eu deixar cair uma pluma e uma bola de futebol, qual das duas chegará ao chão primeiro?

A bola de futebol, claro. Você não precisa ser um gênio matemático para predizer isso. Mas se eu soltar duas bolas do mesmo diâmetro, uma com chumbo dentro e outra com ar? Para a maioria das pessoas, a primeira reação é dizer que a bola de chumbo chegará ao chão primeiro. Esta era a crença de Aristóteles, um dos grandes pensadores de todos os tempos.

Num experimento apócrifo, o cientista italiano Galileu Galilei mostrou que essa resposta intuitiva está completamente errada. Ele trabalhava em Pisa, local da mundialmente famosa torre inclinada. Que lugar melhor para jogar as coisas do alto, de um dos lados, e ter um aprendiz parado embaixo para ver quem pousava primeiro? Galileu provou que Aristóteles estava errado: as duas bolas, mesmo com pesos diferentes, atingem o chão ao mesmo tempo.

Galileu percebeu que o peso do objeto não entrava em jogo. O que faz uma pluma cair mais devagar que uma bola é a resistência do ar; se fosse possível eliminar o ar, pluma e bola deveriam cair com a mesma velocidade. Um lugar onde se poderia testar essa teoria é a superfície sem ar da Lua. Em 1971, o comandante da missão Apollo 15, David Scott, recriou o experimento de Galileu deixando cair um martelo geológico e uma pena de falcão ao mesmo tempo. Os dois objetos caíram muito mais devagar que na Terra, em decorrência da menor atração gravitacional da Lua, mas eles chegaram ao chão ao mesmo tempo, exatamente como Galileu predisse.

A recriação do experimento de Galileu feita pela Nasa durante a viagem lunar pode ser vista em **http://bit.ly/Galileoprediction** ou usando o smartphone para escanear o código.

Como afirmou depois o responsável pela missão, o resultado foi "animador, considerando tanto o número de espectadores que testemunharam o experimento quanto o fato de que a viagem de volta para casa baseava-se na validade da teoria que estava sendo testada". Isso é verdade: seria impossível planejar viagens espaciais sem equações matemáticas para predizer o voo de uma espaçonave empurrada e puxada pela gravidade da Terra, Sol, Lua e planetas, além do impulso dos motores.

Uma vez descoberto que o peso de um objeto em queda era irrelevante para a velocidade, Galileu quis ver se conseguia predizer quanto tempo levaria para um objeto atingir o solo. Os objetos caíam rápido demais para uma medição acurada da queda de um local como a Torre de Pisa, então ele resolveu fazer o experimento colocando bolas para rolar num plano inclinado, a fim de ver como variava a velocidade. Descobriu que se a bola rolasse uma unidade de distância após 1 segundo, então após 2 segundos ela teria percorrido 4 unidades de distância, e após 3 segundos teria percorrido 9 unidades. Ele pôde então predizer que após 4 segundos a bola devia percorrer um total de 16 unidades de distância — em outras palavras, a distância que um corpo cai é proporcional ao quadrado do tempo que leva para cair. Em símbolos matemáticos:

$$d = \tfrac{1}{2}gt^2,$$

onde d é a distância que o corpo percorre e t é o tempo. O fator g, conhecido como aceleração pela gravidade, dizia a Galileu como a velocidade vertical de um corpo em queda variava a cada segundo. Para uma bola largada do alto da Torre de Pisa, após 1 segundo, a velocidade será g, após 2 segundos será $2g$, e assim por diante. A fórmula de Galileu foi um dos primeiros exemplos de uma equação matemática usada para descrever a natureza — daquilo que viria a se chamar lei da física.

Esse uso da matemática revolucionou a forma de entender o mundo. Antes disso, as pessoas usavam a linguagem cotidiana para descrever a natureza, e essa linguagem era vaga — podia-se dizer que algo estava caindo, mas não quando chegaria ao chão. Com a linguagem da matemática, as pessoas não só descreviam a natureza com mais exatidão, como também prediziam a maneira que ela iria se comportar no futuro.

Tendo elaborado o que acontece com a bola quando largada no espaço, o passo seguinte de Galileu foi predizer o que acontece quando ela é chutada.

Por que Wayne Rooney resolve uma equação de segundo grau toda vez que chuta de primeira para o gol?

"Beckham cobra a falta, Rooney entra na área, chuta de primeira... Goool!!!"

Mas como Rooney fez isso? Talvez você nem pense nisso, mas Rooney tem de ser muito bom em matemática para conseguir marcar um gol desses. Toda vez que ele se posiciona para receber uma cobrança de falta de Beckham, resolve subconscientemente outra das equações concebidas por Galileu para poder prever onde a bola vai cair.

Equações são como receitas. Pegue os ingredientes, misture de uma determinada maneira e a equação cospe o resultado. Para construir a equação que Rooney terá de resolver, Galileu precisa dos seguintes ingredientes: a velocidade horizontal da bola que vem chegando (u), a velocidade vertical (v) que a bola adquiriu ao deixar o pé de Beckham e o efeito da gravidade, sintetizado no número g, que diz a Rooney como a velocidade vertical da bola varia em cada segundo. O valor de g depende do planeta em que se joga futebol; na Terra, a gravidade faz aumentar a velocidade em, aproximadamente, 9,8 metros por segundo a cada segundo. A equação de Galileu então diz a Rooney a altura da bola em qualquer ponto em relação ao lugar de onde foi cobrada a falta. Por exemplo, se a bola está a uma distância horizontal de x metros de onde Beckham cobrou a falta, a altura acima do chão será de y metros, onde y é dado pela equação:

$$y = \frac{v}{u}x - \frac{g}{2u^2}x^2$$

A receita é o conjunto de instruções matemáticas sobre o que fazer com todos esses números; o resultado é a altura da bola em certo ponto de sua trajetória.

Para Rooney resolver a que distância se colocar da cobrança da falta para chutar de primeira ou cabecear a bola para o fundo da rede, ele precisa desfazer a equação e trabalhar de trás para diante. Primeiro, decide que quer cabecear. Rooney tem, aproximadamente, 1,80 metro de altura, então a bola precisa estar a uma altura de 1,80 metro se ele quiser cabecear (sem pular). Ele conhece os valores de u, v e g. Vamos escolher alguns números aproximados:

$$u = 20, \qquad v = 10, \qquad g = 10$$

(Se você está preocupado com unidades, as velocidades u e v são em metros por segundo, e g é em metros/segundo².)

A única coisa que Rooney não sabe é a que distância de Beckham se colocar para interceptar a bola da maneira correta. Mas a equação possui essa informação codificada em seu conteúdo, só que não é aparente. A equação diz que Rooney deve ficar a x metros de Beckham, onde x é o número que torna a equação

$$1{,}8 = \frac{10}{20}x - \frac{10}{2x400}x^2$$

verdadeira. Fazendo as simplificações e rearrumando a equação, teremos

$$x^2 - 40x + 144 = 0$$

Esse tipo de equação parece familiar — é uma equação que todos aprendemos a resolver na escola, e chama-se equação de segundo grau. Pense nela como uma dica crítica de um jogo de palavras cruzadas, escondendo o verdadeiro valor de x.

Surpreendentemente, o primeiro povo a começar a resolver equações desse tipo foram os antigos babilônios. Suas equações de segundo grau, ou quadráticas, não descreviam trajetórias de bolas de futebol, mas apareciam quando faziam levantamentos topográficos em torno do rio Eufrates. Uma equação quadrática surge toda vez que se tenta calcular uma grandeza multiplicada por si mesma. Nós chamamos esse valor de "quadrado" porque ele nos dá a área de um quadrado, e foi no contexto do cálculo da área de um terreno que as equações quadráticas foram formuladas pela primeira vez.

Eis um problema típico: se um campo retangular tem uma área de 55 unidades quadradas e um lado é 6 unidades mais curto que o outro, qual o comprimento do lado maior? Se chamarmos o lado maior de x, então o problema nos diz que $x \times (x - 6) = 55$, ou, simplificando,

$$x^2 - 6x + 55 = 0$$

Mas como se faz para desvendar essa pista matemática críptica?

Os babilônios inventaram um método elegante: desmanchavam o retângulo e rearranjavam os pedaços de modo a formar um quadrado, forma mais fácil de lidar. Podemos dividir em pedaços o nosso campo exatamente como os escribas babilônios teriam feito milhares de anos atrás (Figura 5.02).

Comecemos cortando um pequeno retângulo medindo $3 \times (x - 6)$ unidades na extremidade do retângulo; em seguida o viramos na horizontal e, nessa posição, o encaixamos na base do retângulo. A área total não mudou, apenas o formato. O novo formato agora é quase um quadrado com um lado que mede $x - 3$ unidades. Falta, porém, um pequeno quadrado de 3×3 no canto. Se acrescentarmos esse pequeno quadrado, aumentaremos a área original em 9 unidades. Portanto, a área desse novo quadrado grande é $55 + 9 = 64$ unidades. Agora temos a tarefa simples de tirar a raiz quadrada de 64 para descobrir o comprimento do lado, que deve ser 8. Mas o lado desse quadrado grande tinha 3 unidades a menos que o lado maior do retângulo, portanto $x - 3$. Então, $x - 3 = 8$ e $x = 11$. Embora estivéssemos apenas embaralhando pedaços imaginários de terreno, isso estabelece um método geral para resolver essas quadráticas crípticas.

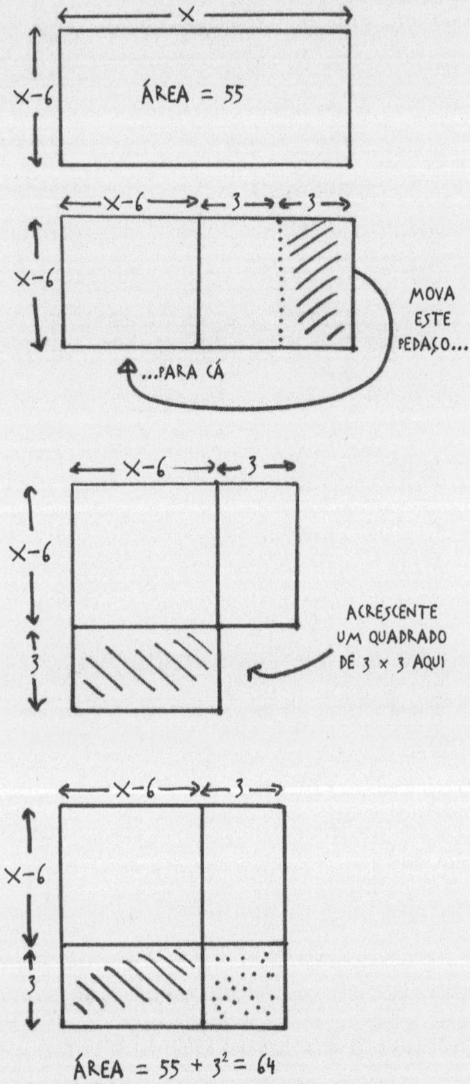

FIGURA 5.02: Como resolver uma equação quadrática completando um quadrado.

Uma vez criada a álgebra, no século IX, no atual Iraque, foi possível escrever uma fórmula que captava o método babilônico. A álgebra foi desenvolvida pelo diretor da Casa do Saber em Bagdá, um homem chamado

Muhammad ibn-Musa al-Khwarizmi. A Casa do Saber era o principal centro intelectual da época, atraindo eruditos do mundo inteiro para estudar astronomia, medicina, química, zoologia, geografia, alquimia, astrologia e matemática. Os estudiosos muçulmanos coletaram e traduziram muitos textos antigos, salvando-os para a posteridade — sem a intervenção deles, talvez nunca tivéssemos conhecimento das culturas antigas de Grécia, Egito, Babilônia e Índia. No entanto, os estudiosos da Casa do Saber não se contentaram em traduzir a matemática de outros povos. Queriam criar uma matemática própria para fazer o tema progredir.

A curiosidade intelectual era ativamente incentivada nos primeiros séculos do Império Islâmico. O Corão ensinava que o conhecimento do mundo aproximava as pessoas do conhecimento sagrado. Na verdade, o islã exigia habilidades matemáticas, porque o muçulmano devoto tinha de calcular os horários das preces e precisava saber a direção de Meca, pois devia estar voltado para aquela direção nas orações.

A álgebra de Al-Khwarizmi revolucionou a matemática. Álgebra é uma linguagem que explica os padrões subjacentes ao comportamento dos números, e sua gramática está por trás do modo como os números interagem. Um pouquinho semelhante a um código para rodar um programa de computador, ela trabalha com os números que você usa para alimentar o programa. Embora os babilônios antigos tivessem divisado um método astuto de resolver equações quadráticas específicas, foi a formulação algébrica de Al-Khwarizmi que, em última análise, levou a uma fórmula que podia ser usada para resolver qualquer equação de segundo grau.

Sempre que se tem uma equação quadrática do tipo $ax^2 + bx + c = 0$, onde a, b e c são números, então o jogo de montar geométrico pode ser traduzido numa fórmula com x de um lado e uma receita combinando a, b e c do outro:

$$x = \frac{-b + \sqrt{b^2 - 4ac}}{2a}$$

É essa fórmula que permite a Rooney desfazer a equação controlando o voo da bola para deduzir onde deve se colocar. Nós o deixamos quando sabia que precisava se situar a x metros da posição de cobrança da falta, onde

$$x^2 - 40x + 144 = 0$$

Usando a álgebra, ele pode deduzir que deve se posicionar a 36 metros de Beckham para interceptar a bola com a cabeça.

Como foi que ele fez isso? Bem, na equação de segundo grau que controla o chute de Beckham, $a = 1$, $b = -40$ e $c = 144$. Então, a fórmula para desfazer a equação nos diz que a distância que Rooney deve se posicionar de Beckham é

$$x = \frac{40 + \sqrt{1.600 - 4 \times 144}}{2} = 20 + \frac{\sqrt{1.024}}{2} = 20 + 16 = 36 \text{ metros}$$

Interessante notar que, como -32 também é raiz quadrada de 1.024, obtemos outra solução: $x = 4$ metros. Este é o ponto em que a bola está a 1,80 metro subindo na sua trajetória; Rooney vai esperar até que a bola comece a cair. Como sempre existe uma raiz quadrada negativa, além da positiva, temos sempre duas soluções para a fórmula. Para indicar isso, às vezes a equação vem com o sinal $\pm$ em vez de $+$ na frente do símbolo de raiz quadrada.

Claro que Rooney usa uma abordagem muito mais intuitiva, que não exige dele cálculos matemáticos mentais durante 90 minutos. Mas isso mostra como o cérebro humano é praticamente programado pela evolução para ser bom em previsões.

Por que um bumerangue volta ao ponto de partida?

Coisas estranhas acontecem com os objetos quando eles giram. Quando você chuta uma bola fora do centro dela, ela faz uma curva no ar; e quando você joga uma raquete de tênis para o alto, ela sempre gira antes de você pegá-la de volta. Um giroscópio parece desafiar a gravidade mantendo-se na horizontal. Mas o exemplo clássico de comportamento estranho de objeto em giro é como o bumerangue volta ao ponto de partida.

A dinâmica de objetos girando é muito complicada e tem desafiado gerações de cientistas. Mas agora sabemos que o motivo de um bumerangue regressar ao ponto de partida tem a ver com dois fatores diferentes. O primeiro está relacionado à sustentação de uma asa de avião, e o segundo é o chamado efeito giroscópico. Equações matemáticas ajudam a explicar e, em última instância, predizer como a geometria de uma asa gera uma força que a impulsiona para cima, contrapondo-se à força da gravidade, que atrai o avião para baixo. As asas do avião têm um formato tal que o ar flui mais depressa sobre a asa sob ela. O ar de cima é espremido e empurrado mais depressa sobre a asa. É o mesmo princípio da água correndo pelo cano: onde o cano fica mais estreito, a água corre mais depressa.

A segunda equação, chamada equação de Bernoulli, mostra que quanto maior a velocidade do ar sobre a parte superior da asa, menor a pressão sobre ela, e que quanto menor a velocidade do ar sob a asa, maior a pressão. Essa diferença entre pressão acima e abaixo da asa cria a força que ergue e sustenta o avião no ar.

Se você olhar com atenção um bumerangue, verá que cada braço tem formato semelhante ao da asa de um avião, e é isso que faz o bumerangue virar. Para lançar um bumerangue com esperança de que ele retorne, você precisa lançá-lo a partir de uma posição vertical, de tal modo que (pensando nele como um avião) sua asa direita fique por cima e a esquerda, por baixo. A mesma força que sustenta a asa do avião agora impulsiona o bumerangue para a esquerda.

Mas aqui há algo um pouco mais sutil. Se o bumerangue simplesmente se comportasse como um avião, então a força apenas o mandaria para a esquerda, não o faria voltar. Ele volta porque, ao ser jogado, recebe um giro que, graças ao efeito giroscópico, faz com que a força que o empurra para a esquerda mude constantemente de direção, forçando o bumerangue a percorrer um arco de círculo.

Quando lanço o bumerangue, a parte de cima simplesmente gira para a frente, e a parte de baixo gira para trás. A parte de cima é como a asa de um avião, viajando mais depressa pelo ar. Num avião que voa horizontalmente, esse movimento mais rápido cria mais sustentação. Mas no bumerangue, que é lançado verticalmente, isso faz com que o objeto se incline, que a parte superior penetre no arco de giro de seu voo.

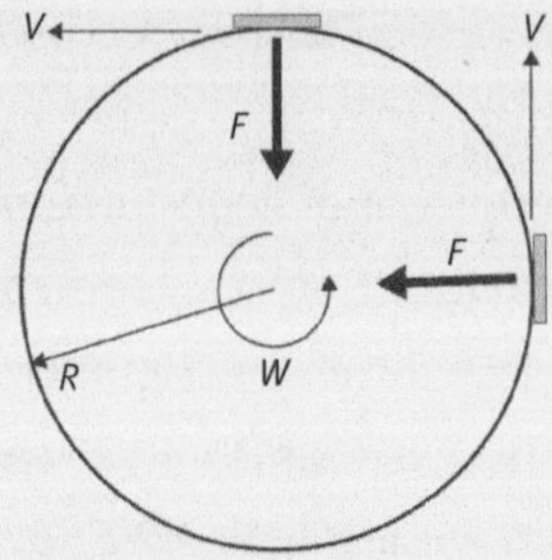

FIGURA 5.03: Fatores que compõem o movimento de um bumerangue. *F* é a força criada pela sustentação, *V* é a velocidade com que o centro do bumerangue se move, *R* é o raio da trajetória do bumerangue, e *W* é a taxa de precessão.

Agora entra em jogo o efeito giroscópico. Quando se coloca um giroscópio numa base em posição vertical, ele gira de maneira regular. Mas quando ele se inclina, de modo que seu eixo de rotação forme um ângulo com a vertical, ocorre uma coisa que se chama precessão: o próprio eixo de rotação começa a girar. É isso que acontece com o bumerangue girando. Seu eixo de rotação é uma linha imaginária que passa pelo centro, e à medida que esse eixo gira, o bumerangue é forçado a percorrer um círculo.

Qualquer pessoa que tenha lançado um bumerangue saberá que não é fácil fazer com que ele volte. É preciso arremessá-lo de tal maneira que *V*, a velocidade com que ele sai da nossa mão, e *S*, a taxa de giro que você imprime ao bumerangue ao lançá-lo, satisfaçam a fórmula

$$a \times S = \sqrt{2Vi},$$

onde *a* é o raio do bumerangue — a distância do centro à extremidade. Quebrando mais o pulso, é possível aumentar *S*, numa tentativa de fazer a fórmula funcionar.

O ângulo de inclinação do bumerangue depende da diferença entre a velocidade para diante da parte superior e da inferior. O topo viaja com uma velocidade $V + aS$, enquanto a base vai mais devagar, com velocidade $V - aS$, onde *S* é a velocidade angular que mede a taxa de giro do bumerangue em torno do centro (ver Figura 5.04). Portanto, é possível variar a inclinação do objeto variando as velocidades *V* e *S*, o que terá um efeito sobre a rapidez com que o bumerangue sofre precessão, ou se retorce, à medida que vai se movendo em torno de seu arco circular com velocidade *V*. Se o bumerangue não voltar, é possível que você não tenha dado um impulso giratório *S* correto em relação à velocidade de lançamento *V*. Essa equação pode auxiliá-lo a ajustar o lançamento.

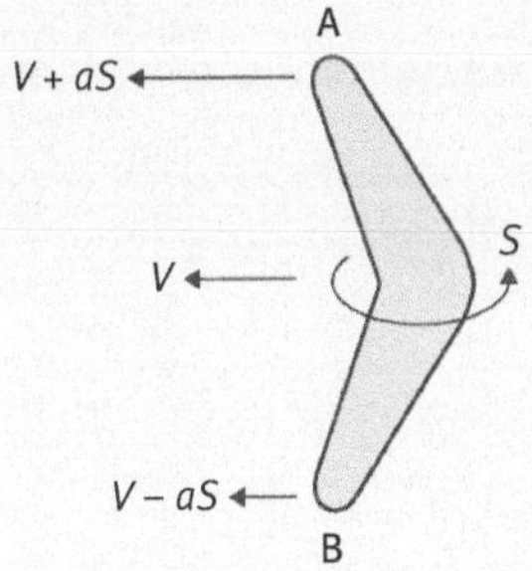

FIGURA 5.04: O topo do bumerangue viaja mais depressa que a base, graças ao giro.

Uma vez dominada a maneira de fazer o bumerangue voltar até você, será que arremessá-lo com mais força e mais depressa fará com que ele faça uma curva de arco ainda maior? Pode-se combinar a matemática para dar uma equação que nos diga o raio da trajetória circular. Mais uma vez, a equação é uma receita que contém vários ingredientes definindo o bumerangue e seu voo, misturando-os e dando como resultado o raio da trajetória. Eis os ingredientes:

J, o momento de inércia do bumerangue. É uma medida do grau de dificuldade para fazer o bumerangue girar; quanto mais pesado é o bumerangue, maior é J. O momento de inércia também depende do formato do objeto.

ρ, a densidade do ar através do qual o bumerangue vai voar.

C_l, o coeficiente de sustentação, número que determina a quantidade de sustentação que o bumerangue tem, e que depende de seu formato.

π, o número 3,14159…

a, o raio do bumerangue.

O raio *R* da trajetória do bumerangue é determinado misturando-se esses ingredientes na seguinte receita:

$$R = \frac{4J}{\rho C_1 \pi a^4}$$

Com essa equação, vemos que, se lançarmos o bumerangue com mais força e mais depressa, o raio da trajetória não muda, porque a velocidade não é um dos ingredientes da receita. O que acontece se dermos mais peso ao bumerangue grudando algum adesivo na ponta de cada asa? A equação nos ajuda a predizer que um aumento de peso aumentará o momento de inércia *J*, e isso fará aumentar o raio *R*. Assim, um bumerangue mais pesado percorre o arco de um círculo maior. É fundamental saber disso antes de lançar bumerangues em espaços confinados!

Você pode baixar um pdf do site Num8er My5teries com instruções para fazer seu bumerangue.

Você consegue fazer um ovo desafiar a gravidade?

Pegue um ovo cozido com casca. Deite-o de lado sobre uma mesa e dê um peteleco para ele girar. Como que por milagre o ovo se ergue, aparentemente desafiando as leis da gravidade. Mais estranho ainda, se você tentar fazer isso com um ovo cru, a mesma mágica não acontece.

Foi só em 2002 que os matemáticos descobriram uma explicação para esse comportamento. A energia rotacional é traduzida, via atrito com a mesa, em energia potencial, que empurra o centro de gravidade do ovo para cima. Se a mesa não tiver atrito ou tiver atrito demais, então o efeito não ocorre. Parte da energia transferida para um ovo cru é absorvida pelo líquido no interior, e não sobra o suficiente para empurrar o ovo para cima.

Por que os pêndulos não são tão previsíveis quanto parecem?

Foi Galileu, o mestre do uso da matemática para fazer previsões, o primeiro a desvendar o segredo do que faz um pêndulo oscilar. Conta a história que, quando tinha dezessete anos, Galileu assistia à missa na catedral de Pisa. Em um momento de tédio, olhou para o alto, em direção ao teto, e seus olhos deram com um lustre balançando suavemente na brisa que soprava pela edificação.

Galileu resolveu medir quanto tempo o lustre levava para balançar de um lado a outro. Não tinha relógio (ainda não havia sido inventado), então usou seu pulso para acompanhar o balanço. A grande descoberta que fez foi que o tempo que o lustre levava para completar uma oscilação não parecia depender do tamanho da oscilação. Em outras palavras, em essência, o tempo de oscilação não varia quando se aumenta ou diminui o ângulo do balanço. (Emprego a expressão "em essência" para indicar que, se formos um pouco mais fundo, as coisas ficam ligeiramente mais complicadas.) Quando o vento soprava mais forte, o lustre balançava descrevendo um arco maior, mas levava o mesmo tempo para oscilar do que quando o vento era mais fraco, e o lustre mal se movia.

Essa foi uma descoberta importante, e resultou no uso do pêndulo para registrar a passagem do tempo. Se você der partida num relógio de pêndulo, não precisa se preocupar com a distância lateral até onde você puxá-lo, especialmente porque o ângulo de oscilação irá decrescer com o tempo. Mas, então, do que depende o tempo de oscilação, e será que podemos prever se e como a oscilação mudará se aumentarmos o peso ou o comprimento do pêndulo?

Como podemos pressupor pelo experimento de Galileu na Torre de Pisa, um pêndulo mais pesado não oscila mais rápido, de modo que a oscilação não depende do peso. Mas o aumento do comprimento do pêndulo tem efeito sobre o tempo de oscilação. Descobre-se que multiplicando o comprimento por 4, o tempo de oscilação duplica. Multiplicando o comprimento por 9, o tempo triplica; multiplicando por 16, o tempo quadruplica.

Mais uma vez, há uma equação que capta essa previsão. O tempo de oscilação T aumenta segundo a raiz quadrada do comprimento L:

$$T \approx 2\pi\sqrt{\frac{L}{g}}$$

Essa é, na verdade, outra forma de escrever a equação criada por Galileu para as bolas que deixou cair da Torre de Pisa: o g é, novamente, a aceleração pela gravidade. A razão para o ≈ em lugar de = e do meu "em essência" empregado antes é que se trata de uma boa aproximação para o tempo que um pêndulo leva para ir e voltar. Contanto que a oscilação não seja grande demais, é possível usar a equação para predizer o comportamento do pêndulo. Mas se o ângulo de oscilação for muito grande — se dermos a partida no pêndulo quase verticalmente, por exemplo —, então a matemática se torna muito mais difícil. Agora o ângulo começa a ter um efeito sobre o tempo de oscilação, que Galileu não captou porque o lustre na catedral não podia executar oscilações grandes. E também não vemos tal efeito no relógio da vovó, porque a oscilação do pêndulo é pequena.

http://bit.ly/Myphysicslab é uma das muitas simulações de computador de um pêndulo duplo possíveis encontradas na internet. Você também pode observá-la usando seu smartphone para escanear o código ao lado.

Tente predizer se a parte inferior passará da próxima vez no sentido horário ou anti-horário pela parte superior do pêndulo. É praticamente impossível.

Para construir o seu pêndulo, acesse **http://bit.ly/DoublePendulum** ou escaneie este código com o smartphone.

A matemática necessária a fim de encontrar a equação correta para predizer o comportamento de um pêndulo com um ângulo de oscilação grande vai além do que é ensinado na maioria dos cursos de matemática da escola. Aqui está o início da fórmula. Ela, na verdade, possui infinitos termos que contribuem para o comportamento do pêndulo. θ_0 é o ângulo inicial que o pêndulo forma com a vertical.

$$T \approx 2\pi \sqrt{\frac{L}{g}} \left(1 + \frac{1}{16}\theta_0^2 + \frac{11}{3.072}\theta_0^4 + \ldots \right)$$

Mas isso não é nada comparado ao problema de prever o comportamento de um pêndulo ligeiramente modificado. Em vez de uma só haste rígida oscilando de lado a lado, imagine acrescentar um segundo pêndulo pendurado na base do primeiro, de modo que a coisa toda pareça um pouco uma perna, com uma parte superior e uma inferior ligadas no joelho. Predizer o comportamento desse pêndulo duplo é extremamente complexo. Não que as equações sejam muito mais complicadas, mas suas soluções são imprevisíveis: mudando só um pouquinho a posição inicial do pêndulo, o resultado pode ser drasticamente diferente. Isso acontece porque o pêndulo duplo é o exemplo de um fenômeno matemático chamado caos. Mas um pêndulo duplo não é só um gostoso brinquedinho de computador. A matemática por trás dele tem consequências importantes para uma questão que pode afetar o futuro da própria humanidade.

Será que o sistema solar vai se esfacelar?

Desde que Galileu investigou pela primeira vez a queda de objetos e a oscilação de pêndulos, os matemáticos formularam centenas de milhares de equações que predizem como a natureza se comporta. Essas equações são os alicerces da ciência moderna e conhecidas como leis da natureza. A matemática tem nos possibilitado criar o complexo mundo tecnológico em que vivemos. Engenheiros se baseiam em equações para garantir que as pontes não caiam e que os aviões permaneçam no ar. Você pensaria, com base na nossa história até aqui, que predizer o futuro sempre é fácil, mas nem sempre é tão simples — como descobriu o matemático francês Henri Poincaré.

Em 1885, o rei Oscar II da Suécia e Noruega ofereceu um prêmio de 2.500 coroas para quem conseguisse estabelecer matematicamente, de uma vez por todas, se o sistema solar continuaria a girar como um mecanismo de relógio, ou se era possível que, em algum momento, a Terra espiralasse para longe do Sol e mergulhasse no espaço. Poincaré achou que podia encontrar a resposta, e começou a investigar.

Uma das jogadas clássicas que os matemáticos fazem quando estão analisando problemas complicados é simplificar o cenário na esperança de que tudo fique mais fácil de se resolver. Em vez de começar com todos os planetas do sistema solar, Poincaré considerou um sistema de apenas dois corpos. Isaac Newton já havia provado que suas órbitas seriam estáveis: os dois corpos simplesmente percorrem órbitas elípticas um em torno do outro, prosseguindo para sempre e repetindo o padrão.

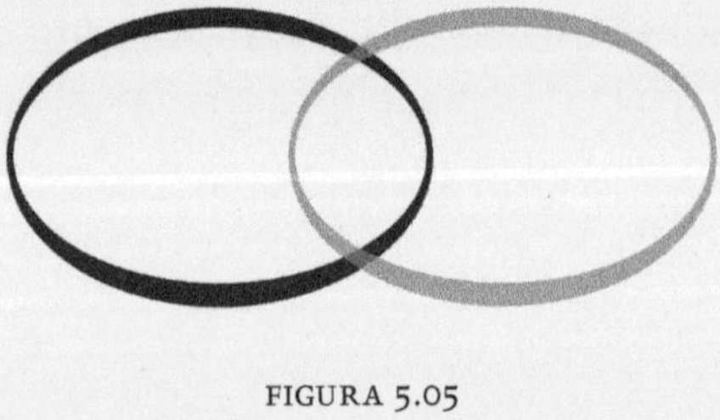

FIGURA 5.05

Tomando esse ponto de partida, Poincaré começou a cogitar o que acontece quando outro planeta é adicionado à equação. O problema é que tão logo se tenham três corpos num sistema, por exemplo, Terra, Lua e Sol, a questão de saber se suas órbitas são estáveis fica muito complicada — tanto que atordoou o grande Newton. O problema é que agora há dezoito ingredientes distintos para combinar na receita: as coordenadas exatas de cada corpo em cada uma das três dimensões e suas velocidades em cada dimensão. O próprio Newton escreveu: "Considerar simultaneamente todas as causas de movimento e definir esses movimentos por leis exatas admitindo cálculos fáceis excede, se não estou enganado, a força da mente humana."

Poincaré não se intimidou. Fez avanços significativos, simplificando o problema por aproximações sucessivas das órbitas. Acreditava que, se arredondasse para cima ou para baixo as minúsculas diferenças que descobrira nas posições dos planetas, isso não afetaria tanto o resultado final. Embora não tivesse conseguido solucionar o problema na totalidade, suas ideias foram sofisticadas o bastante para lhe valer o prêmio do rei Oscar. No entanto, quando o artigo de Poincaré estava sendo preparado para publicação, um dos editores não conseguiu seguir a matemática envolvida e formulou uma questão. Será que Poincaré poderia justificar por que fazer uma pequena alteração na posição dos planetas resultaria somente numa pequena alteração em suas órbitas previstas?

Enquanto Poincaré tentava justificar sua premissa, percebeu que havia cometido um erro. Ao contrário do que pensara, mesmo uma pequena alteração nas condições iniciais — as posições e velocidades de partida dos três corpos —, isso podia produzir órbitas extremamente diferentes. A simplificação não funcionava. Entrou em contato com os editores e tentou impedir a impressão do artigo, porque publicar um texto errado em honra ao rei causaria tremendo furor. O material já havia sido impresso, mas a maioria dos exemplares foi recolhida e destruída.

Tudo era um terrível constrangimento. Mas, como muitas vezes acontece em matemática, quando algo sai errado, o motivo do erro leva a descobertas interessantes. Poincaré escreveu um segundo artigo, ampliado, explicando que alterações muito pequenas podiam fazer com que um sistema aparentemente estável se desmanchasse. O que ele descobriu com seu erro levou a um dos mais importantes conceitos matemáticos do último século: a teoria do caos.

Poincaré descobrira que até no Universo de Newton, funcionando como um relógio, equações simples podem produzir resultados extraordinariamente complexos. Não se trata da matemática da aleatoriedade ou da probabilidade. Estamos lidando, aqui, com um sistema que os matemáticos chamam de determinístico: um sistema controlado por equações matemáticas estritas e no qual, para qualquer conjunto de condições iniciais, o resultado será sempre o mesmo. Um sistema caótico ainda é determinístico, mas uma ligeira mudança nas condições iniciais leva a um resultado diferente demais.

Eis um exemplo em pequena escala que serve como modelo do sistema solar. Colocamos três ímãs no chão, um preto, um cinzento e um branco. Acima dos ímãs pomos um pêndulo magnético livre para oscilar em qualquer direção. O pêndulo será atraído pelos três ímãs, e oscilará entre eles antes de assumir uma posição estável. Na extremidade do pêndulo há um cartucho que vai deixando uma trilha de pingos de tinta. Colocamos o pêndulo para oscilar, e os pingos de tinta traçam a sua trajetória. O que tentamos, na verdade, simular é um asteroide zunindo por um sistema solar com três planetas o atraindo: no fim, o asteroide acaba atingindo um dos planetas.

O extraordinário é que é quase impossível repetir o experimento e obter a mesma trilha de tinta. Por mais que se tente soltar o pêndulo na mesma posição e na mesma direção, descobre-se que a tinta traça uma trajetória completamente diferente, e o pêndulo acaba atraído por um ímã diferente a cada vez. A Figura 5.06 mostra três trajetórias distintas que começam aproximadamente da mesma maneira, mas terminam em ímãs diferentes.

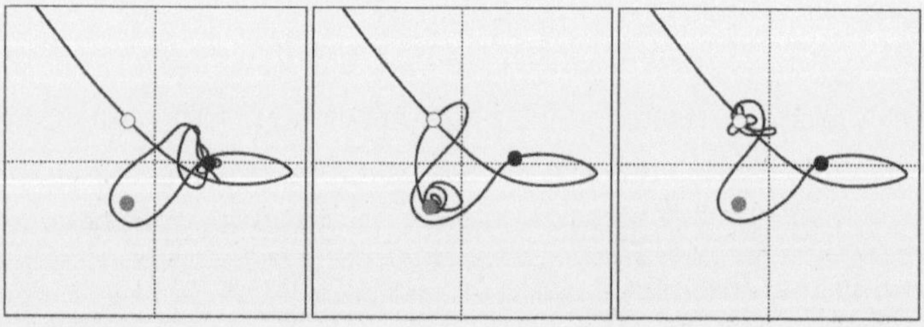

FIGURA 5.06: Uma pequena mudança na posição inicial do pêndulo pode levá-lo a percorrer uma trajetória totalmente diferente entre os três ímãs (mostrados como pequenos círculos: branco, cinzento e preto).

As equações que controlam a trajetória do ímã são caóticas, e uma simples e mínima mudança na localização inicial tem efeito drástico no resultado. Essa é a assinatura do caos.

Podemos levar um computador a gerar uma imagem de qual ímã atrairá o pêndulo. Os ímãs estão localizados no centro de três grandes blocos coloridos, em forma de vaso. Se você solta o pêndulo numa região preta, ele acabará se instalando no ímã preto. Da mesma maneira, se soltar o pêndulo na região branca ou cinzenta, ele acabará no ímã branco ou cinzento. Você pode ver regiões dessa figura nas quais mudar um bocadinho a posição inicial do pêndulo não afeta drasticamente o resultado. Por exemplo, se você começa perto do ímã preto, o pêndulo provavelmente terminará a viagem no ímã preto. Mas há outras regiões onde as cores mudam depressa em pequenas distâncias.

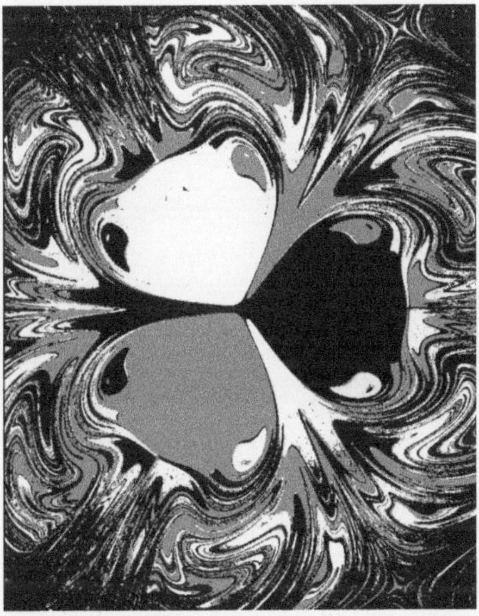

FIGURA 5.07: Esta imagem gerada pelo computador ilustra o comportamento do pêndulo se movendo pelos ímãs.

Esse é o exemplo de uma forma da qual a natureza gosta muito — o fractal. Fractais são a geometria do caos, e se você fizer "zooms" sucessivos em algumas regiões da figura, verá o mesmo nível de complexidade que observamos na p.98. É essa complexidade que torna o movimento do pêndulo tão difícil de predizer, embora as equações que o descrevam sejam bastante simples.

E se não estiver em jogo apenas o resultado de um pêndulo oscilatório, e sim o futuro do sistema solar? Talvez a leve perturbação de um asteroide errante provoque uma mudança pequena, mas suficiente para fazer o sistema solar se esfacelar por inteiro. Parece que foi isso que aconteceu num sistema solar próximo de nós, o Upsilon Andromedae. Os astrônomos acreditam que o comportamento estranho dos planetas ali existentes evidencia uma catástrofe na qual um dos planetas originais orbitando em torno da estrela foi ejetado após algo ter perturbado órbitas antes estáveis. Será que a mesma coisa pode acontecer com o nosso planeta?

Simplesmente para se assegurar, os cientistas recentemente usaram supercomputadores para tentar responder à pergunta que acabou derrotando Poincaré: será que a Terra está realmente em perigo de se perder no espaço? Eles rodaram as orbitais reais dos planetas para a frente e para trás no tempo. Felizmente, os cálculos mostraram que, com 99% de probabilidade, os planetas continuarão a percorrer suavemente suas órbitas por outros 5 bilhões de anos (época em que o Sol terá se tornado uma estrela gigante vermelha e engolido a parte interna do sistema solar). Mas isso ainda deixa a chance de 1% de um resultado ligeiramente mais interessante — pelo menos do ponto de vista matemático.

Descobriu-se que os planetas rochosos internos — Mercúrio, Vênus, Terra e Marte — têm órbitas menos estáveis que os gigantes gasosos — Júpiter, Saturno, Urano e Netuno. Abandonados à própria sorte, esses planetas grandes teriam um futuro notavelmente estável. É o diminuto Mercúrio que representa potencial para causar um desmantelamento catastrófico do sistema solar.

As simulações de computador revelam que uma estranha ressonância entre Mercúrio e Júpiter poderia evoluir de modo a fazer a órbita de Mercúrio começar a cruzar a órbita de seu vizinho mais próximo, Vênus. Isso prepararia o cenário de uma poderosíssima colisão entre Vênus e Mercúrio que provavelmente estraçalharia o sistema solar. Mas será que vai realmente ocorrer? Não sabemos. O caos torna muito difícil predizer o futuro.

Como uma borboleta pode matar milhares de pessoas?

Não é só o sistema solar que é caótico. Muitos fenômenos exibem traços caóticos: o comportamento do mercado de ações, a formação de uma onda gigante no mar, a batida do coração. Mas o sistema caótico que tem mais impacto sobre a vida de todo mundo é o clima. "Será que, daqui a 1 bilhão de anos, a Terra continuará a girar em torno do Sol?" — essa não é uma preocupação imediata. Queremos saber se o tempo ainda vai estar quente e ensolarado na semana que vem, e, em última análise, se o clima daqui a vinte anos será drasticamente diferente do atual.

A previsão do tempo sempre foi uma arte meio obscura, embora parte do folclore relativo ao clima agora tenha se mostrado verdadeiro. "Céu vermelho no fim do dia, para o pastor é só alegria." Isso dá certo porque os raios de sol ficaram avermelhados percorrendo uma larga região de céu limpo para oeste do pastor. Como na Europa os sistemas climáticos chegam, em geral, do oeste, céu vermelho quer dizer bom tempo a caminho.

Hoje os meteorologistas têm uma profusão de dados com os quais trabalhar, variando de medições feitas por estações meteorológicas junto ao mar a imagens e informações vindas de satélites. E possuem equações superprecisas para descrever como o choque de massas de ar na atmosfera interage para criar nuvens, vento e chuva. Se tivermos as equações matemáticas para controlar o clima, então deve ser bastante simples rodar num computador as equações com os dados climáticos de hoje e ver como será na semana que vem, certo?

Ai de nós! Mesmo com os supercomputadores, uma previsão do tempo com duas semanas de antecedência ainda não é confiável. Não podemos saber precisamente como será o tempo hoje, muito menos como será depois de amanhã. Mesmo as melhores estações climáticas têm uma precisão apenas limitada. Nunca podemos saber a velocidade exata de cada partícula de ar, a temperatura precisa em cada ponto do espaço, a pressão correta em todo o planeta, e apenas uma pequena variação em qualquer um desses fatores gera uma previsão de tempo muito diversificada. Isso deu origem à expressão "efeito borboleta": uma borboleta batendo as asas provoca minúsculas alterações na atmosfera que, em última instância, poderiam provocar a formação de um tornado ou de um furacão do outro lado do mundo, provocando devastação, tirando vidas e causando prejuízos de milhões.

Por essa razão, os meteorologistas rodam várias previsões do tempo simultaneamente, cada uma com uma ligeira variação nas medidas fornecidas pelas redes mundiais de estações climáticas e pelos satélites. Às vezes todas as previsões revelam resultados basicamente similares, e aí os meteorologistas podem ter uma confiança razoável de que o clima — embora tecnicamente caótico — ficará estável daqui a uma ou duas semanas. Porém, em alguns casos, as previsões diferem completamente, e os encarregados das previsões sabem que não há meio de predizer o tempo com acurácia, nem sequer para os próximos dias.

Com o pêndulo caótico oscilando entre três ímãs, havia regiões na figura que prediziam o comportamento do pêndulo em que uma pequena mudança na posição inicial não faria com que ele terminasse num ímã diferente. O mesmo se dá com o clima. Pense na grande região preta na Figura 5.07 como o clima no deserto: ali sempre será quente, por mais que a borboleta bata as asas. O mesmo ocorre para o Ártico, que é como o ímã que se encontra na região branca. Mas o tempo para o Reino Unido é como o pêndulo que começa o movimento num lugar onde as cores da figura mudam depressa apenas com uma pequena alteração na posição inicial.

Se soubéssemos as posições e velocidades precisas de todas as partículas do Universo, poderíamos predizer o futuro com certeza. O problema é que se uma dessas posições iniciais estiver levemente errada, o futuro será muito diferente. O Universo pode se comportar como o mecanismo de um relógio, mas nunca saberemos as posições das engrenagens com precisão suficiente para tirar proveito de sua natureza determinística.

Cara ou coroa?

O Campeonato Europeu de futebol de 1968 foi disputado antes de se resolver que a cobrança de pênaltis seria o meio de definir um jogo empatado.

Então, como Itália e União Soviética não tinham marcado nenhum gol depois da prorrogação da semifinal, lançou-se uma moeda para decidir qual dos dois times passaria à final. Desde os tempos dos romanos antigos se reconhece que a moeda é um modo justo de decidir uma disputa. Afinal, enquanto ela gira no ar, é impossível dizer como vai cair. Ou não é?

Teoricamente, se soubéssemos a posição da moeda enquanto ela girava e quando chegaria ao chão, seria possível calcular como ela cairia. Mas, assim como o clima, uma diferença mínima em qualquer um desses fatores não provocaria um resultado completamente diferente? Persi Diaconis, matemático da Universidade de Stanford, na Califórnia, resolveu testar se o lançamento de uma moeda é imprevisível como pensamos. Se as condições forem idênticas, toda vez que se lançar uma moeda, então a matemática sempre provocará o mesmo resultado. Mas estará a assinatura do caos oculta dentro do lançamento de uma moeda? E se mudarmos essas condições iniciais muito de leve — será que as mudanças se amplificam, de tal modo que, quando a moeda cair, será impossível saber se dará cara ou coroa?

Com o auxílio de amigos engenheiros, Diaconis construiu uma máquina de lançamento mecânico de moedas, capaz de reproduzir as condições do lançamento repetidas e repetidas vezes. Claro, haveria diferenças mínimas entre um lançamento e outro, mas será que essas diferenças provocariam resultados distintos, como o pêndulo oscilando entre os três imãs? Diaconis descobriu que, toda vez que repetia o experimento com a lançadora de moedas mecânica, a moeda caía sempre do mesmo lado. Então fez um treinamento para conseguir lançar a moeda de maneira idêntica toda vez que obtivesse dez caras seguidas. Tome cuidado para não apostar em lançamento de moedas com pessoas como Persi Diaconis.

Mas, e quanto à média dos lançadores de moedas humanos, que mudam o jeito de jogar a moeda de um lançamento para outro? Diaconis indagou se ainda haveria algum viés. Para começar sua análise matemática, ele precisava de um perito em objetos giratórios. Soube que tinha o homem necessário quando conheceu Richard Montgomery, cuja corrida para a fama baseava-se em provar o teorema do gato — que explica por que um gato lançado de qualquer ângulo sempre cai de pé. Ele e a estatística Susan Holmes demonstraram que uma moeda girando, lançada com um peteleco do polegar, tende a cair com um lado específico para cima.

Para converter a teoria em números de verdade, precisaram fazer uma análise meticulosa de como uma moeda girando se move no ar. Com o auxílio de uma câmera digital de alta velocidade, capaz de registrar 10 mil quadros por segundo, captaram o movimento de uma moeda e alimentaram de dados seu modelo teórico. O que descobriram talvez surpreenda: de fato, há um viés no lançamento de uma moeda. É um viés pequeno: 51% das vezes a moeda tendia a cair com a mesma face que estava para cima quando foi lançada no ar. A razão parece estar relacionada à física do bumerangue ou do giroscópio. Parece que a moeda girando também sofre precessão, como um giroscópio, e, assim, passa ligeiramente mais tempo no ar com a face que de início estava virada para cima. A diferença é insignificante para um lançamento, mas, a longo prazo, pode se tornar muito significativa.

O cassino é uma empresa que se preocupa com o longo prazo. O lucro depende de probabilidades no decorrer do tempo. Para cada lançamento de dados ou giro da roleta, o cassino depende de você errar a previsão de quanto sairá nos dados ou de onde cairá a bolinha. Contudo, da mesma maneira como no lançamento da moeda, se você souber, de forma precisa, as posições iniciais da roleta e da bolinha, e suas velocidades iniciais, teoricamente pode aplicar a física newtoniana para determinar onde a bolinha cairá. Faça a roleta começar a girar da mesma posição e com a mesma velocidade, e o crupiê lançar a bolinha exatamente da mesma forma, todas as vezes, e a bola cairá sempre no mesmo lugar. O problema é o mesmo que Poincaré descobriu: até uma pequena mudança nas posições e velocidades iniciais da roleta e da bolinha pode ter efeito drástico sobre o lugar onde ela cairá. O mesmo acontece com os dados.

Mas isso não significa que a matemática não o ajuda a estreitar a faixa onde a bolinha cairá. Você pode observá-la girando em volta da roleta algumas vezes antes de fazer sua aposta, de modo que tenha chance de analisar a trajetória e predizer o destino final. Três pessoas da Europa

Oriental — uma mulher húngara descrita como "linda e chique" e dois "elegantes" homens sérvios — fizeram exatamente isso. Usaram matemática para provocar uma catástrofe na roleta do cassino do London Ritz, em março de 2004.

Usando um escâner a laser escondido dentro de um telefone celular conectado a um computador, gravaram o giro da roleta em relação à bolinha durante duas rotações. O computador calculou uma região de seis números dentro da qual previa que a bolinha iria cair. No terceiro giro da roleta, os jogadores posicionaram suas apostas. Tendo aumentado suas chances de ganhar, de 37:1 para 6:1, o trio colocou as apostas nos seis números da seção onde o computador predisse que a bolinha cairia. Na primeira noite, eles embolsaram £ 100 mil. Na segunda noite, ganharam estonteantes £ 1 milhão e 200 mil. Apesar de serem presos e mantidos sob fiança policial durante nove meses, foram liberados com a permissão de ficar com os ganhos. Equipes de peritos concluíram que eles não tinham feito nada para manipular a roleta.

Os jogadores perceberam que, embora haja caos na roleta, uma pequena mudança nas posições iniciais da bolinha e da roleta nem sempre provoca alterações enormes nos resultados. É nisso que os meteorologistas se apoiam quando fazem previsões do tempo. Às vezes, quando rodam seus modelos computadorizados, descobrem que as mudanças de condições do tempo hoje não têm efeitos drásticos sobre a previsão. O computador dos jogadores fez a mesma coisa, percorrendo milhares de cenários diferentes para ver onde a bolinha poderia cair. Ele não conseguiu identificar a posição exata, mas uma região de seis números bastava para aumentar as chances em favor dos jogadores.

Você pode pensar, com base no que leu até agora, que a natureza se divide em problemas simples e previsíveis — como uma bola caindo do alto da Torre de Pisa — e problemas caóticos e difíceis de prever — como o clima. Mas as coisas não são definidas com tamanha nitidez. Às vezes, o que começa como algo facilmente previsível se torna caótico quando se altera uma pequena fração de alguma coisa.

Quem matou todos os lemingues?

Alguns anos atrás, ambientalistas notaram que a cada quatro anos o número de lemingues parecia diminuir drasticamente. Uma teoria popular era que, a cada tantas temporadas, esses roedores do Ártico dirigiam-se para um alto penhasco e se jogavam no abismo, mergulhando para a morte. Em 1958, uma unidade de história natural da Walt Disney Productions incluiu tomadas desse suicídio em massa no premiado documentário *White Wilderness*. A sequência parecia tão convincente que a palavra "lemingue" passou a ser usada para designar alguém que segue as massas sem questionar as consequências potencialmente desastrosas desse ato. O comportamento dos animais chegou a ser tema de um videogame no qual os jogadores tinham de salvar os lemingues de sua estúpida marcha rumo ao abismo.

FIGURA 5.08

Nos anos 1980, descobriu-se que a equipe de filmagem de *White Wilderness* havia falsificado toda a sequência. Segundo um documentário da TV canadense, os lemingues, que haviam sido comprados especialmente para a filmagem, recusaram-se a saltar em fila do penhasco — então, os membros da equipe os "estimulavam" quando eles chegavam à beirada. Mas se o suicídio em massa não é o responsável pela súbita queda no número de lemingues a cada quatro anos, qual a explicação?

Mais uma vez, descobrimos que a matemática tem a resposta. Uma equação simples nos diz quantos lemingues haverá de uma temporada para outra. Começamos por admitir que, por fatores ambientais tais como suprimento de comida e predadores, há um máximo de população que consegue sobreviver. Chamemos esse máximo de N. Digamos que L é o número de lemingues que sobreviveram da temporada anterior, e que, após os novos nascimentos, a população cresça para K lemingues. Uma fração desses K lemingues não irá sobreviver. A fração que morre é L/N, ou seja, o número de lemingues no ano anterior dividido pela máxima população possível. Então, $K \times L/N$ morrem, restando

$$K - K \times L/N$$

lemingues no final dessa temporada. Para simplificar nossos cálculos, digamos que a população máxima seja $N = 100$.

Essa equação, embora simples, tem alguns resultados surpreendentes. Comecemos olhando o que acontece se a população de lemingues duplicar a cada primavera, de modo que $K = 2L$. Destes, $2L \times L/100$ morrerão. Suponhamos que na primeira temporada haja 30 lemingues. A equação prevê que no fim da segunda temporada haverá $60 - (60 \times 30/100) = 42$ lemingues. Eles continuam aumentando em número, até que no quarto ano há 50 lemingues.

Para ver as cenas de *White Wilderness*, vá para **http://bit.ly/Whitewilderness**, ou use o seu smartphone para escanear o código.

Daí por diante, o número de lemingues que sobrevive a cada ano permanece constante, em 50. A surpresa é que, qualquer que seja a população original no começo da primeira temporada, o número de lemingues restantes no fim de cada temporada subsequente sempre acabará se assentando em metade do número máximo, e ali permanecerá. Assim, uma vez atingido o número de 50 lemingues, esse número dobra para 100 durante a temporada, mas no fim dela 100 × $^{50}/_{100}$ terão morrido, deixando novamente uma população de 50 lemingues (Figura 5.09).

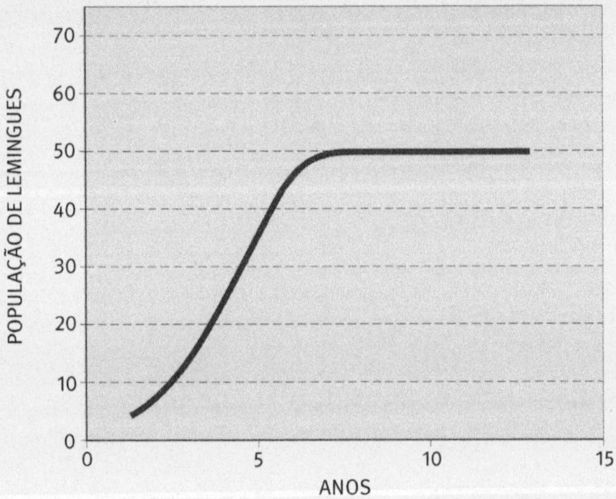

FIGURA 5.09: Se os lemingues duplicam de número a cada primavera, a população atinge um valor estável seja qual for o número inicial de animais.

O que acontecerá se os lemingues forem mais fecundos? Se a população de lemingues chegar a um número ligeiramente superior a um triplo da anterior, de uma temporada para outra, ela não se estabilizará, mas oscilará entre dois valores. Em uma temporada, o número que sobrevive é bastante elevado; no ano seguinte ele cai.

Quando os lemingues ficam ainda mais fecundos, a população começa a flutuar de maneira estranha. Se a população aumentar num fator de 3,5, então o número total de lemingues oscila entre quatro valores, repetindo o padrão a cada quatro anos. (O fator preciso em que aparecem pela primeira vez os quatro valores é $1 + \sqrt{6}$, que dá, aproximadamente, 3,449.)

E é aí que descobrimos que, em um desses quatro anos, pode haver uma queda significativa no número de lemingues, não por um pacto de suicídio em massa, mas por causa da matemática.

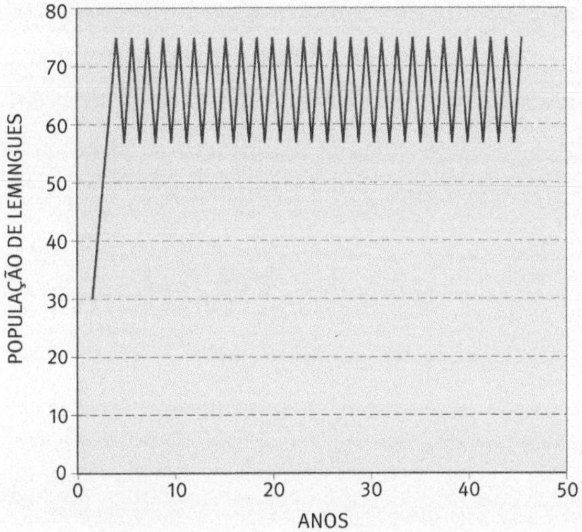

FIGURA 5.10: Se os lemingues triplicarem em número na primavera, a população começará a oscilar.

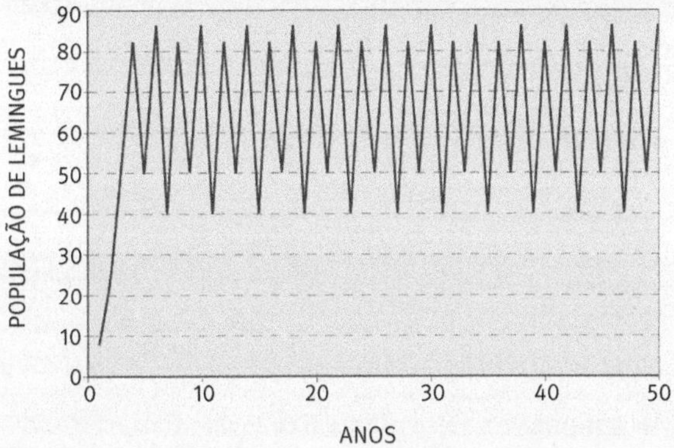

FIGURA 5.11: Quando o número de lemingues cresce na primavera num fator de 3,5, a população oscila entre quatro valores diferentes.

A mudança realmente interessante na dinâmica populacional acontece quando os lemingues aumentam em número num fator ligeiramente superior a 3,5699. Aí, os números de um ano para outro dão saltos esquisitos, aparentemente sem qualquer motivo. Mesmo que a equação que calcule a população seja simples, ela começou a produzir resultados caóticos. Mude o número inicial de lemingues, e a dinâmica populacional será completamente diferente. Acima desse limiar onde se instala o caos, 3,5699, é praticamente impossível predizer como a população irá variar. A equação que controla os números da população pode começar de modo totalmente previsível, mas basta uma minúscula mudança na fecundidade dos animais para o caos de repente irromper.

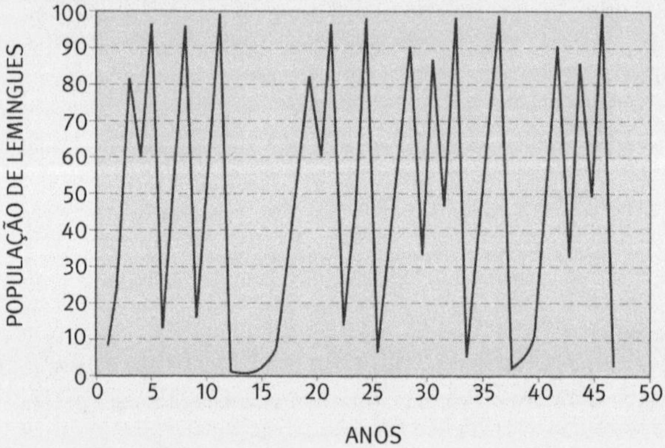

FIGURA 5.12: Quando o número de lemingues cresce na primavera num fator de 3,5699 ou mais, as variações de população se tornam caóticas.

> **Como jogar o jogo da fórmula do peixe**
>
> Este é um jogo para duas pessoas. Baixe o arquivo pdf do site Num8er My5teries e recorte os dez peixes e o tanque. O jogo explora como o número de peixes varia com o correr das temporadas. Cada peixe corresponde a uma temporada, e há uma caixa ao lado de cada peixe na qual você pode acompanhar o número de peixes no tanque que correspondem a determinada temporada. O tanque pode suportar um máximo de doze peixes. Os peixes sobrevivem por um ano, e durante esse ano eles têm certo número de filhotes e então morrem.

Jogue os dados. O número de peixes que começam no tanque é a soma dos dados menos um (então é um número entre 1 e 11). Chame este número de N_0. O primeiro a jogar escolhe um número K, entre 1 e 50. Isso determinará quantos filhotes cada peixe terá. Se há N_0 peixes no tanque, no início, então durante o primeiro ano nascem $(K/10) \times N_0$ peixes. A quantidade de peixes é portanto multiplicada por $K/10$, um número entre 0,1 e 5.

Nem todos os novos peixes sobrevivem. Se havia N peixes no tanque no fim do ano anterior, então, no final do ano seguinte, a quantidade de peixes será

$$\frac{K}{10} \times N \times \left(1 - \frac{N}{12}\right)$$

Você precisa arredondar o resultado para cima ou para baixo a fim de obter um número inteiro de peixes (4,5 peixes é arredondado para 5).

Vamos fazer o tanque de peixes "existir" por dez anos. Os pontos do primeiro jogador correspondem à quantidade de peixes no tanque no final dos anos ímpares, e os do segundo jogador correspondem aos peixes existentes no tanque no final dos anos pares.

Seja N_i o número de peixes no ano i. Logo,

$$\text{Pontos do Jogador 1: } N_1 + N_3 + N_5 + N_7 + N_9$$
$$\text{Pontos do Jogador 2: } N_2 + N_4 + N_6 + N_8 + N_{10}$$

Anotando os peixes eliminados, você pode acompanhar os números populacionais de um ano para outro. Se todos os peixes morrem em algum momento, então o Jogador 1, que escolheu o multiplicador K, perde automaticamente.

Eis um exemplo. Os jogadores jogam os dois dados e o resultado é 4. Então há três peixes no tanque no começo do jogo: $N_0 = 3$. O Jogador 1 escolhe $K = 20$. O número de peixes no fim do primeiro ano é, portanto,

$$N_1 = \frac{K}{10} \times N_0 \times \left(1 - \frac{N_0}{12}\right) = 2 \times 3 \times \left(1 - \frac{3}{12}\right) = 4{,}5 \approx 5$$

No segundo ano haverá

$$N_2 = \frac{K}{10} \times N_1 \times \left(1 - \frac{N_1}{12}\right) = 2 \times 5 \times \left(1 - \frac{5}{12}\right) = 5\frac{5}{6} \approx 6$$

peixes, e no terceiro ano haverá

$$N_3 = \frac{K}{10} \times N_2 \times \left(1 - \frac{N_2}{12}\right) = 2 \times 6 \times \left(1 - \frac{6}{12}\right) = 6$$

peixes. A quantidade de peixes agora se estabilizou, porque o 6 se repete quando colocado na fórmula. Logo,

Jogador 1 soma 5 + 6 + 6 + 6 + 6 = 29 peixes

Jogador 2 soma 6 + 6 + 6 + 6 + 6 = 30 peixes

O Jogador 2 ganha. Veja o que acontece quando você varia o multiplicador *K*.

Como estamos arredondando os números para cima e para baixo, o jogo não tem toda a sutileza do modelo caótico que eliminava os lemingues.

Para um simulador do tanque on-line, a fim de acompanhar esse jogo, visite http://bit.ly/Tanksim.

Na versão do jogo nessa simulação do tanque on-line a quantidade de peixes exibida foi arredondada para cima ou para baixo, mas a fração de peixes é inserida na fórmula para o ano seguinte. Por exemplo, se $K = 27$ e $N_0 = 3$,

$N_1 = 6{,}075$ — arredondado para 6 peixes

$N_2 = 8{,}09873$ — arredondado para 8 peixes

$N_3 = 7{,}10895$ — arredondado para 7 peixes

$N_4 = 7{,}8233$ — arredondado para 8 peixes

$N_5 = 7{,}352$ — arredondado para 7 peixes

$N_6 = 7{,}68872$ — arredondado para 8 peixes

$N_7 = 7{,}45835$ — arredondado para 7 peixes

$N_8 = 7{,}62147$ — arredondado para 8 peixes

$N_9 = 7{,}50844$ — arredondado para 8 peixes

$N_{10} = 7{,}58804$ — arredondado para 8 peixes

Jogador 1: 6 + 7 + 7 + 7 + 8 = 35 peixes

Jogador 2: 8 + 8 + 8 + 8 + 8 = 40 peixes

Como dobrar a trajetória como Beckham ou fazer curvas como Roberto Carlos

David Beckham e Roberto Carlos fizeram algumas cobranças extraordinárias de falta em suas carreiras futebolísticas, chutes que pareciam desafiar as leis da física. Talvez a mais impressionante tenha sido aquela que Roberto Carlos bateu para o Brasil contra a França, em 1997. O tiro livre foi marcado a 30 metros do gol. A maioria dos jogadores teria simplesmente tocado a bola para um companheiro de time e feito o jogo voltar a correr. Roberto Carlos, não. Colocou a bola no gramado e recuou, pronto para chutar.

O goleiro francês, Fabien Barthez, posicionou uma barreira, embora não acreditasse que Roberto Carlos fosse chutar direto contra o gol. Quando Roberto Carlos correu e bateu na bola, ela parecia estar se dirigindo para bem longe do alvo. Torcedores de um dos lados do gol começaram a baixar a cabeça, achando que a bola iria voar para o meio do público. Então, de repente, no último instante, a bola desviou-se para a esquerda e voou para o fundo da rede francesa. Barthez não conseguia acreditar no que acabara de ver. Ele não se movera um centímetro. "Como foi que esse raio de bola fez isso?" — dava para vê-lo pensar.

O chute de Roberto Carlos, longe de desafiar a física, tirou proveito da ciência das bolas em movimento. O efeito do giro numa bola de futebol pode provocar algumas coisas muito loucas. Chute a bola sem dar nenhum efeito, e ela viajará como se estivesse se movendo por uma folha de papel plana, bidimensional, traçando uma parábola. Mas ponha algum efeito na bola, e subitamente a matemática do movimento torna-se tridimensional. Além de se mover para cima e para baixo, ela também pode virar para a esquerda ou para a direita.

Você pode ver a cena da cobrança de falta de Roberto Carlos em **http://bit.ly/Freekick** ou usar o smartphone para escanear o código.

Então, o que puxa a bola para a esquerda ou para a direita enquanto ela voa pelo ar? É uma força chamada efeito Magnus, batizada em homenagem ao matemático alemão Heinrich Magnus, que, em 1852, foi o primeiro a explicar o efeito de giro numa bola. (Os alemães sempre foram bons de futebol.) A coisa funciona da mesma forma como se cria a sustentação de uma asa de avião. Como expliquei na p.253, as diferentes velocidades do ar fluindo por cima e por baixo da asa provocam uma diminuição da pressão acima da asa e um aumento do lado de baixo, gerando uma força que empurra a asa para cima.

Para fazer a bola se desviar da direita para a esquerda, Roberto Carlos a chutou de tal maneira que o lado esquerdo girasse na sua direção (em torno de um eixo vertical passando pelo centro da bola). O giro da bola estava então ajudando, efetivamente, a empurrar o ar, fazendo-o passar mais rápido do lado esquerdo. Assim, com o ar passando mais depressa do lado esquerdo, houve um decréscimo de pressão — o mesmo que acontece na parte de cima da asa do avião. A pressão do lado direito da bola aumenta porque a velocidade do ar diminui à medida que a superfície da bola gira no sentido contrário ao do ar que vem passando. Esse aumento de pressão se traduz numa força que empurra a bola da direita para a esquerda, o que acaba levando-a para o fundo da rede.

O mesmo princípio é utilizado para fazer uma bola de golfe voar mais longe que a distância prevista pelas equações formuladas por Galileu.

Nesse caso, o eixo de rotação é horizontal e perpendicular ao movimento da bola. Quando uma bola recebe uma tacada na posição inicial, o *tee*, a cabeça do taco faz a bola girar de maneira tal que a parte inferior gire no sentido do voo. Isso reduz a velocidade do fluxo de ar; e, pelo efeito de Bernoulli, aumenta a pressão na parte inferior, criando uma força de baixo para cima que se contrapõe à gravidade. Na verdade, a bola quase não tem peso ao voar pelo ar, como se o giro lhe desse uma ajuda para carregá-la o mais longe possível no *freeway*.

Há um ingrediente extra que não incluímos, e que explica por que a cobrança de tiro livre de Roberto Carlos desviou-se para a esquerda tão tarde: o arrasto da bola. Da mesma forma que ocorre com os altos e baixos da população de lemingues, o segredo da curva mágica de Roberto Carlos é uma transição de comportamento caótico para regular. O fluxo de ar por trás de uma bola de futebol pode ser ou caótico ou regular. O fluxo caótico é chamado turbulência, e ocorre quando a bola viaja muito depressa. O fluxo de ar regular é chamado laminar, e ocorre em velocidades menores. A passagem de um tipo de fluxo para o outro depende do tipo de bola.

É possível ver com bastante facilidade diferentes tipos de fluxos de ar causados por diferentes velocidades do vento. Caminhe em linha reta segurando uma bandeira (ou uma pedaço de pano) de modo que ela fique atrás de você, e perceba como ela vai flutuando. Agora faça a mesma coisa numa velocidade muito maior, seja segurando a bandeira pela janela de um carro ou correndo o mais rápido que puder contra um vento forte. A bandeira irá se agitar com violência. A razão é que o ar em torno de um objeto do tipo de uma bandeira comporta-se de maneira diferente em velocidades diferentes. Em velocidades mais baixas, o fluxo de ar é facilmente previsível, mas em velocidades mais altas ele é muito mais caótico.

Qual o efeito dessa mudança de turbulência para fluxo laminar sobre um tiro livre? Acontece que a turbulência caótica provoca muito menos arrasto sobre a bola. Então, quando a bola se move depressa, o giro não tem um efeito tão grande na direção do movimento, e a força do giro se distribui sobre grande parte da trajetória. Quando a bola diminui a ve-

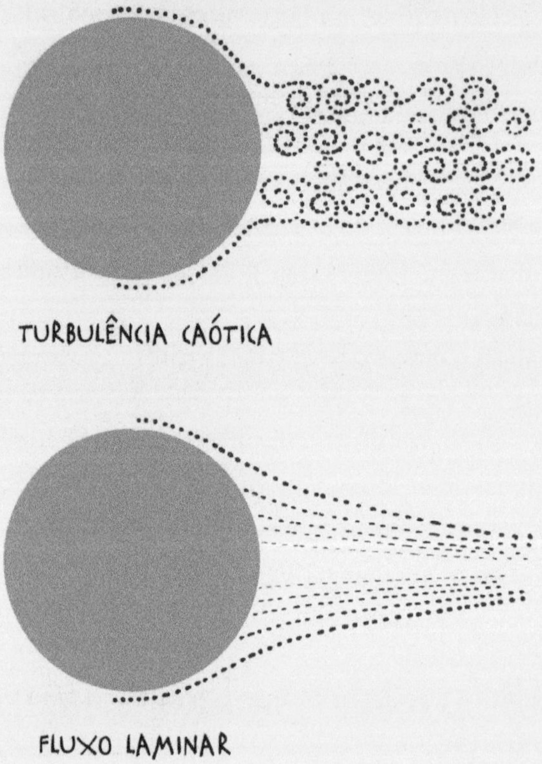

FIGURA 5.13: A turbulência caótica provoca menos arrasto que o fluxo laminar, "regular".

locidade e passa pelo ponto de transição, a turbulência dá lugar ao fluxo laminar, que causa muito mais arrasto. É como alguém pisando com força o freio. Nesse momento de transição, a resistência do ar aumenta 150%. Agora o efeito do giro pode se manifestar, e a bola de repente se desvia de forma drástica. O arrasto adicional também aumenta a sustentação, fazendo o efeito Magnus aumentar, empurrando a bola ainda com mais força para o lado.

Roberto Carlos precisava de uma cobrança de tiro livre suficientemente longe do gol para bater com força suficiente, produzir turbulência caótica e ainda haver tempo para a bola reduzir a velocidade e curvar a trajetória antes de se perder pela linha de fundo. Quando a bola é chutada a cerca de 110 quilômetros por hora, o fluxo em volta é caótico, mas a meio caminho do alvo, a velocidade diminui, e a turbulência se altera. Os freios são acionados, o efeito do giro assume o comando, e Barthez é batido.

Não só os jogos de futebol são afetados por essa matemática. A maneira como viajamos também é afetada pelo caos, particularmente no ar. A maioria das pessoas associa a palavra "turbulência" com a ordem de apertar cintos e ser jogado de lá para cá por correntes de ar caóticas. Aviões viajam muito mais depressa que bolas de futebol, e o fluxo de ar caótico sobre as asas — o fluxo turbulento — aumenta a resistência do ar ao voo, significando que é preciso queimar mais combustível, com um custo mais elevado.

Uma pesquisa concluiu que uma redução de 10% no arrasto turbulento pode aumentar a margem de lucro de uma empresa aérea em 40%. Engenheiros aeronáuticos estão sempre à procura de formas de mudar a textura da superfície de uma asa para tornar o fluxo de ar menos caótico. Uma ideia é introduzir uma fila de diminutas ranhuras paralelas ao longo da asa, com espaçamento bem próximo, semelhante a um disco de vinil. Outra é cobrir a superfície da asa com minúsculas estruturas em forma de dentes, chamadas dentículos. Interessante notar que a pele de um tubarão é coberta de dentículos naturais, mostrando que a natureza descobriu como superar a resistência do fluido muito antes dos engenheiros.

Embora venha sendo estudada intensamente, a turbulência por trás de uma bola de futebol ou da asa de um avião ainda é um dos grandes mistérios da matemática. Há, porém, uma boa notícia: já conseguimos formular as equações que descrevem o comportamento do ar ou de um fluido. A má notícia é que ninguém sabe como resolvê-las! Essas equações não são importantes apenas para pessoas como Beckham e Roberto Carlos. Os meteorologistas precisam resolvê-las para prever correntes de ar na atmosfera; os médicos, para entender o fluxo sanguíneo pelo corpo; os astrofísicos, para descobrir como as estrelas se movem pelas galáxias. Todas essas coisas são controladas pela mesma matemática. No momento, meteorologistas, projetistas e outros usam apenas aproximações; contudo, como o caos se esconde por trás dessas equações, um pequeno erro tem um efeito enorme no resultado — de modo que as previsões podem acabar completamente erradas.

Essas equações são chamadas equações de Navier-Stokes, em honra aos dois matemáticos do século XIX que as formularam. Elas não são simples. Uma representação comum é:

$$\frac{\partial}{\partial t}u_i + \sum_{j=1}^{n} u_j \frac{\partial u_i}{\partial x_j} = \nu\Delta u_i - \frac{\partial p}{\partial x_i} + f_i\,(x,t)$$

$$\operatorname{div} u = \sum_{i=1}^{n} \frac{\partial u_i}{\partial x_i} = 0$$

Se você não entende alguns dos símbolos nessas equações, não se preocupe — quase ninguém entende! Para aqueles que conhecem a linguagem da matemática, porém, essas equações encerram a chave para predizer o futuro. São tão importantes que há um prêmio de US$ 1 milhão para a primeira pessoa que resolvê-las.

O grande físico alemão Werner Heisenberg, um dos criadores da física quântica, certa vez disse: "Quando eu me encontrar com Deus, vou lhe fazer duas perguntas: 'Por que relatividade? Por que turbulência?' Sinceramente, acredito que Ele tenha uma resposta para a primeira." Quando perguntaram a Roberto Carlos como ele havia descoberto o segredo de dobrar trajetórias de chutes de forma tão drástica, ele respondeu: "Venho praticando a precisão das minhas cobranças de falta desde criança. Eu costumava ficar, pelo menos, uma hora depois de cada treino e praticar cobranças. Isso é como todas as coisas: quanto mais dor e suor, melhor o resultado."

Creio que isso se aplica também à matemática. Quanto mais difícil o problema, mais satisfação você tem em resolvê-lo. Então, se a matemática ficar difícil, simplesmente lembre-se das palavras de Roberto Carlos: "Quanto mais dor e suor, melhor o resultado." E quando você afinal decifrar um dos grandes enigmas matemáticos de todos os tempos, estará pensando no que Barthez pensou enquanto via a bola no fundo da rede: "Como foi que esse raio de bola fez isso?"

Créditos das figuras

1. O estranho caso dos infinitos números primos

1.01. Jogadores de futebol com camisas de números primos © Joe McLaren.
1.02. Ciclo de sete anos das cigarras © Joe McLaren.
1.03. Ciclo de nove anos das cigarras © Joe McLaren.
1.04. Partitura de Messiaen para *O quarteto para o fim dos tempos* © Editions Durand, Paris. Reproduzido por acordo com G. Ricordi & Co (Londres) Ltd., divisão da Universal Music Publishing Group.
1.05. Mensagem de Arecibo, reproduzida com gentil permissão da Nasa.
1.06. Número 200.201 em escrita cuneiforme © Joe McLaren.
1.07. Contagem egípcia © Joe McLaren.
1.08. Número 71 em babilônio antigo © Joe McLaren.
1.09. Símbolo para o número 10 © Joe McLaren.
1.10. Feijões para contagem © Joe McLaren.
1.11. Mãos para contagem © Joe McLaren.
1.12. Símbolo para 3.607 © Joe McLaren.
1.13. Contagem maia © Joe McLaren.
1.14. Contagem hebraica © Joe McLaren.
1.15. Contagem chinesa © Joe McLaren.
1.16. Varetas de bambu © Raymond Turvey.
1.17. Varetas de bambu © Raymond Turvey.
1.18. Peneira © Raymond Turvey.
1.19. Peneira © Raymond Turvey.
1.20. Peneira © Raymond Turvey.
1.21. Amarelinha de números primos © Joe McLaren.
1.22. Coelhos © Joe McLaren.
1.23. Espiral de Fibonacci © Joe McLaren.
1.24. Tabuleiro de xadrez com arroz © Joe McLaren.
1.25. Dados primos © Joe McLaren.

2. A história da forma imprecisa

2.01. Torre de Watts © Joe McLaren.
2.02. Volume fatiado © Raymond Turvey.

2.03. Bolas de futebol © Joe McLaren.
2.04. Sólidos platônicos © Joe McLaren.
2.05. Tetraedro truncado © Raymond Turvey.
2.06. Grande rombicosidodecaedro © Raymond Turvey.
2.07. Bolas de futebol © Raymond Turvey.
2.08. Bola de futebol © Raymond Turvey.
2.09. Duas bolhas esféricas parciais © Joe McLaren.
2.10. Bolha dupla © Joe McLaren.
2.11. Bolha fundida © Joe McLaren.
2.12. Bolha fundida © Joe McLaren.
2.13. Estrutura de arame © Joe McLaren.
2.14. Tetraedro © Joe McLaren.
2.15. Octaedro truncado © Raymond Turvey.
2.16. Espuma de Kelvin © Raymond Turvey.
2.17. Duas formas embrulhadas juntas © Raymond Turvey.
2.18. Piscina olímpica de Beijing © Arup.
2.19. Dodecaedro rômbico © Raymond Turvey.
2.20. Modelo de bola e vareta © Raymond Turvey.
2.21. Três mapas da Grã-Bretanha © Joe McLaren.
2.22. Fazendo um fractal © Raymond Turvey.
2.23. Fazendo um fractal © Raymond Turvey.
2.24. Fazendo um fractal © Raymond Turvey.
2.25. Litoral © Thomas Woolley.
2.26. Floco de neve de Koch.
2.27. Litoral © Thomas Woolley.
2.28. Litoral © Thomas Woolley.
2.29. Litoral da Escócia com três amplificações © Steve Boggs.
2.30. Samambaia fractal.
2.31. Quatro grades © Thomas Woolley.
2.32. Seis fractais © Thomas Woolley.
2.33. Cinco mapas do Reino Unido © Thomas Woolley.
2.34. Pintura com dimensões fractais © Joe McLaren.
2.35. Quebra-cabeça de Descartes © Raymond Turvey.
2.36. Arche de la Défense, Paris © Getty Images.
2.37. Cubo quadridimensional © Joe McLaren.
2.38. Mapa geométrico do metrô de Londres.
2.39. Esfera, Toro © Raymond Turvey.
2.40. Rosquinha entrelaçada © Raymond Turvey.
2.41. Esfera © Raymond Turvey.
2.42. Rosquinha © Raymond Turvey.
2.43. Mapa da Europa.
2.44. Sete tonalidades © Joe McLaren.
2.45. Desentrelaçando Anéis © Raymond Turvey.

3. O segredo da sequência vencedora

3.01. Lagartos © Joe McLaren.
3.02. Bilhete de loteria © Raymond Turvey.
3.03. Bilhete de loteria vencedor © Raymond Turvey.
3.04. Dados tetraédricos © Raymond Turvey.
3.05. Dados © Raymond Turvey.
3.06. Icosaedro © Raymond Turvey.
3.07. Dodecaedro pentakis © Raymond Turvey.
3.08. Dado-pirâmide © Raymond Turvey.
3.09. Roleta de chocolate-pimenta © Joe McLaren.
3.10. Roleta de chocolate-pimenta arranjada © Joe McLaren.
3.11. Embalagem de bolo © Raymond Turvey.
3.12. Quadrado mágico de Dürer © Joe McLaren.
3.13. Ligações de pontes © Raymond Turvey.
3.14. Envelope © Raymond Turvey.
3.15. Mapa do século XVIII © Joe McLaren.
3.16. Mapa do século XXI © Joe McLaren.
3.17. Problema do caixeiro-viajante © Raymond Turvey.
3.18. Problema da festa de jantar © Raymond Turvey.
3.19. Fronteiras de países © Raymond Turvey.
3.20. Campos minados © Raymond Turvey.
3.21. Campos minados © Raymond Turvey.
3.22. Problema de carregar o caminhão © Joe McLaren.
3.23. Solução do problema do caixeiro-viajante © Raymond Turvey.

4. O caso do código impossível de ser quebrado

4.01. Código de Babington © Joe McLaren.
4.02. Máquina Enigma © Joe McLaren.
4.03. Máquina de Chappe © Joe McLaren.
4.04. Código de Chappe © Joe McLaren.
4.05. Semáfora de Nelson © Raymond Turvey.
4.06. Código de semáfora © Joe McLaren.
4.07. Capa dos Beatles © Joe McLaren.
4.08. Capa dos Beatles corrigida © Joe McLaren.
4.09. Símbolo da CDN.
4.10. Alfabeto em código Morse © Raymond Turvey.
4.11. Código Morse © Raymond Turvey.
4.12. Hexagrama © Raymond Turvey.

4.13. Hexagrama © Raymond Turvey.
4.14. Fotografia da calculadora binária de Leibniz © Marcus du Sautoy.
4.15. Capa do Coldplay © Raymond Turvey.
4.16. Código de Baudot © Raymond Turvey.
4.17. Relógios © Raymond Turvey.
4.18. Curva elíptica © Steve Boggs.
4.19. Curva elíptica © Steve Boggs

5. Em busca da predição do futuro

5.01. Plano eclíptico © Joe McLaren.
5.02. Equações desenhadas a mão © Marcus du Sautoy.
5.03. Bumerangue © Raymond Turvey.
5.04. Bumerangue © Raymond Turvey.
5.05. Órbitas elípticas © Raymond Turvey.
5.06. Pêndulo © Raymond Turvey.
5.07. Campos magnéticos © Joe McLaren.
5.08. Lemingues © Joe McLaren.
5.09. Gráfico de lemingues © Raymond Turvey.
5.10. Gráfico de lemingues © Raymond Turvey.
5.11. Gráfico de lemingues © Raymond Turvey.
5.12. Gráfico de lemingues © Raymond Turvey
5.13. Ilustração de turbulência © Joe McLaren.

Agradecimentos

Minha primeira dívida de gratidão vai para aqueles que ajudaram a alimentar este livro: o editor Robin Harvie, na Fourth Estate, cujo amor por ultramaratonas provavelmente lhe garantiu uma boa classificação; meu agente, Antony Topping, na Greene & Heaton, que parece um *personal trainer* me conduzindo pelas maratonas literárias; o editor de texto John Woodruff, que abandonou a ideia de se aposentar para deixar o livro em boa forma; e os dois ilustradores, Joe McClaren, cujas ilustrações para a coluna do *Times* iluminavam minhas manhãs de quarta-feira, e Raymond Turvey, que captou perfeitamente as formas mais complexas que lhe mandei.

O material para este livro surgiu a partir de diversos projetos.

Fui convidado a dar as Christmas Lectures na Royal Institution em 2006. As palestras têm acontecido desde 1825 e são televisionadas desde 1966. O objetivo é levar a ciência para o grande público, com ênfase no envolvimento da audiência jovem, estimulando-a efetivamente a *fazer* ciência. Fui afortunado o bastante de ter ido às primeiríssimas palestras de matemática, dadas em 1978 por Christopher Zeeman. Eu tinha treze anos. Zeeman falou sobre um coquetel de temas tão empolgante que saí daquele Natal sabendo o que eu queria ser quando crescesse: matemático como ele. Ser convidado, eu mesmo, a dar as palestras em 2006 me proporcionou um meio maravilhoso de retribuir à Royal Institution por ter inspirado meu sonho. A oportunidade de motivar uma nova geração de matemáticos foi uma verdadeira honra.

A orientação dada pela Royal Institution era criar cinco palestras dirigidas para a faixa entre onze e catorze anos. As Christmas Lectures envolvem explosões, gelo seco e fazer voluntários subir no palco para demonstrações junto com você. Encontrar razões gratuitas para explodir coisas e imaginar jogos divertidos para exemplificar a matemática foi um desafio interessante. O resultado deu a sensação de que eu estava executando cinco pantomimas matemáticas individuais. Para criar as palestras, dispus de uma equipe maravilhosa da Royal Institution, do Channel Five e da Windfall Films, a produtora responsável por levar as palestras para a TV. Gostaria de agradecer particularmente a Martin Gorst, Tim Edwards e Alice Jones, que me ajudaram a encontrar formas tão criativas de dar vida à matemática. E também a Andy Marmery, Catherine de Lange, David Dugan e David Coleman, fundamentais para que as palestras acontecessem.

Nós testamos o material em muitas escolas, mas eu sou grato especialmente à Jewish Free School, onde foram muito tolerantes em nos permitir expor as crianças a toda uma gama de ideias. Natal e judaísmo podem ser uma mistura estranha, mas creio que conseguimos mostrar-lhes que a matemática é uma linguagem universal. Foi só ao ver como as crianças respondiam é que pudemos saber o que funcionava ou não. Toda a pesquisa para as palestras integrou a escolha do material para este livro.

Fazer programas de televisão sobre matemática tem sido parte inestimável de descobrir quais dos meus temas podem atrair uma audiência mais ampla. Gostaria de agradecer a Alom Shaha, com quem tenho feito diversos filmes, inclusive quatro programas para a Teachers TV chamados *Paintig with Numbers*, e um filme sobre a prova de Euclides e a existência de infinitos primos, estrelado pelo meu time de futebol da liga dominical, o Recreativo Hackney. O material explorado nesses programas foi proveitoso na criação das Christmas Lectures.

A série em quatro episódios *The Story of Maths*, que fiz com a BBC, forneceu um fantástico substrato para muitas das histórias deste livro. Gostaria de agradecer a meu produtor executivo na BBC, David Okuefuna, cujo amor pela matemática fez nascer a ideia. A Open University forneceu apoio financeiro e acadêmico para tornar os programas uma realidade. Uma vez que se começa a filmar, os programas se tornam um verdadeiro esforço de grupo, e eu gostaria de agradecer particularmente a Karen McGann, Krysia Derecki, Robin Dashwood, Christina Lowry, David Berry e Kemi Majekodummi.

Escrever livros, fazer séries televisivas e ministrar palestras para dar vida à matemática são atividades que exigem tempo. Sou grato àqueles que me possibilitaram esse tempo. Charles Simonyi compreendeu antes que muitos outros que uma cadeira dedicada à divulgação pública da ciência proporcionaria a seu detentor espaço para estimular as pessoas em relação à ciência. A Universidade de Oxford sempre deu todo apoio a meus esforços de levar a matemática para as massas. Recebi também inestimável apoio do Engineering and Physical Sciences Research Council, na forma do seu inspirado esquema de bolsas Fellowship Media Senior. Sem esse apoio, eu jamais teria exercido o mesmo impacto.

Agradeço também a The Mathematicians, trupe de alunos da Universidade de Oxford que está me ajudando muito, de diversas formas, a difundir os prazeres da matemática. Muitos dos estudantes leram as versões iniciais deste livro e apresentaram ideias instigantes para apoiá-lo. Thomas Woolley foi particularmente útil em criar alguns dos complexos gráficos fractais aqui usados.

Qualquer pessoa que leia o livro provavelmente perceberá que eu gosto bastante de futebol. Jogar no meu time da liga dominical, o Recreativo Hackney (ver http://recreativofootballclub.blogspot.com), me proporcionou uma valiosa válvula de escape para descarregar aos domingos (embora com um quinto metacarpo quebrado na mão direita e cirurgia para fratura múltipla no pulso esquerdo, por acidentes futebolísticos, tenham causado certo atraso na publicação do livro). O time para o qual eu torço é o Arsenal. Mesmo que nos últimos tempos não tenhamos ganhado muita coisa, assistir ao time jogar é sempre vivenciar um complexo jogo de xadrez se desenrolando diante dos nossos olhos. Não posso crer que eles não tenham um matemático no banco. Escrever meus livros levou a um inesperado bônus no futebol: fui convocado para jogar no England Writers Football Team (ver http://writersteam.co.uk).

Qualquer escritor desse time haverá de concordar comigo que a maior dívida que se tem é sempre com a família, pelo apoio ao longo da provação de escrever o livro. À minha esposa, Shani, e aos meus três filhos, Tomer, Magaly e Ina: obrigado. Meu gato, Freddie Ljungberg, infelizmente não conseguiu suportar a pressão e saiu de casa. Acho que o vimos pela última vez nas vizinhanças de West Ham.

Índice remissivo

1ª EDIÇÃO [2013]

ESTA OBRA FOI COMPOSTA POR LETRA E IMAGEM EM DANTE PRO
E IMPRESSA PELA UMLIVRO EM PROCESSO DE IMPRESSÃO SOB
DEMANDA SOBRE PAPEL PÓLEN SOFT DA SUZANO S.A. PARA
A EDITORA SCHWARCZ A PARTIR DE MAIO DE 2020